数学千字文

吴振奎　俞晓群　编

◎ 杜西现象与柳维尔发现

◎ 麦比乌斯带的一个问题

◎ ABC 猜想及柯拉柯斯基数列

◎ 希尔伯特的 23 个问题

◎ 七桥问题

◎ 数字的演化

哈尔滨工业大学出版社

HARBIN INSTITUTE OF TECHNOLOGY PRESS

内容简介

这是一本数学科普读物,书中介绍了数学中新颖、有趣、实用的问题,每篇千余字,故称"数学千字文".它对大学生、中学生补充数学知识,提高学习数学的兴趣大有益处.

本书适合大学生、中学生及数学爱好者参考阅读.

图书在版编目(CIP)数据

数学千字文/吴振奎,俞晓群编. ——哈尔滨:哈尔滨工业大学出版社,2018.10

ISBN 978 - 7 - 5603 - 7316 - 4

Ⅰ.①数… Ⅱ.①吴…②俞… Ⅲ.①数学 - 通俗读物 Ⅳ.①O1 - 49

中国版本图书馆 CIP 数据核字(2018)第 076306 号

策划编辑　刘培杰　张永芹
责任编辑　张永芹　邵长玲
封面设计　孙茵艾
出版发行　哈尔滨工业大学出版社
社　　址　哈尔滨市南岗区复华四道街 10 号　邮编 150006
传　　真　0451 - 86414749
网　　址　http://hitpress.hit.edu.cn
印　　刷　哈尔滨市工大节能印刷厂
开　　本　787mm×960mm　1/16　印张 36.25　字数 416 千字
版　　次　2018 年 10 月第 1 版　2018 年 10 月第 1 次印刷
书　　号　ISBN 978 - 7 - 5603 - 7316 - 4
定　　价　68.00 元

⊙ 小序

数学——科学的王后、智慧的摇篮，"上帝用来书写宇宙的文字."（伽利略）正如华罗庚教授说的："宇宙之大，粒子之微，火箭之速，地球之变，生物之谜——无不可用数学去描述."

数学中有着多少迷人的幽境？惑人的奥秘？古往今来，多少学者、才子为之倾心，为之拜倒，为之献身.

为了探索某一奥秘，为了揭示某一规律，成千上万人耗费着几十年、几百年，甚至上千年的光阴——然而他们在所不惜.

如果说海王星的存在是由计算而发现的有些夸张，那么爱因斯坦运用数学工具创立"相对论"从而指出了寻找新能源——原子核裂变的方向，确实是近代科学史上的奇迹.

当今，被称为"信息的时代""知识爆

1

炸的时代"，数学对当今的科学产生着无与伦比的影响，数学自身也在这激流的时代中发生着日新月异的变化．

许多古老的难题被攻破；许多新颖的方法被发现；许多深邃的奥秘被揭示；许多崭新的课题被提出；许多细微的分支被创立……

尽管一个人（甚至是数学工作者）不可能精通全部数学，但上述种种动向人们需要了解——至少应该粗知．这正是本书编写的宗旨．当然，我们选题的标准是：一要新颖，二要有趣，三要通俗（不过多展开）．

诚然，本书所列举的内容只是浩瀚数海之点滴，只是无垠数境之些微，然而目的是让读者能透过这些去窥数海之一斑，领略数学奇境之爪鳞．

现代数学的原野上到处百花盛开，即使走马观花，也会让人觉得眼花缭乱，也会使人看到万紫嫣红．

当真如此？倘若您不信，就请您慢慢浏览、细细品嚼，或许能尝到一些滋味。

吴　旻
2018 年 5 月

2

⊙ 前言

据说德国数学家高斯在大学时因找到正十七边形尺规作图法（这是自欧几里得以来人们长期在寻觅的），便放弃学习语言学的打算而转为研究数学，因而在数学上取得了巨大的成功，这或许出于他的兴趣.

我国数学家陈景润因中学时听了数学老师介绍"哥德巴赫猜想"而立志去攻克它，终于取得了名扬中外的成果，这也许是因为他的好奇.

兴趣、好奇对于学习，特别对数学学习来讲是重要的. 然而，兴趣的培养却是一件复杂的事情，好奇首先也要了解那些值得"称奇"的问题.

可以这样说：如果您认为数学没有意思，那是因为您没有了解数学中那些引人入胜的问题和故事；如果您认为数学杂乱且无头绪，那是因为您没有搞清数学中那些既纵横交错，又互相制约着的关系；如果您认为学习数学是困难的，那是您不掌握数学中那些灵活巧妙的方法. 一句话：如果您对数学怀有偏见，那是因为您没有了解数学中许多奇妙的结论，没能进入数学中那些诱人的奇境.

数学工作者有义务向我们的青年朋友们介绍这些，而这些又往往是教科书所忽略的内容.

几年来，我们曾陆续在报刊上发表了一些这方面内容的短文（每篇千余字），颇受中学师生的欢迎. 于是，积少成多，集腋成裘，便汇集成了这本小册子，希望它能对中学师生们做数学、学数学有些帮助——至少是在提高对数学学习的兴趣上.

限于篇幅，本书不可能包罗万象（这也是编者力所不能及的），还有许多有趣的东西没能收入，书中许多问题没有过多展开（考虑读者对象），只望读者能借此去"窥"数学之一"斑"，对它有个较肤浅、稍全面的了解.

效果如何？只赖读者的品鉴了.

编　者
2000 年 1 月

⊙
目
录

1

6

8

数字篇

第 1 章

§1　10 个数字组成的算题

10 个数字 $0,1,2,\cdots,8,9$ 虽然看似简单,但是如果用这 10 个数字组成算题,则是五花八门,令人眼花缭乱.

最简单的问题比如:用 $0,1,\cdots9$ 这 10 个数字(每个数字只许用一次)组成三个算式,它们分别含有加、减和乘法运算

$$7+1=8,9-6=3,5\times4=20$$

(当然要是仅用 $1\sim9$ 这 9 个数字,则所组成的算式分别是 $4+5=9,8-7=1$ 和 $2\times3=6$)

再来看由 $1\sim9$ 组成的最大与最小数之差仍包含 $1\sim9$ 这 9 个数字,即

$$987\ 654\ 321-123\ 456\ 789=864\ 197\ 532$$

而 $1\sim9$ 加上 0 后的是 10 数字组成的最大和最小数之差也有些性质

$$9\ 876\ 543\ 210-0\ 123\ 456\ 789=9\ 753\ 086\ 421$$

下面我们来看几个这方面的问题.再重复一次:这些数字只许用一次.

1

（1）完全平方数和 3,4 次幂

数字 0~9 可以组成 4 个完全平方数（要求一、二、三、四位数各一个）

$9(=3^2),16(=4^2),784(=28^2),3\,025(=55^2)$

要是用数字 1~9 则可以组成 3 个三位的完全平方数

$361(=19^2),529(=23^2),784(=28^2)$

它们分别组成了一个"金字塔"和一个"九宫格"．（图 1）

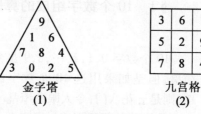

金字塔 （1）   九宫格 （2）

图 1

下面算式中的奇特组也不难发现

$$69^2 =4\,761,69^3 =328\,509$$
$$18^3 =5\,832,18^4 =104\,976$$

请注意两组式子右边均包含 0~9 这 10 个数字．

（2）3 个 3 的倍数

用 1~9 这 9 个数字组成 3 个三位数，它们都是 3 的倍数，且其中的一个是另外两个的算术平均数（换言之，它们组成一个等差数列）．这 3 个数是 123,456,789．

它们都是 3 的倍数容易验证，另外注意到

$$\frac{1}{2}(123 +789) =456$$

再来看看下面的算式，其中的奥妙你会不难发现

$$51\,249\,876 \times 3 =153\,749\,628$$
$$16\,583\,742 \times 9 =149\,253\,678$$

2

$$32\ 547\ 891 \times 6 = 195\ 287\ 346$$

（3）组成素数

数 123 456 789 显然不是素数（它是 9 的倍数），但去掉前面的 1 或在后面添上 1 后

$$23\ 456\ 789, 1\ 234\ 567\ 891$$

都是素数.

近年来，人们借助电子计算机发现

$$\underbrace{1\ 234\ 567\ 891\ 234\ 567\ 891\ 234\ 567\ 891\cdots \atop 123\cdots9 \quad 123\cdots9\cdots123\cdots9}_{7个123\ 456\ 789}1\ 234\ 567$$

也是素数.

顺便讲一句：12 345 678 987 654 321 是一个完全平方数，而 98 765 432 123 456 789 却不是.

（4）组成值为 2,3,…,9 的分数

用 1～9 这 9 个数字分别组成 8 个分数，使它们的值分别为 2,3,4,5,6,7,8,9. 结果是

$$\frac{13\ 584}{6\ 792}=2, \frac{17\ 469}{5\ 823}=3, \frac{15\ 768}{3\ 942}=4, \frac{13\ 485}{2\ 697}=5$$

$$\frac{17\ 658}{2\ 943}=6, \frac{16\ 758}{2\ 394}=7, \frac{25\ 496}{3\ 187}=8, \frac{57\ 429}{6\ 381}=9.$$

用 0 和 1～9 这 10 个数字也可组成值为 2,3,…,8,9 的算式，比如

$$\frac{97\ 524}{10\ 836}=\frac{95\ 823}{10\ 647}=\frac{57\ 429}{06\ 381}=\frac{95\ 742}{10\ 638}=\frac{75\ 249}{08\ 361}=\frac{58\ 239}{06\ 471}=9$$

等，如有兴趣无妨找一下组成值为 2～8 的分式.

注　易算得 $\dfrac{987\ 654\ 312}{123\ 456\ 789}=8$，则

$$\frac{987\ 654\ 321}{123\ 456\ 789}\approx 8+\frac{9}{123\ 456\ 789}$$

$$\approx 8 + \frac{9^3}{10^3 - 91}$$

$$\approx \frac{729}{10^3 - 91}$$

$$\approx 9 + 729 \times 10^{-1} \sum_{n=0}^{\infty} (9 + 10^{10})^n$$

$$\approx 8.000\ 000\ 072\ 900\ 000\ 663\ 390\ 006\ 036\ 849 \cdots$$

(5)6 个怪数

用 0 和 1~9 这 10 个数字可以组成下面 6 个"怪数"

1 037 246 958,1 046 389 752,1 286 375 904

1 307 624 958,1 370 258 694,1 462 938 570

它们用 2 去除后,分别得到由数字 1~9 组成的 9 位数;而这些 9 位数再用 9 去除后,分别得到由数字 1~8 组成的 8 位数,比如

$$1\ 037\ 246\ 958 \div 2 = 518\ 623\ 479$$

$$518\ 623\ 479 \div 9 = 57\ 624\ 831$$

其余数字的验证法请读者完成.

(6)两个分数等式

用 0~9 这 10 个数字可以组成一个分数等式

$$\frac{38}{76} = \frac{145}{290}\left(或\frac{76}{38} = \frac{290}{145}\right)$$

今仍用 3,8,1,4,5 这 5 个数字作为组成分子的数字,用 7,6,2,9,0 这 5 个数字作为组成分母的数字,还可组成一个分数等式

$$\frac{35}{70} = \frac{148}{296}\left(或\frac{70}{35} = \frac{296}{148}\right)$$

(7)组成连等式

用 1~9 这 9 个数字可以组成仅含有乘法的连等

式,比如

$$3 \times 58 = 6 \times 29 = 174$$
$$2 \times 78 = 4 \times 39 = 156$$

另外,用这些数字还可以组成仅含有除法的连等式,比如

$$81 \div 9 = 54 \div 6 = 27 \div 3$$
$$49 \div 7 = 21 \div 3 = 56 \div 8$$

要是组成只含有乘法运算(一次)的等式就更多了

$$4 \times 1\,963 = 7\,852, 4 \times 1\,738 = 6\,952$$
$$12 \times 483 = 5\,796, 48 \times 159 = 7\,632$$
$$39 \times 186 = 7\,254, 27 \times 198 = 5\,346$$
$$18 \times 297 = 5\,346, 42 \times 138 = 5\,796$$
$$\vdots$$

此外,还可以组成两边都含乘法运算的等式,比如

$$174 \times 32 = 96 \times 58, \cdots$$

(8) 差为 54 321

由 1~9 这 9 个数字组成的两个数之差为 54 321,比如

$$56\,739 - 2\,418 = 54\,321$$

这样的数组共有 4 组,其余 3 组分别为

$$(58\,692, 4\,371), (62\,715, 8\,394), (64\,173, 9\,852)$$

(9) 顺序加、减成 100

将 1~9 这 9 个数字顺序排列,添上加减号(不得变动它们的顺序)可组成许多值等于 100 的等式,比如

$$1 + 23 - 4 + 5 + 6 + 78 - 9 = 100$$
$$1 + 2 + 34 - 5 + 67 - 8 + 9 = 100$$
$$1 + 2 + 3 - 4 + 5 + 6 + 78 + 9 = 100$$
$$12 + 3 - 4 + 5 + 67 + 8 + 9 = 100$$

$$12-3-4+5-6+7+89=100$$
$$12+3+4+5-6-7+89=100$$
$$123-4-5-6-7+8-9=100$$
$$123+4-5+67-89=100$$
$$123+45-67+8-9=100$$
$$123-45-67+89=100$$

（10）倒序加、减成 100

将 1~9 这 9 个数字倒序排列，添上加减号也可以组成许多值等于 100 的算式，比如

$$9-8+7+65-4+32-1=100$$
$$9+8+76+5-4+3+2+1=100$$
$$9+8+76+5+4-3+2-1=100$$
$$9-8+76-5+4+3+21=100$$
$$9-8+76+54-32+1=100$$
$$98+7-6-5+4+3-2+1=100$$
$$98+7-6+5-4-3+2+1=100$$
$$98+7-6+5-4+3-2-1=100$$
$$98+7+6-5-4-3+2-1=100$$
$$98-7+6-5+4+3+2+1=100$$
$$98-7+6+5+4-3-2-1=100$$
$$98-7+6+5-4+3-2+1=100$$
$$98-7-6+5+4+3+2+1=100$$
$$98-7-6-5-4+3+21=100$$
$$98-76+54+3+21=100$$

（11）顺序加减乘变 100

用 1~9 这 9 个数字按顺序排列，添上加、减、乘三种符号使它的值等于 100（不得变动它们的顺序）的方法更多，比如

6

$$1+2+3+4+5+6+7+8\times 9=100$$
$$1+2\times 3+4\times 5-6+7+8\times 9=100$$
$$-(1\times 2)-3-4-5+6\times 7+8\times 9=100$$
$$(1+2-3-4)\times(5-6-7-8-9)=100$$
$$1+2\times 3+4+5+67+8+9=100$$
$$1\times 2+34+56+7-8+9=100$$
$$\vdots$$

当然对于反序的情形,只添加、减、乘号而使其值为 100 的办法也很多,这留给读者考虑.

(12) 反序只加成 99

在 $1\sim 9$ 这 9 个数字反序排列中,仅添置加号而使其为 99 的方式,仅有下面两种

$$9+8+7+65+4+3+2+1=99$$
$$9+8+7+6+5+43+21=99$$

顺便讲一句:在 $1\sim 9$ 这 9 个数字中添加" + "" – "号不多于 5 个且和为 65 的仅有两组

$$123+4-56-7-8+9=65$$
$$-98+76+54+32+1=65$$

又用 6 个加号和 4 个"点"组成和为 100 的算式有

$$79.\overset{.}{3}+8.\overset{.}{6}+5+4+2+1+0=100$$
$$79.\overset{.}{4}+8.\overset{.}{5}+3+6+2+1+0=100$$

(13) 等号在中间

将 $1\sim 9$ 这 9 个数字顺序排列,添上加、减、乘、除号和括号,可组成等式

$$1=(23-45)\div(67-89)$$
$$12=-34+56+7-8-9$$
$$\vdots$$

若将 9 个数字反序排列,也可组成下面许多等式

$$9 = 87 - 65 - 4 \times 3 - 2 + 1$$

$$98 = 76 + 54 - 32 \times 1$$

$$\vdots$$

(14)最大的和最小的完全平方数

将 $1, 2, \cdots, 9$ 这 9 个数字全部用上,组成最大、最小的完全平方数分别为:

最大: $30\ 384^2 = 923\ 187\ 456.$

最小: $11\ 826^2 = 139\ 854\ 276.$

另外,若允许数字重复,则 12 345 678 987 654 321 也是一个完全平方数,它恰为 111 111 111 的平方,这个事实可从下面算式中直观地显现出来

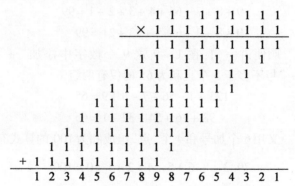

另外,用 1~9 组成的 9 位完全平方数有

$139\ 854\ 276(\ = 11\ 826^2)$, $157\ 326\ 849(\ = 12\ 543^2)$

此外还有

245 893 761,326 597 184,375 468 129

385 297 641,537 219 684,842 973 156

此外它们还可组成平方差

$$123\ 458\ 769 = 11\ 113^2 - 200^2$$

8

$$123\ 456\ 789 = 11\ 115^2 - 294^2$$
$$967\ 854\ 321 = 31\ 111^2 - 200^2$$
$$987\ 654\ 321 = 191\ 161^2 - 188\ 560^2$$

用 0 和 1~9 这 10 个数字组成的完全平方数共有 87 个,比如

$$1\ 026\ 753\ 849 = 32\ 043^2$$
$$2\ 081\ 549\ 376 = 45\ 624^2$$
$$3\ 074\ 258\ 916 = 55\ 446^2$$
$$4\ 728\ 350\ 169 = 68\ 763^2$$
$$\vdots$$
$$9\ 814\ 072\ 356 = 99\ 066^2$$

(15) 数偶完全平方数

数 $a = 57\ 321$,$b = 60\ 984$ 是数字 0 和 1~9 这 10 个数字组成的两个数,有趣的是:它们的平方分别由 0 和 1~9 这 10 个数字组成

$$a^2 = 3\ 285\ 697\ 041,\ b^2 = 3\ 719\ 048\ 256$$

这样的数偶(对)还有三组

$(35\ 172,60\ 984)$,$(58\ 413,96\ 702)$,$(59\ 403,76\ 182)$

验算工作由您完成.

(16) 组成循环小数

分数 $\dfrac{13\ 717\ 421}{111\ 111\ 111}$ 是一个十分有趣的循环小数,它的循环节恰好是由 $1,2,3,\cdots,8,9,0$ 组成,换句话说

$$\frac{13\ 717\ 421}{111\ 111\ 111} = 0.\ 123\ 456\ 7891$$

(17) 1~10 的加、乘及矩形部分

将 1~10 这 10 个数字用"+"和"×"连接组成一个和为 121 和 169 的算式有下面几种方法(各有两种)

$$1 \times 9 + 2 \times 8 + 3 \times 6 + 4 \times 7 + 5 \times 10 = 121$$
$$1 \times 6 + 2 \times 10 + 3 \times 9 + 4 \times 7 + 5 \times 8 = 121$$
$$1 \times 2 + 3 \times 7 + 4 \times 6 + 5 \times 10 + 8 \times 9 = 169$$
$$1 \times 2 + 3 \times 8 + 4 \times 5 + 6 \times 10 + 7 \times 9 = 169$$

它们的几何意义为何？请看下面 4 个边为 11 和 13 的正方形不同部分,答案不言自明(图 2).

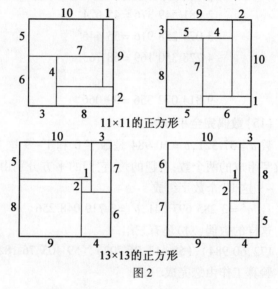

图 2

(18) 组成圆周率

用 10 个数字 $0, 1, 2, \cdots, 9$ 组成一个假分数去近似地表示 π,可有多种方法(当然精度不一),如

$$\frac{97\ 468}{31\ 025} = 3.141\ 595\ 487\ 5\cdots$$

$$\frac{67\ 389}{21\ 450} = 3.141\ 678\ 321\cdots$$

$$\frac{76\ 591}{24\ 380} = 3.141\ 550\ 451\ 29\cdots$$

第 1 章 数字篇

$$\frac{39\ 480}{12\ 567} = \frac{78\ 960}{25\ 134} = 3.141\ 561\ 231\ 8\cdots$$

$$\frac{95\ 761}{30\ 482} = 3.141\ 558\ 952\ 8\cdots$$

$$\frac{37\ 869}{12\ 054} = 3.141\ 612\ 742\ 658\cdots$$

$$\frac{95\ 147}{30\ 286} = 3.141\ 616\ 588\ 55\cdots$$

$$\frac{49\ 270}{15\ 683} = 3.141\ 618\ 312\ 822\cdots$$

$$\frac{83\ 159}{26\ 470} = 3.141\ 632\ 036\ 267\cdots$$

$$\vdots$$

当然这里最好的还是 $\dfrac{97\ 468}{31\ 025}$，它精确到小数点后第 5 位.

用 0～9 这 10 个数字还可以组成其他花样的算式，如果你感兴趣且觉得有意思，请你也给出一些.

以下面的例子和问题作为本文的结束.

①验算

$123\ 456\ 789\ 876\ 543\ 21(1+2+3+4+5+6+7+8+9+8+7+6+5+4+3+2+1) = 999\ 999\ 999^2$

②请用 1～9 这 9 个数字组成 3 个三位数，使它们的积最大（或最小）；

③在式 1:2:3:4:5:6:7:8:9 中适当加上括号，而使其结果尽可能大（或小）.

④由 1～9 组成的 9 位数 381 654 729，它的前 k 位可被 k 整除（比如 313 81, 413 816 等）.

⑤用 0 和 1～9 这 10 个数字组成一个可被 1～18 都整除的 10 位数（有 4 组：① 2 438 195 760,

11

②4 753 869 120,③3 785 942 160,④4 876 391 520)

⑥用 9,18,27,36,45,54,63,72 和 81 分别乘以 987 654 321,试总结出规律.

§2 数的金字塔形状

下面是关于数的金字塔

（1）

$$1 \times 9 + 2 = 11$$
$$12 \times 9 + 3 = 111$$
$$123 \times 9 + 4 = 1\ 111$$
$$1\ 234 \times 9 + 5 = 11\ 111$$
$$12\ 345 \times 9 + 6 = 111\ 111$$
$$123\ 456 \times 9 + 7 = 1\ 111\ 111$$
$$1\ 234\ 567 \times 9 + 8 = 11\ 111\ 111$$
$$12\ 345\ 678 \times 9 + 9 = 111\ 111\ 111$$

（2）

$$1 \times 8 + 1 = 9$$
$$12 \times 8 + 2 = 98$$
$$123 \times 8 + 3 = 987$$
$$1\ 234 \times 8 + 4 = 9\ 876$$
$$12\ 345 \times 8 + 5 = 98\ 765$$
$$123\ 456 \times 8 + 6 = 987\ 654$$
$$1\ 234\ 567 \times 8 + 7 = 9\ 876\ 543$$
$$12\ 345\ 678 \times 8 + 8 = 98\ 765\ 432$$
$$123\ 456\ 789 \times 8 + 9 = 987\ 654\ 321$$

（3）

$$9 \times 9 + 7 = 88$$

$$98 \times 9 + 6 = 888$$

$$987 \times 9 + 5 = 8\ 888$$

$$9\ 876 \times 9 + 4 = 88\ 888$$

$$98\ 765 \times 9 + 3 = 888\ 888$$

$$987\ 654 \times 9 + 2 = 8\ 888\ 888$$

$$9\ 876\ 543 \times 9 + 1 = 88\ 888\ 888$$

$$98\ 765\ 432 \times 9 + 0 = 888\ 888\ 888$$

（4）

$$12\ 345\ 679 \times 9 = 111\ 111\ 111$$

$$12\ 345\ 679 \times 18 = 222\ 222\ 222$$

$$12\ 345\ 679 \times 27 = 333\ 333\ 333$$

$$12\ 345\ 679 \times 36 = 444\ 444\ 444$$

$$12\ 345\ 679 \times 45 = 555\ 555\ 555$$

$$12\ 345\ 679 \times 54 = 666\ 666\ 666$$

$$12\ 345\ 679 \times 63 = 777\ 777\ 777$$

$$12\ 345\ 679 \times 72 = 888\ 888\ 888$$

$$12\ 345\ 679 \times 81 = 999\ 999\ 999$$

（5）

$$16 = 4^2$$

$$1\ 156 = 34^2$$

$$111\ 556 = 334^2$$

$$11\ 115\ 556 = 3\ 334^2$$

$$1\ 111\ 155\ 556 = 33\ 334^2$$

$$\vdots$$

（6）

$$2\ 178 \times 4 = 8\ 712$$

$$21\ 978 \times 4 = 87\ 912$$

$$219\ 978 \times 4 = 879\ 912$$

$$2\ 199\ 978 \times 4 = 8\ 799\ 912$$

$$\vdots$$

（7）

$$11 = 11$$

$$11^2 = 121$$

$$111^2 = 12\ 321$$

$$1\ 111^2 = 1\ 234\ 321$$

$$11\ 111^2 = 123\ 454\ 321$$

$$111\ 111^2 = 12\ 345\ 654\ 321$$

$$\vdots$$

（8）

$$9 \times 1 - 1 = 8$$

$$9 \times 21 - 1 = 188$$

$$9 \times 321 - 1 = 2\ 888$$

$$9 \times 4\ 321 - 1 = 38\ 888$$

$$9 \times 54\ 321 - 1 = 488\ 888$$

$$9 \times 654\ 321 - 1 = 5\ 888\ 888$$

$$9 \times 7\ 654\ 321 - 1 = 68\ 888\ 888$$

$$9 \times 87\ 654\ 321 - 1 = 788\ 888\ 888$$

$$9 \times 987\ 654\ 321 - 1 = 8\ 888\ 888\ 888$$

上面诸塔成因何在？我们略加分析你便会清楚的.
对于塔(1)，我们任意抽出一行来看，比如

$$123\ 456 \times 9 + 7 = 123\ 456 \times (10 - 1) + 7$$
$$= 1\ 234\ 560 + 7 - 123\ 456$$
$$= 1\ 234\ 567 - 123\ 456$$
$$= 1\ 111\ 111$$

对于塔(2),我们也来分析其中一行,比如

$$12\ 345 \times 8 + 5 = 12\ 345 \times (9 - 1) + 6 - 1$$
$$= (12\ 345 \times 9 + 6) - (12\ 345 \times 1 + 1)$$
$$= 111\ 111 - 12\ 346$$
$$= 98\ 765$$

对于塔(3)来讲,它是由前面两个塔直接产生出来的,比如

$$98\ 765 \times 9 + 3 = (12\ 345 \times 8 + 5) \times 9 + 3$$
$$= (12\ 345 \times 8 \times 9) + (5 \times 9 + 3)$$
$$= (12\ 345 \times 9 \times 8) + (6 \times 8)$$
$$= (12\ 345 \times 9 + 6) \times 8$$
$$= 111\ 111 \times 8$$
$$= 888\ 888$$

塔(4)的推演可由塔(1)最后一行得到,比如

$$12\ 345\ 679 \times 9 = (12\ 345\ 678 + 1) \times 9$$
$$= 12\ 345\ 678 \times 9 + 9$$
$$= 111\ 111\ 111$$

或由 $12\ 345\ 679 \times 9 = 12\ 345\ 679 \times (10 - 1)$
$$= 123\ 456\ 790 - 12\ 345\ 679$$

而

$$\begin{array}{r} 123\ 456\ 790 \\ - \quad 12\ 345\ 679 \\ \hline 111\ 111\ 111 \end{array}$$

而其余各行只须翻倍即可.

另外 12 345 679 的 3,6,12,24,48 倍也甚是有趣

$$12\ 345\ 679 \times 3 = 37\ 037\ 037$$
$$12\ 345\ 679 \times 6 = 74\ 074\ 074$$
$$12\ 345\ 679 \times 12 = 148\ 148\ 148$$
$$12\ 345\ 679 \times 24 = 296\ 296\ 296$$
$$12\ 345\ 679 \times 48 = 592\ 592\ 592$$

此外,这个道理还可以从 12 345 679(下称之为缺 8 数)乘以 3 的倍数时,将出现含因子 1 001 001 的数 ($12\ 345\ 679 \times 3 = 37\ 037\ 037 = 37 \times 1\ 001\ 001$),而该数乘以 1~999 的任何整数,其积均呈现出一定的规律,比如

$$1\ 001\ 001 \times 9 = 9\ 009\ 001$$
$$1\ 001\ 001 \times 56 = 56\ 056\ 056$$
$$1\ 001\ 001 \times 875 = 875\ 875\ 875$$

即仅由 1 和 0 组成的数,其中有几个 1,当它与某数相乘时,其积就重复几次乘数,两个 1 之间若有 n 个 0,乘数超过 $n+1$ 个 9 时,规律不复存在.

把 123 456 789 依次去掉一个自然数 1,2,3,…,9 (它们分别称为缺 1 数,缺 2 数,……,缺 9 数)后所得 8 位数分别乘以 9,也会出现一些奇妙的现象. 比如

$$23\ 456\ 789 \times 9 = 211\ 111\ 101$$
$$13\ 456\ 789 \times 9 = 121\ 111\ 101$$
$$12\ 456\ 789 \times 9 = 112\ 111\ 101$$
$$12\ 356\ 789 \times 9 = 111\ 211\ 101$$
$$12\ 346\ 789 \times 9 = 111\ 121\ 101$$
$$12\ 345\ 789 \times 9 = 111\ 112\ 101$$
$$12\ 345\ 689 \times 9 = 111\ 111\ 201$$
$$12\ 345\ 679 \times 9 = 111\ 111\ 111$$

$$12\ 345\ 678 \times 9 = 111\ 111\ 102$$

你会看到:在上面诸积中的 2 依次从高位向低位移动(第 8 个积例外).

此外在其他进制中"缺 k"数还有许多有趣的性质:

九进制中:$1234568 \times 8 = 11111111$;

八进制中:$123457 \times 7 = 1111111$;

七进制中:$12346 \times 6 = 111111$;

十二进制中:若用 l 示 11,则有

$$123456789\ l \times l = 11111111111$$

对于塔(5)~(8)读者可仿上给出注释.

注 1　由 3,6,7 组成的数乘以 3 或 3 的倍数时,其积将出现循环的位数,如:

表 1

因　子	×3	×37	×π
37	111		≤27
3 367	10 101	124 579	≤297
333 667	1 001 001	123 456 789	≤2 997
⋮	⋮	⋮	⋮

当这种数乘以 37 时,便会产生"缺 k"数,表中最后一列是说"因子 × n"能产生循环的 n 的范围. 即使乘数 n 大于取值范围,其积仍有一些奇妙的规律,比如:

$3\ 367 \times 309 = 1\ 040\ 403$,这个数首尾之和 $1 + 3 = 4$.

注 2　数 987 654 321 乘以 9 的倍数 $\overline{ab}$ 时(限于两位数)有如下规律:

$$987\ 654\ 321 \times \overline{ab} = \overline{ac\ ccc\ ccc\ ccb},\ 这里\ c = b - 1.\ 如$$

$$987\ 654\ 321 \times 27 = 26\ 666\ 666\ 667$$

$$987\ 654\ 321 \times 54 = 53\ 333\ 333\ 334$$

等.

§3 数字与圆圈

某些自然数摆在一个圆圈周围,能提出许多有趣的数学问题.

问题 1 将 1~100 这 100 个自然数摆成一个圆圈,要使任意两个相邻的数之差不大于 2.

答案请见图 1. 这里的关键是关于 98,99,100 三个数的摆放位置. 试问若将 1~101 这 101 个自然数按上面要求摆放,又将如何摆?

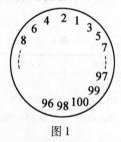

图 1

把 1~13 摆在圆内,使其相邻两数之差的绝对值都为 3 或 4 或 5 是办不到的.

注 对于 1~14 来讲问题答案存在(图 2):

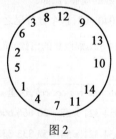

图 2

问题 2 从 1~49 中选若干个数摆成一个圆圈,

使得它们任意相邻两数之积均小于 100. 试问最多能选多少这样的数?

答案见图 3. 这里讲讲它是如何构造出来的.

图 3

我们先将 $1,2,3,\cdots,8,9$ 安排到圆圈周围,然后两两之间插数,符合要求者仅能是图 4 的情形

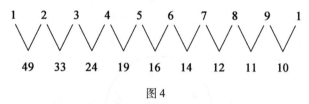

图 4

这些结果填入圆圈中即为前面的图形.

问题 3　将 $1\sim20$ 这 20 个自然数写到一个圆圈里,使得任何相邻两数之和皆为素数.

答案如图 5. 这里应先安排偶数,再插入奇数,最后去调整.

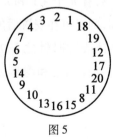

图 5

19

注 下面问题也很有趣(图6):

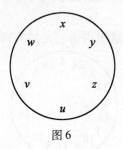

图 6

圆圈上有 6 个数 x, y, z, u, v, w. 其中每个数皆为其两个相邻数之积,求之.

由设有

$$uw = v, vx = w, yw = x, xz = y, yu = z, zv = u$$

可得

$$xu = 1, vy = 1, zw = 1$$

故有(图7).

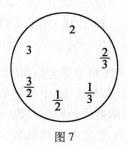

图 7

问题 4 如图8,有 n 个 $+1$ 和 n 个 -1 随意安置在一个圆圈的周围,则必可在安置后的某个数起,使它与其后面(按顺时针或逆时针之一方向)的一个,两个,三个,……,$2n-1$ 个数之和均非负.

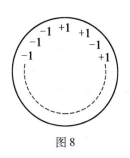

图 8

若这些数安放后从某个位置起依次记为 a_1, a_2, a_3, $\cdots$, a_{2n}, 这只须先求

$$a_1, a_1+a_2, a_1+a_2+a_3, \cdots, a_1+a_2+\cdots+a_{2n}$$

中的最小数, 若其为 $a_1+a_2+\cdots+a_k$: 如 $k=2n$ 起始数就选 a_1; 如 $1 \leqslant k < 2n$, 起始数选在 $k+1$ 位置上的数 a_{k+1}.

由此问题还可以推广到和为零的 n 个实数 a_1, a_2, $\cdots$, a_n 的情形.

问题 5　如图 9, 将 $1 \sim n$ 这 n 个自然数写在一个圆圈周围, 从第 i 个数起划去隔 i 个数 (依顺时针方向) 的数 j, 再从它起划去隔 j 个数的数 k, $\cdots\cdots$ 如此下去, 最后至少有一个数不能划去.

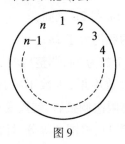

图 9

设继 i 之后划去的数为 j, 若 $i=n$, 则 $j=n$, 则第一次划去 n 后, 其余诸数均不能划去.

若 $i<n$: 又 n 是偶数, 则 j 亦为偶. 又 $n \geqslant 3$, 故至少

一个奇数划不去;若 n 是奇数,则 $2i \neq n$,故 $2i - n \neq n$, 即 $j \neq n$,亦即数 n 则不划去.

问题 6 如图 10,将 n 个偶数 $a_1, a_2, a_3, \cdots, a_n$ 排成一圈,然后按下述规则调整:

每个数均将其一半加到下一个数(按顺时针方向),调整后变为奇数者在其上加 1,然后重复上述步骤.

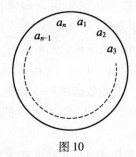

图 10

经有限次调整后,圆圈周围所有的数均变得相等.

注意:开始时诸数在 $2m$ 与 $2n$ 之间 $(m \geqslant n)$. 则经一次调整后:

①诸数仍在 $2m$ 与 $2n$ 之间;

②大于 $2n$ 的数仍大于 $2n$;

③至少有一个数为 $2n$,调整后增加 1.

这就是说:大数不增,小数不减且至少有一个变大. 如此下去经有限次调整后,差数变 0.

问题 7 如图 11,将圆两等分,且在等分点处各记上 1;再将其四等分,新等分点处记相邻的原来分点处的数字和,……如此下去,n 次所有数字和为 $2 \cdot 3^{n-1}$.

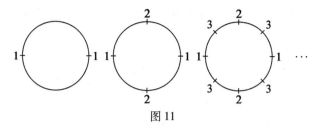

图 11

这只须记 k 次等分的和为 S_k，则

$$S_1 = 2，S_2 = 6，S_3 = 18，\cdots，S_{n+1} = 2S_n + S_n = 3S_n$$

故

$$S_n = 2 \cdot 3^{n-1}$$

问题 8　如图 12 两个同心圆盘，各将其 n 等分，且分别写上数 $a_1，a_2，\cdots，a_n$ 和 $b_1，b_2，\cdots，b_n$，又

$$\sum_{k=1}^{n} a_k < 0，\quad \sum_{k=1}^{n} b_k < 0$$

图 12

转动圆盘，必有某个位置使两圆盘相应位置上的两数之积的和为正数.

为解决此问题，你不妨先去考虑：

在分别 n（n 是偶数）等分的两个同心圆盘上各自任意着黑、白两色（着黑、白色的总数均为 n）. 转动圆

23

盘,到某一位置时,内外两圆盘同一位置颜色不同的情况总数不少于 $\frac{n}{2}$ 对.

它可以利用反证法再结合赋值去考虑(如白色赋值 1,黑色赋值 -1).

数字与圆圈的问题还有许多,它们大都很有趣,限于篇幅这里不谈了.希望你也能找出一些.

§4　数字与直线

自然数排在一条直线上,也能产生不少有趣的数学问题,下面我们简单地介绍几个.

问题 1　能否将两组 $1 \sim 10$ 的自然数(即两个 1,两个 2,……,两个 10)排成一条直线,使其中两个 1 之间有 1 个数,两个 2 之间有两个数,……,两个 10 之间有 10 个数?

两个 1,两个 2,两个 3,两个 4 可以排成题目要求的形式

4 1 3 1 2 4 3 2

问题的情形答案是否定的,详见本书"奇数与偶数"一文.

问题 2　将 $1 \sim 20$ 这 20 个自然数写成一排

1 2 3 4 5 6 7 8 9 10 11 12 … 19 20

请你划去其中 20 个数字,使剩下的数字(顺序不得改变)组成的数最大.

显然,位数一样的数最大者是以 9 开头的,显然前面 8 个数字应划去;9 以后数字划去的原则是先尽量

依次划去 $0,1,2,\cdots$，也就是需应使剩下的第一位数尽量大，这样在

$$10111213141516171819 20$$

中应划去前 11 个数字 10111213141，接着应划去 5 后面的 1，即剩下的数为

$$95617181920$$

它是最大的.

问题 3　将 $1\sim 1\,988$ 这 1 988 个自然数排成一列，然后分别计算相邻两项之差的绝对值. 试问应如何排列才能使它们的差的绝对值之和最大？

注意到对于三个数 a,b,c 来讲，若 $a-b$ 和 $b-c$ 同号，则 $|a-b|+|b-c|=|a-c|$，它不会取得极大值. 只有

$$|a-c|<|a-b|+|b-c|$$

才有可能，即相邻两项之差符号应交替.

若将这 1 988 个数排成 $a_1,a_2,\cdots,a_{1\,988}$（图 1）：

| 1 | 995 | 2 | 996 | ... | 1 983 | 994 | 1 988 |

图 1

$a_1,a_3,a_5,\cdots$ 应取 $1,2,3,\cdots,994$；

$a_2,a_4,a_6,\cdots$ 应取 $995,996,997,1\,988$.

类似的问题还有：

设 $a_1,a_2,\cdots,a_n$ 为 $1,2,\cdots,n$ 的某个排列，试在 $1,2,\cdots,n$ 的所有可能的排列中找出一个使

$$|a_1-1|+|a_2-2|+|a_3-3|+\cdots+|a_n-n|$$

的值最大.

显然，只需取排列 $n,n-1,\cdots,2,1$ 即可.

问题 4　任给一组正整数 $a_1,a_2,\cdots,a_n$，将它排成

一列,然后在首末两项中减去它们中的最小数,再把它分别加到靠近它们的中间项(若只有一项时,则加上最小数的 2 倍)上,重复上面的步骤,当 n 为 $3k+1$ 型数时,最后仅剩两项,且其中一项为另一项的 2 倍.

问题 5 若实数 $a_1 + a_2 + \cdots + a_k = 2^n$,且把这些数排成一列,然后按下面规则去调整:

对任意两数 a_p 和 a_q 来讲,若 $a_p \geqslant a_q$,则从 a_p 中减去 a_q,且在 a_q 中加上 a_p(这里 $p, q = 1, 2, \cdots, k$).

重复上面的步骤,经有限次调整后,必可将这些数变成下面形式

$$0, 0, \cdots, 0, 2^n, 0, \cdots, 0, 0$$

又若 $a_1 + a_2 + \cdots + a_k = N$,仍按上面办法调整,这些数最后可变成下面形状

$$0, 0, \cdots, 0, x, 0, \cdots, 0, y, 0, \cdots, 0$$

这里 $x + y = N$.

问题 6 n 个数 $1, 2, \cdots, n$ 排成一列,其中任何一个数 k 都不在第 $k (k = 1, 2, \cdots, n)$ 个位置的排列,共有多少种?

这是有名的"错装信封"问题的变形,它可以用递推的办法解,这里不详述了. 递推公式为(N_n 为符合题意的排列数)

$$N_{n+1} = n(N_n + N_{n-1}), N_1 = 0, N_2 = 1$$

答案:$N_{2n} = \left[\dfrac{(2n)!}{e} \right] + 1, N_{2n+1} = \left[\dfrac{(2n+1)!}{e} \right].$

这里 $[x]$ 表示不超过 x 的最大整数,e 为自然数对数的底数

$$e = \lim_{n \to \infty} \left(1 + \frac{1}{n} \right)^n$$

问题 7　将 $1 \sim 10^8$ 排成一列,问其中 $0,1,2,\cdots,9$ 各有多少? 又第 206 788 位上的数字是几?

这其中有 68 888 897 个 0,和 80 000 001 个 1,并且有 80 000 000 个 $2,3,\cdots,9$.

这一排数字的第 206 788 位上的数字为 7.

问题 8　在 0 及小数点后排下 123 456$\cdots$ 即 0. 123 456$\cdots$,试问此数是否是有理数?

因这个小数无限而不循环,故它是非有理数.

§5　由同一数字组成的数

在自然数中有一种由同一数字组成的数,比如 $111,2\ 222,\cdots,\underset{n\text{个}}{\underline{99\cdots9}}$ 等,这些数也有一些奇特而有趣的性质,下面我们来看几个.

(1) 由三个相同数字组成的三位数,可以被 3 和 37 整除.

证　用 $\overline{aaa}$ 表示由三个相同数字组成的三位数,其中 $a=1,2,\cdots,9$.

而
$$\overline{aaa}=a\times100+a\times10+a=111a$$

又 $111=3\times37$,从而 $\overline{aaa}$ 可被 3 和 37 整除(注意 3 和 37 均为素数).

(2) 由 6 个相同数字组成的 6 位数能被 3,7,11,13 和 37 整除.

证　记该数为 $\overline{aaa\ aaa}$,显然有
$$\overline{aaa\ aaa}=1\ 001\times\overline{aaa}=1\ 001\times111\times a$$

而
$$111 = 3 \times 37, 100\ 1 = 7 \times 11 \times 13$$

故 $\overline{aaa\ aaa}$ 可被 $3,7,11,13$ 和 37 整除,注意到 $3,7,11,13,37$ 均为素数.

(3) $\underbrace{111\cdots1}_{81\text{个}}$**可被 81 整除.**

证 记 $I_{81} = \underbrace{111\cdots1}_{81\text{个}}$,显然可有

$$I_{81} = 111\ 111\ 111 \times 10^{72} \times 111\ 111\ 111 \times$$
$$10^{63} + \cdots + 111\ 111\ 111 \times 10^{9} \times 111\ 111\ 111$$
$$= 111\ 111\ 111 \times (10^{72} + 10^{63} + \cdots + 10^{9} + 1)$$

注意到 $9 \mid A \Leftrightarrow 9 \mid (A$ 的各位数字之和$)$,而 $111\ 111\ 111$ 各位数字和为 9,上面括号内数字之和也为 9,它们均可被 9 整除,从而 $81 \mid \underbrace{111\cdots1}_{81\text{个}}$.(这里"$\mid$"表示整除)

注 由上证明可知:$\underbrace{aa\cdots a}_{81\text{个}}$ 也可被 81 整除,这里 $a = 1,2,\cdots,9$.

(4) 数 $\underbrace{11\cdots1}_{n\text{个}}$ $(n>1)$ **不是完全平方数.**

证 (用反证法)若不然,今设 $I_n = \underbrace{11\cdots1}_{n\text{个}}$ 是某个奇数 $2k+1$ 的平方,即

$$I_n = (2k+1)^2 = 4k^2 + 4k + 1$$

或 $\quad 4k^2 + 4k = I_n - 1 = \underbrace{11\cdots10}_{n-1\text{个}}$

而 $4k^2 + 4k = 4k(k+1)$ 可被 8 整除,但式右边的数却不能被 8 整除.矛盾!

从而前设不真,而题中要证结论正确.

(5) 数 55 555 555 是两个自然数的平方差.

证 注意到算式

$$55\ 555\ 555 = 5\ 555 \times 10\ 001$$

可设 $\begin{cases} x + y = 10\ 001 \\ x - y = 5\ 555 \end{cases}$,解得 $\begin{cases} x = 7\ 778 \\ y = 2\ 223 \end{cases}$,这样

$$55\ 555\ 555 = 7\ 778^2 - 2\ 223^2$$

(6) 数 $\underbrace{111\cdots1}_{2n\text{个}} - \underbrace{222\cdots2}_{n\text{个}}$ 是完全平方数.

证　注意到下面式子变形

$$\underbrace{111\cdots1}_{k\text{个}} = \underbrace{999\cdots9}_{k\text{个}}/9 = \frac{(10^k - 1)}{9}$$

$$\underbrace{222\cdots2}_{k\text{个}} = 2 \times \underbrace{111\cdots1}_{k\text{个}} = \frac{2(10^k - 1)}{9}$$

这样

$$\underbrace{111\cdots1}_{2n\text{个}} - \underbrace{222\cdots2}_{n\text{个}} = \frac{10^{2n} - 1}{9} - \frac{2(10^n - 1)}{9}$$

$$= \frac{10^{2n} - 2 \times 10^n + 1}{9}$$

$$= \left(\frac{10^n - 1}{3}\right)^2$$

$$= (\underbrace{333\cdots3}_{n\text{个}})^2$$

(7) 数 $\underbrace{11\cdots1}_{n\text{个}}\underbrace{22\cdots2}_{n\text{个}}$ 是两个相邻整数之积.

证　注意到下面式子变形

$$\underbrace{11\cdots1}_{n\text{个}}\underbrace{22\cdots2}_{n\text{个}} = 10^n(10^{n-1} + 10^{n-2} + \cdots + 1) +$$

$$2(10^{n-1} + 10^{n-2} + \cdots + 1)$$

$$= (10^n + 2)(10^{n-1} + 10^{n-2} \cdots + 1)$$

$$= \frac{(10^n + 2)(10^n - 1)}{9}$$

$$= \left(\frac{10^n + 2}{3}\right)\left(\frac{10^n - 1}{3}\right)$$

由 $\dfrac{10^n+2}{3} - \dfrac{10^n-1}{3} = 1$，又 $3 \mid (10^n+2)$，这样 $3 \mid (10^n-1)$，即 $\dfrac{10^n+2}{3}$，$\dfrac{10^n-1}{3}$ 是两个相邻的整数.

（8）一个整数若它不是 2 和 5 的倍数，则它一定能整除一个各位数字都是 1 的自然数.

证 （用反证法）若不然，今设有整数 m，它不是 2 和 5 的倍数，且不能整除任何一个各位数字均是 1 的整数.

这样 m 除 $1, 11, 111, \cdots, \underbrace{111\cdots1}_{(m-1)个}, \underbrace{111\cdots1}_{m个}$ 时，余数均不为 0.

但它们余数只能为 $1, 2, 3, \cdots, m-1$ 之一，故上面 m 个数被 m 除时至少有两个数余数一样. 设它们分别为

$$\underbrace{111\cdots1}_{p个} \quad 和 \quad \underbrace{111\cdots1}_{q个} \quad (p>q)$$

而 $\underbrace{111\cdots1}_{p个} - \underbrace{111\cdots1}_{q个} = \underbrace{111\cdots}_{(p-q)个}\underbrace{100\cdots0}_{q个}$ 应为 m 的倍数，但 m 不是 2 和 5 的倍数，从而 m 不能整除上数. 矛盾！

此即说明前设不真，从而命题结论正确！

（9）任给自然数 n，则它必能整除某个形如

$$111\cdots100\cdots0$$

的自然数.

证 考察下面 $n+1$ 个数

$$1, 11, 111, \cdots, \underbrace{11\cdots1}_{n个}, \underbrace{11\cdots1}_{(n+1)个}$$

上面诸数用 n 除后的余数只能是 $0, 1, 2, 3, \cdots, n-1$ 这 n 种之一.

但这里有 $n+1$ 个数，则必有某两个数被 n 除后余数相同，今设为

$$\underbrace{111\cdots1}_{p\text{个}}\text{和}\underbrace{111\cdots1}_{q\text{个}}\quad(p>q)$$

显然 $\underbrace{111\cdots1}_{p\text{个}}-\underbrace{111\cdots1}_{q\text{个}}=\underbrace{111\cdots1}_{(p-q)\text{个}}\underbrace{00\cdots0}_{q\text{个}}$ 可能被 n 整除.

(10) 数 $1\underbrace{00\cdots0}_{n\text{个}}1$ 中,若 $n+1$ 有不为 1 的奇因子,则该数必是合数.

证　由 $1\underbrace{00\cdots0}_{n\text{个}}1=10^{n+1}+1$,又设 $n=pq$,其中 p 是奇数,且 $p\neq1$. 这样

$$10^{n+1}+1=10^{pq}+1$$
$$=(10^q+1)\left[(10^q)^{p-1}-(10^q)^{p-2}+\cdots+1\right]$$

此即说明 $1\underbrace{00\cdots0}_{n\text{个}}1$ 是合数.

另外,仅由 $0,1$ 可以表示任何数,这便是所谓二进制. 利用二进制也可能解答许多有趣的数学问题,比如 80000000000000000(即 8×10^{16})的二进制表示为:

10001110000110111100100010111111100000100000
0000000000000(这是一个 56 位的二进制数)

这样,8×10^{16} 可以写成一个有趣的等式

$$8\times10^{16}=2^{56}+2^{52}+2^{51}+2^{50}+2^{45}+2^{44}+$$
$$2^{42}+2^{41}+2^{40}+2^{39}+2^{36}+2^{32}+$$
$$2^{30}+2^{29}+2^{28}+2^{27}+2^{26}+2^{25}+2^{19}$$

§6　仅由数字 1 组成的素数

前文我们谈到由相同数字组成的自然数有许多有趣的性质,由 1 组成的自然数 $I_n=\underbrace{111\cdots1}_{n\text{个}}$ 也是如此.

也许有人会问，I_n 有无素数？回答是肯定的，如 11 便是. 再者如何从 I_n 中找素数？下面我们简单地谈一点这个问题.

有人曾对 $I_1 \sim I_{358}$ 中的数进行核验，发现除了 I_2，I_{19}，I_{23}，I_{317} 外都是合数. 细心的读者也许会发现 2，19，23，317 本身都是素数，这是否是个巧合？不是！我们可以证明：只有 n 是素数时，I_n 才有可能是素数. 这就是说：

若 n 是合数时，I_n 一定是合数.

它的证明很简单，只须用一下二项式公式.

证 若 n 是合数，可设 $n = p \cdot q (p, q$ 均不为 1$)$.

又

$$I_n = \underbrace{11\cdots1}_{n\uparrow} = \frac{10^n - 1}{9} = \frac{10^{pq} - 1}{9}$$

$$= \frac{(10^p)^q - 1}{9} = (10^p - 1)\frac{10^{p(q-1)} + \cdots + 1}{9}$$

由 $p \neq 1$，又

$$9 \mid (10^p - 1) = (10 - 1)(10^{p-1} + \cdots + 1)$$

则 $\dfrac{10^p - 1}{9} > 1$，即 I_n 有因子 $\dfrac{10^p - 1}{9}$，故它是合数.

话又讲回来，即使 n 是素数，I_n 也不一定是素数. 找大的素数不容易，找 I_n 型的大素数更困难.

目前所知 I_n 型最大的素数是 I_{317}，这是美国 Monitoba 大学的 Williams 发现的，它是在发现 I_{23} 是素数之后 50 年才找到的，这一发现曾轰动一时（它是在发现 $(10^{79} + 1) \mid (I_{317} - 1)$ 时，证明了 I_{317} 是素数）.

有人曾预测：在 I_1 到 $I_{1\,000}$ 之中，除了上述几个素数外，无别的素数，下一个可能的素数是 $I_{1\,031}$，这一点已于 1986 年为美国一位数学家杜布纳证得. 且在 $I_1 \sim$

$I_{1\,000\,000}$内无其他这类素数(人们已对 $n = 3, 5, 7, 11,$
$13, 17, 29$ 等时完成了 I_n 的分解).

顺便讲一句,目前所发现(认知或确认)的最大素
数是

$$2^{77\,232\,917} - 1$$

它有 23 249 425 位. 它属于梅森素数(见本书"梅森素
数小谈"一节).

§7　史密斯数和卡密切尔数

数学家们常常在无意中发现一些问题,后文我们
要介绍的"乌兰现象"便是最激动人心的.

大数学家哈代一次到医院去看望他的弟子拉马努
金(见后文),顺便告诉他乘坐汽车的号码是 1729. 拉
马努金立即脱口说道:"这是一个能用两种方法表示
成立方和的最小整数,"即

$$1^3 + 12^3 = 9^3 + 10^3 = 1\,729$$

说到这里我们想起另一类数:一个数与其逆序数
和、差分别为完全平方数.

比如 65,注意到 $65 + 56 = 121 = 11^2, 65 - 56 = 9 = 3^2$.

这 样 的 数 还 有 如:621　770, 281　089　082,
2 022 652 202和 20 422 832 002.

不久前,美国的一位数学家阿尔伯特·威兰斯基
在与其姐夫(史密斯)打电话交谈时,后者发现对方的
电话号码 4937775 是一个有趣的合数

$$4\,937\,775 = 3 \times 5 \times 5 \times 65\,837$$

而这个数的各位数字和恰好等于它全部真因子

(非平凡)的各位数字和(它与完全数的差异仅在因子之和等于其自身数字之和)

$$4 + 9 + 3 + 7 + 7 + 7 + 5 = 42$$
$$3 + 5 + 5 + 6 + 5 + 8 + 3 + 7 = 42$$

这引起数学家的兴趣,他便把具有这种性质的整数叫史密斯数.

人们发现的最小的史密斯数是 4,接下去的史密斯数是 22,27,…

在 0 ~ 10 000 之间,人们找出 376 个史密斯数;

估计在 0 ~ 100 000 之间有 3 300 个史密斯数.

新近,圣路易斯的密苏里大学的韦恩·麦克丹尼尔证明了:史密斯数有无穷多个.

有人还发现了一些能产生史密斯数的特殊的数字模式,但它不能给出全部的史密斯数.

利用人们已知的大素数,有人求出一个有 250 万位以上的史密斯数.

史密斯数还有许多性质有待人们去发现,它的用途至今人们尚未找到,但人们相信这种数的许多奥秘迟早会被揭开,它与某些数学问题的联系终能被发现(有人已开始研究它与全部由 1 组成的数间的关系).

如果把数 1 算作真因子,则这类数的概念还可以推广. 比如 4 有因子 1,2,3,而 6 = 1 + 2 + 3,又 33 有因子 1,3,11,而

$$3 + 3 = 1 + 3 + 1 + 1$$

此称为广义史密斯数.

注 8 000 以内的广义史密斯数

6	33	87	249	303	519
573	681	843	951	1 059	1 329

1 383	1 923	1 977	2 463	2 733	2 789
2 949	3 057	3 273	3 327	3 547	3 651
3 867	3 921	4 083	4 353	4 677	5 163
5 433	5 703	5 919	6 081	6 243	6 297
6 621	6 891	7 053	7 323	7 377	7 647
7 971					

1640 年,法国数学家费马指出一个定理:

若 p 为素数,且 a,p 互素,则 $a^{p-1}-1$ 可被 p 整除.(费马小定理)

1819 年,法国数学家萨鲁斯发现:费马小定理的逆命题不成立.

他举了下面的例子: $a=2,n=341$,由

$$2^{340}-1=\left(2^{10}\right)^{34}-1$$

它显然有 $2^{10}-1$ 的因子,而

$$2^{10}-1=1\ 023=3\times341$$

这样 $341\mid\left(2^{340}-1\right)$,这里"$\mid$"表示整除的意思. 然而 $341=11\times31$ 是合数.

1909 年,美国数学家卡密切尔发现这样一类数:

如 561 它本身是合数 $(561=3\times11\times17)$,但 561可以整除任何 $a^{560}-1$,只要 a 不为 3,11,17 以及它们的倍数.

例如 561 能整除 $2^{560}-1,4^{560}-1,5^{560}-1,\cdots,559^{560}-1$ 等.

人们称这样的数为卡密切尔数或伪素数. 又如1 729 $(=7\times13\times19)$ 也是一个卡密切尔数.

萨鲁斯数又称为伪素数,人们已证得:伪素数有无穷多个.

1950 年,人们发现 161 038 是最小的偶伪素数.

1951 年,毕格尔证得:存在无穷多个偶伪素数.

卡密切尔数在寻找（或验证）大的素数问题中甚为有用.

§8 自守数趣谈

我们知道$5^2 = 25$,也就是说 5 的自乘结果仍是以 5 结尾的数,这种数称为 自守数. 不仅如此,任何以 5 结尾的两个数之积仍是以 5 结尾的数.

容易验证表 1 中给出的数都是自守数:

细心的读者也许从表 1 中看出了点门道:四位自守数去掉最左面的数字后便得到三位自守数,三位自守数去掉最左面的一位数字可得到两位自守数,……

表 1

位　　　数	自　　守　　数
一　　位	0, 1, 5, 6
两　　位	25, 76
三　　位	625, 376
四　　位	0 625, 9 376
⋮	⋮

注意两位以上的自守数,每种位数至多有两个自守数.

反过来对否? 即能否在 k 位自守数前面加上某个数字,便可得到 $k+1$ 位的自守数?

回答是肯定的. 因为自守数 n 有一个特性:

若 n 是自守数,则 $n^2 - n$ 能被 $10, 10^2, 10^3, \cdots, 10^k$ 整除,其中 k 为 n 的位数.

由上面分析看来,两位以上的自守数,每种位数都仅有两个,且它们是以 $25, 76$ 结尾的.

　　下面我们看看如何去找自守数. 由 625 是 3 位自守数, 而 $a625$ 是 4 位自守数, 则

$$(a625)^2 = (1\,000a + 625)^2 = 10^6 a^2 + 125a \times 10^4 + 625^2$$

　　注意式右边前面两项末 4 位均为 0, 这样 $(a625)^2$ 的末 4 位数和 625^2 的末 4 位数相同, 即要找 $a625$ 只需在 625^2 中找即可, 说得具体些, 即取 625^2 的末 4 位便是.

　　又 376 是 3 位自守数, 寻取以它结尾的 4 位自守数 $a376$, 这就不能直接从 376^2 中去找了, 因为它不具有 $(a625)^2$ 那样末尾 4 位数的特点, 但 $(a376)^2 - a376$ 末尾四位数是 0, 这样

$$(a376)^2 - a376$$
$$= 10^6 \times a^2 + 752a \times 10^3 + 376^2 - 10^3 a - 376$$
$$= 10^6 \times a^2 + 75a \times 10^4 + 1\,000a + 376^2 - 376$$
$$= (10^2 a^2 + 75a + 14) \times 10^4 + (a + 1) \times 1\,000$$

而要使这个数末 4 位是 0, 必须有 $a + 1 = 10$, 而 1 是 376^2 倒数第 4 位上的数, 若将 $a + b = 10$ 的数 $a\,(= 10 - b)$ 称为 b 的补数, 则有:

　　若 376^2 的倒数第 4 位上的数字的补数为 a, 则 $a376$ 便是一个 4 位自守数.

　　加拿大两位学者利用计算机找到两个 500 位的自守数. 下面两个自守数是 100 位:

　　3 953 007 319 108 169 802 938 509 890 062 166 509 580 863 811 000 557 423 423 230 896 109 004 106 619 977 392 256 259 918 212 890 625;

　　6 046 992 680 891 830 197 061 490 109 937 833 490 419 136 188 999 442 576 576 769 103 890 995 893 380 022 607 743 740 081 787 109 376.

　　此外自守数还有一个有趣的性质:

若 M 和 N 都是 $k(k \geqslant 2)$ 位自守数,则 $M + N = 10^k + 1$.

比如 $5 + 6 = 10 + 1, 25 + 76 = 10^2 + 1, 625 + 376 = 10^3 + 1, \cdots$

这样知道的 k 位自守数 M,便可直接从上式求得 k 位自守数 N 了.

与之类似的还有所谓的自我生成数.

一个数 N 与其逆序 $\overline{N}$ 之差,其中的数字若仍是原数 N 中的数字,则称其自我生成数.

比如 3 位自我生成数 954,注意到 $954 - 459 = 495$.

又如 4 位自我生成数 9 108,而 $9\ 108 - 8\ 019 = 1\ 089$(类似的还有 7 641,5 823,3 870,2 961 和 1 980).

再如 8 位自我生成数 98 754 210,这时

$$98\ 754\ 210 - 01\ 245\ 789 = 97\ 508\ 421$$

等,皆为自我生成数.

而 987 654 321 和 9 876 543 210 是两个 9 位和 10 位的自我生成数.

§9 耐人寻味的"魔术数"

1986 年全国初中数学竞赛试题有这样一道题目:

将自然数 N 接写在每一个自然数的右面即末尾(例如将 3 写在 25 的右面为 253)得到的新数,若它们都能被 N 整除,那么称 N 为魔术数.今问小于 130 的自然数中有多少个魔术数?

我们来看看题目的解法. 先考虑最简单的情形:

在一位数中:

1 显然是魔术数,因为任何自然数均有当然约数 1;

2 也是魔术数,因为 2 接写在任何一个自然数后面便都成为偶数,偶数可被 2 整除;

5 也是魔术数,你只要熟悉自然数能被 5 整除的判别法(0,5 结尾的数可被 5 整除)即可;

3,4,6,7,8,9 都不是魔术数,你只需注意到:3 ∤13(这里 ∤ 表示不整除号),4 ∤14,6 ∤16,7 ∤17,8 ∤18,9 ∤19 即可.

一位数中的魔术数仅有 1,2,5——它们显然都是 10 的约数.

类似地可以找出两位魔术数:10,20,25,50——容易看到它们都是 100 的约数.

于是我们便猜测到:"k 位魔术数一定是 10^k 的约数."下面我们来证明它.

今设自然数 N 是 k 位魔术数,将 N 写在自然数 1 的右面得到的新数为:$10^k + N$,而它可被 N 整除,即 $N \mid (10^k + N)$(这里 | 表示整除).

由 $N \mid N$,显然 $N \mid 10^k$,即 N 是 10^k 的约数.

反过来,10^k 的任一个末位约数 N,一定是魔术数. 证明如下:

设 N 是 10^k 的一个 k 位约数,M 是任一个自然数.

N 写在 M 尾数上之后得 $M \cdot 10^k + N$,由 $N \mid 10^k$,且 $N \mid N$,故 $N \mid (M \cdot 10^k + N)$,即 N 为魔术数.

这样我们很容易看出:

一位魔术数有:1,2,5;

两位魔术数有:10,20,25,50;

三位魔术数有:100,125,200,250,500;

⋮

这样我们不难回答前面的问题:小于 130 的魔术数共有 9 个.

魔术数还有许多有趣的性质,比如:

①若 N 是魔术数,则 $10^m \cdot N$ 也是魔术数(m 为自然数);

②任何两个有效数字不是三位的魔术数之乘积仍是魔术数;

③三位或三位以上的魔术数中,每个位数的魔术数个数均为 5;

④魔术数的通项为:$2^{k-1} \times 5^{m-1} \times 10^{r-1}$,其中 k 为 1 或 2,m 为 1,2,3 或 4,r 为任何自然数.

它们的证明并不困难,留给读者去考虑了.

§10　两组"怪"数

数,这个人们日常生活、工农业生产、科学研究中处处少不了的东西,有着许多令人感叹的性质,下面我们给大家介绍两组有趣的数.

没有介绍它们之前,我们先来看一个有趣的数图(一个 3 阶幻方)(图 1).

8	1	6
3	5	7
4	9	2

图 1

请注意,对于其中两行数字有性质
$$8+1+6=4+9+2$$
$$8^2+1^2+6^2=4^2+9^2+2^2$$
同样地对其中两列数中亦有同样性质
$$8+3+4=6+7+2$$
$$8^2+3^2+4^2=6^2+7^2+2^2$$
此外,对于数组$(1,6,8),(2,4,9)$进行扩展
$$(1,6,8,2+5,4+5,9+5)=(1,6,8,7,9,14)$$
$$(2,4,9,1+5,6+5,8+5)=(2,4,9,6,11,13)$$
去掉两组中相同的数字后得
$$(1,8,7,14)和(2,4,11,13)$$
显然
$$1+8+7+14=2+4+11+13$$
但还有
$$1^2+8^2+7^2+14^2=2^2+4^2+11^2+13^2$$
且
$$1^3+8^3+7^3+14^3=2^3+4^3+11^3+13^3$$

对于幻方中列的数字仿上可得$(1,5,8,12)$和$(2,3,10,11)$,它们相应的和、平方和、立方和亦相等.

(1)在$\{1,6,7,23,24,30,38,47,54,55\}$和$\{2,3,10,19,27,33,34,50,51,56\}$两组数中,它们各有 10 个不同的自然数(当然你也能看出它们没有公因子).

如果你知道$a^0=1(a\neq 0)$的规定,那么首先这两组数满足
$$1^0+6^0+7^0+23^0+24^0+30^0+38^0+47^0+54^0+55^0$$
$$=2^0+3^0+10^0+19^0+27^0+33^0+34^0+50^0+51^0+56^0$$

再观察计算一下还会发现

$$1 + 6 + 7 + 23 + 24 + 30 + 38 + 47 + 54 + 55$$
$$= 2 + 3 + 10 + 19 + 27 + 33 + 34 + 50 + 51 + 56 = 285$$

算到这里你也许会想到这两组数的其他次方幂和也相等吗? 首先,你算一下会知道

$$1^2 + 6^2 + 7^2 + 23^2 + 24^2 + 30^2 + 38^2 + 47^2 + 54^2 + 55^2$$
$$= 2^2 + 3^2 + 10^2 + 19^2 + 27^2 + 33^2 + 34^2 + 50^2 + 51^2 + 56^2$$
$$= 11\ 685$$

接着算下去你会看到:这两组数的 3 次,4 次,……,8 次方幂和也都相等,且值分别为(表1):

表1

方幂次数	每组数方幂和
3	536 085
4	26 043 813
5	1 309 753 125
6	67 334 006 805
7	3 512 261 547 765
8	185 039 471 773 893

此外,这两组数还有以下性质:

①每组相邻两数之差的集合相同;

②每组数中其中心对称的首尾两数之差的集合也相同;

③每组相邻两数之积的和相等;

④中心对称的每组首尾两数之积的和相等;

⑤每组前 5 个数之和与后 5 个数之和相等.

(如果你有兴趣不妨用电子计算器验算一下,只是算到了 9 次方幂和它们才不相等.)

顺便讲一句:尽管这两组数的发现者不知是何人,

42

然而它却引起一些数学家的关注,直到现在仍是如此.

（2）｛123 789,561 945,642 864｝和｛242 868,323 787,761 943｝是两组各有三个六位自然数的数组,经过不太复杂的计算你会发现

$$123\ 789 + 561\ 945 + 642\ 864$$
$$= 242\ 868 + 323\ 787 + 761\ 943$$

再进一步你算一下它们的平方和你也会看到

$$123\ 789^2 + 561\ 945^2 + 642\ 864^2$$
$$= 242\ 868^2 + 323\ 787^2 + 761\ 943^2$$

有趣的现象不只在此处,倘若你把两组数中每个数的最高数位（最左边）的数字去掉而成两组新数

$$\{23\ 789,61\ 945,42\ 864\},\{42\ 868,23\ 787,61\ 943\}$$

它们还保持原来数组的特性（和相等,平方和也相等）

$$23\ 789 + 61\ 945 + 42\ 864$$
$$= 42\ 868 + 23\ 787 + 61\ 943$$
$$23\ 789^2 + 61\ 945^2 + 42\ 864^2$$
$$= 42\ 868^2 + 23\ 787^2 + 61\ 943^2$$

奇怪的是,上面的过程（抹去最高位数字）可以继续下去,直到两组数中每个数只剩下个位为止,它们都依然保持和相等,平方和也相等的性质

$$3\ 789 + 1\ 945 + 2\ 864 = 2\ 868 + 3\ 787 + 1\ 943$$
$$3\ 789^2 + 1\ 945^2 + 2\ 864^2 = 2\ 868^2 + 3\ 787^2 + 1\ 943^2$$
$$789 + 945 + 864 = 868 + 787 + 943$$
$$789^2 + 945^2 + 864^2 = 868^2 + 787^2 + 943^2$$
$$89 + 45 + 64 = 68 + 87 + 43$$
$$89^2 + 45^2 + 64^2 = 68^2 + 87^2 + 43^2$$
$$9 + 5 + 4 = 8 + 7 + 3$$

$$9^2 + 5^2 + 4^2 = 8^2 + 7^2 + 3^2$$

更使你不解的是:如果每次从两组数中每个数里抹去最低数位(最右)的数字,上述性质(和相等,平方和也相等)依然存在. 不信的话,您不妨算算看.

§11 从 $3^2 + 4^2 = 5^2$ 谈起

3 000 年前,商高在《周髀算经》中写道:"……勾广三,股修四,径隅五." 后人把这个事实说成"勾三股四弦五",它是二次不定方程

$$x^2 + y^2 = z^2$$

的一组整数解,即 $3^2 + 4^2 = 5^2$.

对于高次方幂来讲,是否也有类似的等式? 首先我们知道:

方程 $x^n + y^n = z^n$,当 $n > 3$ 时无整数解.

这是直到不久前才获解的所谓费马猜想(费马大定理,详见后文). 对于方幂和不限制两项,情况又如何?

两个世纪前,欧拉发现了等式

$$6^3 = 5^3 + 4^3 + 3^3 \qquad (\text{式右是三项!})$$

此外简单的式子还有如

$$1^3 + 6^3 + 8^3 = 9^3$$

而一般地有

$$m^3 + (9mn^4 - 3mn)^3 + (9mn^3 - m)^3 = (9mn^4)^3$$

又注意到算式

$$(3m^2 + 5mn - 5n^2)^3 + (4m^2 - 4mn + 6n^2)^3 +$$
$$(5m^2 - 5mn - 3n^2)^3$$
$$= (6m^2 - 4mn + 4n^2)^3$$

44

这里 m,n 是正整数.

其实欧拉曾认为 $x^4 + y^4 + z^4 + u^4 = t^4$ 有解,而 $x^4 + y^4 + z^4 = k^4$ 无解.

20 世纪 30 年代,美国的 Dickson 发现
$$353^4 = 315^4 + 272^4 + 120^4 + 30^4$$

美籍华人吴子乾先生于 1972 年发现
$$144^5 = 133^5 + 110^5 + 84^5 + 27^5$$

1988 年,人们证明 $x^4 + y^4 + z^4 = k^4$ 有无数多组(整数)解.

1987 年,美国数学家利用椭圆曲线理论用计算机找到等式
$$95\ 800^4 + 217\ 519^4 + 414\ 560^4 = 422\ 481^4$$

1968 年,美国的 Selfridge 算得
$$1\ 141^6 = 1\ 077^6 + 894^6 + 702^6 + 474^6 + 402^6 + 234^6 + 76^6$$
$$102^7 = 90^7 + 85^7 + 83^7 + 64^7 + 58^7 + 53^7 + 35^7 + 12^7$$

吴子乾在 1972 年还发现
$$1\ 827^8 = 1\ 067^8 + 1\ 066^8 + 1\ 065^8 + \cdots + 961^8 +$$
$$960^8 + 958^8 + 379^8 + 227^8 + 137^8 + 93^8 +$$
$$65^8 + 47^8 + 36^8 + 26^8 + 21^8 + 15^8 + 14^8 +$$
$$10^8 + 9^8 + 8^8 + 6^8 + 5^8 + 3^8 + 2^8$$

(上式中的"$\cdots$"表示从 960 到 1 067 之间 108 项连续整数方幂的省略,上式共 127 项)

1976 年 1 月 8 日,吴先生又找到九次不定方程的整数解
$$9\ 339\ 639^9 = 8\ 445\ 344^9 + 8\ 441\ 982^9 + 7\ 779\ 668^9 +$$
$$2\ 582\ 016^9 + 1\ 398\ 592^9 + 759\ 812^9 +$$
$$500\ 938^9 + 33\ 956^9 + 221\ 892^9 + 168\ 100^9 +$$
$$50\ 430^9 + 43\ 706^9 + 40\ 344^9 + 30\ 258^9 +$$

$$36\ 982^9 + 26\ 896^9 + 20\ 172^9 + 13\ 448^9 +$$
$$7\ 092^9 + 7\ 086^9 + \cdots + 6\ 939^9 + 6\ 336^9 +$$
$$2\ 362^9 + 3\ 069^9 + 1\ 599^9 + 918^9 + 615^9 +$$
$$405^9 + 237^9 + 174^9 + 135^9 + 108^9 + 72^9 +$$
$$63^9 + 54^9 + 42^9 + 36^9 + 33^9 + 15^9 + 9^9 + 6^9$$

（上式中的"…"表示从 6 939 至 7 092 之间公差为 3 的等差数列中连续 52 项整数的方幂,上式共 90 项）

对于勾股数人们给出许多有趣的几何图形予以诠释. 比如图 1 是一个一边为 120 的各种整边直角三角形图.

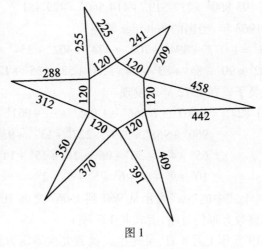

图 1

我们还想谈谈另一个与勾股数有关的话题.

容易验算下面很有趣味的算式

$$1 + 2 = 3$$
$$3^2 + 4^2 = 5^2$$
$$3^3 + 4^3 + 5^3 = 6^3$$

46

接下来情况如何？人们提出了下面的猜想：

（Bowen 猜想）方程 $1^n + 2^n + \cdots + (m-1)^n = m^n$ 的正整数解仅有 $n=1, m=3$.

1975 年，J. Van de Lune 证明了下面结论：

若 $(m-1)^n < \dfrac{1}{2} m^n$，则 $1^n + 2^n + \cdots + (m-1)^n < m^n$.

1976 年，M. R. Best 证得结论：

若 $(m-2)^n > \dfrac{1}{2}(m-1)^n$，则

$$1^n + 2^n + \cdots + (m-1)^n > m^n$$

综上，可以找到 m, n 得

$$\left(1 - \frac{1}{m}\right)^n > \frac{1}{2} \geqslant \left(1 - \frac{1}{m-1}\right)^n$$

其实早在 1900 年 Escott 就提出猜想

$$x^n + (x+1)^n + (x+2)^n + \cdots + (x+h)^n = (x+h+1)^n$$

只有 $n=2, x=3, h=1$，即 $3^2 + 4^2 = 5^2$ 和 $n=3, x=3, h=2$，即 $3^3 + 4^3 + 5^3 = 6^3$ 两组解.

1962 年，四川大学的柯召证明当 $6 \leqslant n \leqslant 33$ 时，猜想成立.

1978 年，柯召又证得 $n=2k+1(k=1,2,\cdots)$ 时，命题成立.

对于 n 为偶数时，他解决了部分情形.

顺便讲一句，100 多年前，人们曾发现了下面的等式，但这并非是猜想的形式

$$4^4 + 6^4 + 8^4 + 9^4 + 14^4 = 15^4$$

$$4^5 + 5^5 + 6^5 + 7^5 + 9^5 + 11^5 = 12^5$$

注　其实这个问题欧拉在 1796 年解决了 $x^3 + y^3 = z^3$ 无整数解时就提出，方程

$$x_1^n + x_2^n + \cdots + x_{n-1}^n = x_n^n$$

无(非平凡)整数解.

1966 年 Lander 和 Parkin 给出反例(等式)

$$27^5 + 84^5 + 110^5 + 133^5 = 144^5$$

1987 年哈佛大学的 Elkies 又给出等式

$$2\ 682\ 440^4 + 15\ 365\ 639^4 + 18\ 796\ 760^4 = 20\ 615\ 673^4$$

而后,Frye 给出一个更小的例子

$$95\ 800^4 + 217\ 519^4 + 414\ 560^4 = 422\ 481^4$$

注 下面的一些趣数足以使人称奇

$$81 = (8+1)^2$$

$$(20+25)^2 = 2\ 025$$

又下面几数也有类似性质

$$(30+25)^2, (98+01)^2, (6\ 048+1\ 729)^2, (5\ 288+1\ 984)^2$$

$153 = 1^3 + 5^3 + 3^3 (370, 371, 407$ 三个数也有此性质,它们被称为"水仙花数")

$$1\ 634 = 1^4 + 6^4 + 3^4 + 4^4 (8\ 208, 9\ 474\ 亦然)$$

$54\ 748 = 5^5 + 4^5 + 7^5 + 4^5 + 8^5 (4\ 150, 4\ 151, 92\ 727, 93\ 084,$
$194\ 979, 548\ 834\ 亦然)$

$$5^6 + 4^6 + 8^6 + 8^6 + 3^6 + 4^6 = 548\ 834$$

(其实早在 100 多年前,人们已经发现 $4^4 + 6^4 + 8^4 + 9^4 + 14^4 = 15^4, 4^5 + 5^5 + 6^5 + 7^5 + 9^5 + 11^5 = 12^5$),$1\ 741\ 725,$
$2\ 467\ 805, 146\ 511\ 208, 46\ 793\ 077,$分别满足 7,8,9,10 次幂的这类等式。$43 = 4^2 + 3^3, 63 = 6^2 + 3^3, 135 = 1^1 + 3^2 + 5^3 (175, 518,$
$598\ 亦有此性质)$

$$2\ 427 = 2^1 + 4^2 + 2^3 + 7^4 (1\ 306, 1\ 676\ 亦然)$$

$$387\ 420\ 489 = 3^{87+420-489}$$

$$145 = 1! + 4! + 5! (40\ 585\ 亦有此性质)$$

$$9^4 - 8^4 - 7^4 = 3^4 - 2^4 - 1^4$$

$438\ 579\ 088 = 4^4 + 3^3 + 8^8 + 5^5 + 7^7 + 9^9 + 0^0 + 8^8 + 8^8$(这里 $0^0 = 1$),

$$(36\ 363\ 636\ 364)^2 = \underline{1\ 322\ 314\ 049\ 6}\ \underline{13\ 223\ 140\ 496}\cdots$$

§12　回文勾股数及其他

1989 年,美国《数学教师》杂志刊登 L. T. Van Tassel 短文,指出

$$88\ 209^2 + 90\ 288^2 = 126\ 225^2$$

其中 88 209 与 90 288 为互逆回文数,且它们恰为算式 $a^2 + b^2 = c^2$ 中的 a 和 b.

他的学生 D. Perez 也找到一组

$$125\ 928^2 + 829\ 521^2 = 839\ 025^2$$

对于 c 小于 10^7 的 a, b 还有

$$5\ 513\ 508^2 + 8\ 053\ 155^2 = 9\ 759\ 717^2$$

此外他们还发现:

①若 (a, b, c) 为回文勾股数组,又 $k = 1\underbrace{00\cdots0}_{\text{至少}n-1\text{个}}1$,其中 n 为 a, b 的位数,则 (ak, bk, ck) 亦为回文勾股数组.

②若 $a_n = 1\ 980(10^{n+2} - 1)$,$b_n = 209(10^{n+2} - 1)$,$c_n = 1\ 991(10^{n+1} - 1)$,$n = 1, 2, 3, \cdots$ 时亦为回文勾股数组(注意 $1\ 980^2 + 209^2 = 1\ 991^2$)

上式的道理只需注意到

$$a_n = 1\ 979\ \underbrace{99\cdots98}_{n-1\text{个}}\ 020$$

$$b_n = 208\ \underbrace{9\cdots9}_{n-1\text{个}}\ 791$$

为回文勾股数即可.

此外,还有连续勾股数,比如算式

$$3^2 + 4^2 = 5^2$$

$$10^2 + 11^2 + 12^2 = 13^2 + 14^2$$

$$990^2 + 991^2 + \cdots + 1\ 011^2 + 1\ 012^2$$

$$= 1\,013^2 + 1\,014^2 + \cdots + 1\,033^2 + 1\,034^2$$

它们分别是恒等式

$$\sum_{k=1}^{n} \left[n(2n+1) + k \right]^2 = \sum_{k=1}^{n} \left[n(2n+1) + (n+k) \right]^2$$

中 $n = 1, 2$ 和 22 的情形.

注 对于 3 次方幂请看下面两组等式

$$136 = 2^3 + 4^3 + 4^3 \leftrightarrow 244 = 1^3 + 3^3 + 6^3$$

$$919 = 1^3 + 4^3 + 5^3 + 9^3 \leftrightarrow 1\,459 = 9^3 + 1^3 + 9^3$$

即它们互为"水仙花数"(似有回文文意). 对于图 1 所示三组数更耐人寻味:

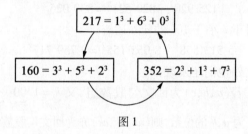

图 1

又如 $8^3 = 512$, 而 $5 + 1 + 2 = 8, 18^3 = 5\,832, 5 + 8 + 3 + 2 = 18, 28^5 = 17\,210\,368, 1 + 7 + 2 + 1 + 0 + 3 + 6 + 8 = 28.$

下面的数也很有特点, 请看

$$954 - 459 = 495$$

$9\,108 - 8\,019 = 1\,089(5\,823, 3\,870, 2\,961, 2\,641, 1\,980$ 亦有此性质)

$$98\,754\,210 - 01\,245\,789 = 97\,508\,421$$

$$987\,654\,321 - 123\,456\,789 = 864\,197\,532$$

$$9\,876\,543\,210 - 0\,123\,456\,789 = 9\,753\,086\,421$$

看出来了吗? 这些算式中每个数组成的数字均相同(它们称为"自我生成数").

50

§13 有趣的 6 174

6 174 是一个有趣的数,说它有趣是因为它有下面的性质:

任给一个四位数,只要它的数字组成不完全相同,你先将这个数按数字大小(大的在前小的在后)排成一个新的四位数,然后再减去由这些数字按从小到大(小的在前大的在后)排列而成的四位数——这个运算称为"卡布列克算法",所得的差仍按照前面算法运算,如此下去最多经过 7 步,必得到数 6 174.

美国数学家马丁·加德纳曾将它写入《矩阵博士》一书中,苏联学者高基莫夫在其所著《数学的敏感》一书中称之为令人感叹的数字之谜.

我们举个例子看. 比如 2 126 经过上述运算即为

$$2\ 126 \rightarrow \begin{array}{r} 6\ 221 \\ -1\ 226 \\ \hline 4\ 995 \end{array} \rightarrow \begin{array}{r} 9\ 954 \\ -4\ 599 \\ \hline 5\ 355 \end{array} \rightarrow \begin{array}{r} 5\ 553 \\ -3\ 555 \\ \hline 1\ 998 \end{array}$$

$$\rightarrow \begin{array}{r} 9\ 981 \\ -1\ 899 \\ \hline 8\ 082 \end{array} \rightarrow \begin{array}{r} 8\ 820 \\ -0\ 288 \\ \hline 8\ 532 \end{array} \rightarrow \begin{array}{r} 8\ 532 \\ -2\ 358 \\ \hline 6\ 174 \end{array}$$

要知道 6 174 再重复上面的卡布列克算法,结果仍然是 6 174

$$6\ 174 \rightarrow \begin{array}{r} 7\ 641 \\ -1\ 467 \\ \hline 6\ 174 \end{array}$$

这个事实是印度数学家卡布列克在"其他单人游戏"一文中提到的,进而他又发表了"数 6 174 的有趣性质"一文(1955 年). 1959 年他自费出版了《新的常数 6 174》一书.1963 年他又出版了《全部五位整数中的新的回归循环常数》一书.

它的道理是:一个四位数 $abcd(a \geq b \geq c \geq d)$ 与其反序数 $dcba$ 的差只是下面 30 个数之一

9 990　9 801　9 711　9 621　9 531　9 441

8 991　8 802　8 712　8 622　8 532　8 442

7 992　7 803　7 713　7 923　7 533　7 443

6 993　6 804　6 714　6 624　6 534　6 444

5 994　5 805　5 715　5 625　5 535　5 445

而这 30 个数的卡布列克算法结果如图 1 所示:

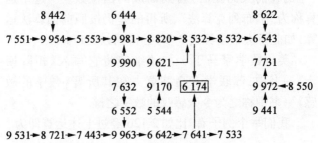

图 1

这就是说:这 30 个数的卡布列克算法最后结果必然是 6 174.

对于两位数(它们的数字不同)的卡布列克运算,经过有限步之后必然进入下面的循环圈(图 2):

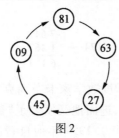

图 2

比如 53 按卡布列克算法结果是(图 3)：

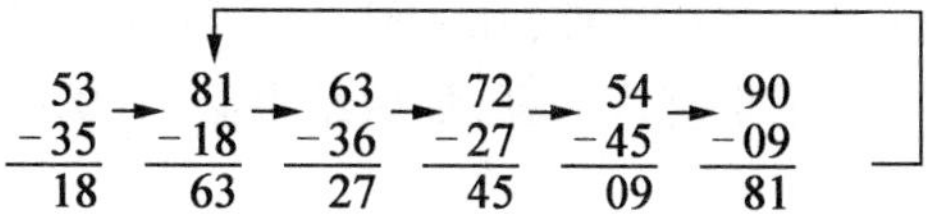

$$53 \rightarrow \begin{matrix} 81 \\ -18 \\ \hline 63 \end{matrix} \rightarrow \begin{matrix} 63 \\ -36 \\ \hline 27 \end{matrix} \rightarrow \begin{matrix} 72 \\ -27 \\ \hline 45 \end{matrix} \rightarrow \begin{matrix} 54 \\ -45 \\ \hline 09 \end{matrix} \rightarrow \begin{matrix} 90 \\ -09 \\ \hline 81 \end{matrix}$$

图 3

对于 3 个数字不全相同的 3 位数的卡布列克算法，至多经过 6 步之后，最终结果必为 495.

这一点请你找几个数算算看看(需要 6 步的例子 989→099→891→792→693→594→495).

5 位数的卡布列克算法最后会落入下面的循环(图 4)：

$$20\ 731 \rightarrow 71\ 973 \rightarrow 83\ 952$$
$$\uparrow \qquad \downarrow$$
$$62\ 964 \leftarrow 74\ 943$$
$$37\ 286 \rightarrow 63\ 954 \rightarrow 61\ 974$$
$$\uparrow \qquad \downarrow$$
$$75\ 933 \leftarrow 82\ 962$$
$$53\ 955 \leftrightarrows 59\ 994$$

图 4

6 位数的卡布列克算法结果为下面三种情况之一：

①549 945；②631 764；③循环(图 5).

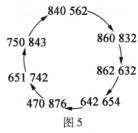

图 5

53

其实数学运算还有许多有趣的结果,比如,任给 4 个整数 (a,b,c,d),计算 $(|a-b|,|b-c|,|c-d|,|d-a|)$;对于结果重复该运算,最后结果必为 $(0,0,0,0)$. 比如

$(93,5,21,50)\rightarrow(88,16,29,43)\rightarrow(72,13,14,45)\rightarrow$
$(59,1,31,27)\rightarrow(58,30,4,32)\rightarrow(28,26,28,26)\rightarrow$
$(2,2,2,2)\rightarrow(0,0,0,0)$

结论可推广至 2^n(n 为正整数)个数的情形.

对于其他个数的情况不一定真,比如,三个数的情形:

$(1,1,0)\rightarrow(0,1,1)\rightarrow(1,0,1)\rightarrow(1,1,0)$,循环.

注 1 任给三位数 $\overline{abc}$,将其个位与百位互换得 $\overline{cba}$,先求 $|\overline{abc}-\overline{cba}|$,再将所得差重复一次上述运算后得 $\overline{a_1 b_1 c_1}$,此时 $\overline{a_1 b_1 c_1}+\overline{c_1 b_1 a_1}=1\,089$.

4 位数的上述运算结果为 10 989,5 位数的运算结果为 109 989,6 位数的运算结果为 1 099 989,…

注 2 一个 4 位数 $\overline{a\,bcd}$ 与其逆序数 $\overline{d\,cba}$ 之差加上差的逆序数和,当 $c<b$ 时为 10 890;当 $b=c$ 时为 10 989;当 $b<c$ 时为 9 999.

此结论可以推广.

§14 数字之谜

数字之谜是第二次世界大战前后,在美国一个叫叙古拉的地方流传的一种数字游戏,后来它被传到欧洲,曾在那里风靡一时;而后又被日本人角谷(S. Kakutai)带回日本,它是这样的:

任给一个自然数,若它是偶数则将它除以 2;若它是奇数,则将它乘以 3 再加 1,……如此下去,经有限步运算之后,其结果必然是 1.

这便是有名的"角谷猜想",它是一个尚未被证明的结论,虽然有人曾用电子计算机对 $1 \sim 7 \times 10^{11}$ 所有数进行核验无一例外.

此问题又称 Callatz 问题. 20 世纪 30 年代德国汉堡大学的 L. Callatz 在其笔记(1932 年 7 月 1 日)中提到

$$8(u) = \begin{cases} 2n/3, & n \equiv 0 \pmod 3 \\ 3n/4 - 1/3, & n \equiv 1 \pmod 3 \\ 3n/4 + 1/3, & n \equiv 2 \pmod 3 \end{cases}$$

是一个置换

$$P = \begin{pmatrix} 1 & 2 & 3 & 4 & 5 & 6 & 7 & 8 & 9 & \cdots \\ 1 & 3 & 2 & 5 & 7 & 4 & 9 & 11 & 16 & \cdots \end{pmatrix}$$

与图论对应,他提出圈的结构问题:

置换含 8 的圈是有限还是无限?

1950 年,国际数学家大会(在美国麻省坎布里奇市召开)上传播了该问题.

1952 年,B. Thwaites 将其转化为 $3x + 1$ 问题. 且 H. Hesse 亦对此问题感兴趣,人称 Hesse 算法.

1960 年,日本数学家角谷将此问题向学生展示,且传播开来,且有"角谷猜想"名称.

又 S. Ulam 也曾传播此问题,因而也有了 Ulam 问题之称.

此后,有不少人悬赏征解此问题,但至今未果.

有人还把上面运算方式改动了一下:

任给一个自然数,若它是偶数,则将它除以 2,若它是奇数,则将它乘以 3 再减 1,……如此下去,经过有限次步骤后,它的结果必将是:1 或者落入下面两个循环圈(图 1)之一.

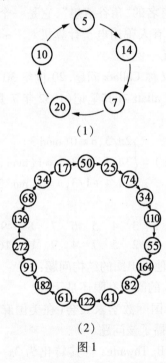

(1)

(2)

图 1

有人也已对它验算到 10^8 以内所有的正整数结果都对,然而它的一般证明也没找到.

数字经过某种特定的运算而进入循环圈的还有下面一些:

任给一个自然数,你先求出它的各位数字的平方和得到一个新数,再求该数的各位数字的平方和,……如此下去经过有限步运算后结果或者是 1,或者进入下面的循环圈(图 2).

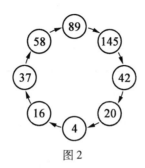

图 2

任给一个自然数,求它的各位数字的立方和得到新数,再求该数的各位数字立方和……如此下去,经有限次运算之后的结果可能是 1 或 407 或 153 或 370 或 371 或进入下面循环圈(图 3).

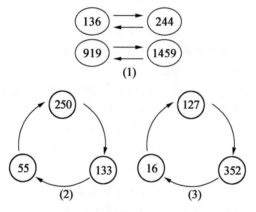

图 3

实算表明(箭头"→"表示上面的运算)

$$1 \rightarrow 1$$
$$2,\quad 5,\ 8 \rightarrow 371$$
$$3,\quad 6,\ 9 \rightarrow 153$$
$$4 \rightarrow \cdots \rightarrow 133 \rightarrow 55 \rightarrow 250$$
$$7 \rightarrow 370$$
$$47 \rightarrow 407$$

它的一般情形见表 1(若 n 为 $3k, 3k+1, 3k+2$ 情

形）：

表 1

n	结　果
$3k+1$	1，370 $250 \to 133 \to 55$ $137 \to 352 \to 160$ $136 \Longleftrightarrow 244$ $919 \Longleftrightarrow 1\,459$
$3k+2$	371，407
$3k$	153

其实只需注意到

$$m \equiv \blacktriangleleft m \blacktriangleright (\bmod 3)$$

这里 $\blacktriangleleft m \blacktriangleright$ 表示 m 的数字立方和．

它可用数学归纳法（分 $3k, 3k+1, 3k+2$ 情形）证明．

顺便讲一句，由上面的运算我们还可以发现三个有趣的等式

$$1^3 + 5^3 + 3^3 = 153$$
$$3^3 + 7^3 + 0^3 = 370$$
$$3^3 + 7^3 + 1^3 = 371$$
$$4^3 + 0^3 + 7^3 = 407$$

（4 个数被誉为"水仙花数"）再注意到

$$136 = 2^3 + 4^3 + 4^3 \Longleftrightarrow 244 = 1^3 + 3^3 + 6^3$$

称为 2 阶水仙花数（还有 919 和 1\,459）．

又见图 4 所示诸数

58

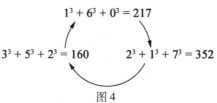

$$1^3 + 6^3 + 0^3 = 217$$

$$3^3 + 5^3 + 2^3 = 160 \qquad 2^3 + 1^3 + 7^3 = 352$$

图4

称为 3 阶水仙花数.

§15 杜西现象与柳维尔发现

1930 年,意大利教授杜西(E. Ducci)发现了下面一个有趣的现象:

他在一个圆圈上任意写上 4 个整数(如图 1(1)中 25,17,55 和 47),然后将它们中间任意两个相邻的数相减(用大减小)的差仍记在圆圈外(它恰好也是 4 个数),重复上面的步骤,经有限次运算之后所得必是 4 个相等的数.

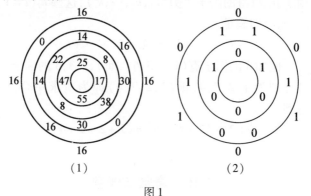

(1)   (2)

图1

对于 6 个数的情形,结论不真,例子见图 1(2).

1962 年,北京中学生数学竞赛试题中有一道类似

59

的题目:

　　一群小孩围坐一圈分糖果,老师让他们每人任取偶数块,然后按下列规则调整:

　　所有的小孩同时将自己的糖分一半给他右边的小孩,糖的块数变成奇数的孩子向老师补要一块.

　　这样经有限次调整后,所有小孩的糖果数就变得一样多.

　　我们再谈谈法国数学家柳维尔(Liouville,1809—1882)的一个有趣的发现:

　　我们知道自然数立方和有一个公式

$$1^3 + 2^3 + 3^3 + \cdots + n^3 = (1 + 2 + 3 \cdots + n)^2$$

柳维尔发现一个令人惊奇的步骤,按照这个步骤产生的正整数集合具有性质:它们的立方和等于它们和的平方.

　　给定一个自然数 N,先确定它的因子(包括 1 和它自身),比如 N 的因子为 $(n_1, n_2, \cdots, n_r)$;再确定这些因子 n_k 自身的因子个数 $(k_1, k_2, \cdots, k_r)$,这些 k_i($i = 1$, $2, \cdots, r$)即满足

$$k_1^3 + k_2^3 + \cdots + k_i^3 = (k_1 + k_2 + \cdots + k_r)^2$$

比如 6 的因子有 $(1, 2, 3, 6)$,而 $1, 2, 3, 6$ 的因子个数分别为 $1, 2, 2, 4$,则 $(1, 2, 2, 4)$ 即为所求集合,注意到

$$1^3 + 2^3 + 2^3 + 4^3 = 9^2 = (1 + 2 + 2 + 4)^2$$

§16　奇数与偶数

　　奇数、偶数大家都很熟悉,因为自然数总是属于这

两类数之一. 但依据数的奇偶性能考虑的问题就太多了, 下面我们仅举几个小例子.

这是中央电视台 1983 年小学生智力竞赛中的一道题目:

能否从图 1 中选出 5 个数, 使它们的和等于 30?

1	3	5	7	9
1	3	5	7	9
1	3	5	7	9

图 1

算了一遍你会发现: 这不可能. 可是道理在哪儿?

原来这里面运用了奇、偶数的性质: 奇数个奇数之和仍为奇数. 因为表中的数都是奇数, 5 个奇数之和等于偶数 30 是办不到的.

又 17 个球队进行比赛, 要求每个球队均与其他 3 个球队比赛一场, 这能办得到吗?

答案也是否定的. 我们想 17 个球队若每队均与其他 3 个队比赛一场, 则总共要比赛:

$(17 \times 3) \div 2$(注意"甲和乙"与"乙和甲"赛同一场)场, 这显然不真, 因为 $51 \div 2$ 不是整数.

至于"翻火柴游戏", 你若懂得上面的道理, 是不难进行的.

13 根火柴全部头朝上(图 2), 请你每次同时翻 6 根(让火柴上下倒置), 翻几次能将火柴全部翻成头冲下?

图 2

答案是翻多少次也不成, 因为每根火柴要从"头

朝上"翻成"头冲下"要翻 1 次,或 3 次,5 次,……,即要翻奇数次,这样火柴全部翻成"头冲下"需翻

$$13 \times 奇数 = 奇数$$

(即 13 个奇数之和仍为奇数)次,而题设中每次翻 6 根,无论怎样翻,翻多少次,翻动火柴总根数总是偶数(偶数 × 自然数 = 偶数),这就是说,题设中的翻法是不能达到最终要求的.

下面的问题我们前文曾有叙述. 1986 年全国中学生数学冬令营活动中,有这样一道试题:

两个 1,两个 2,两个 3,……,两个 1 986 共 3 972 个数,试问能否将它们排成一排,使得两个 1 之间夹一个数,两个 2 之间夹两个数,两个 3 之间夹三个数,……,两个 1 986 之间夹 19 86 个数?

乍一看这个问题很棘手,但若想到奇偶数性质,你也许感到不十分困难了.

我们先考虑简单的情形:有两个 1,两个 2,……,两个 10 共 20 个,试将它们排成一排,使得两个 1 之间有一个数,两个 2 之间有两个数,两个 3 之间有三个数,……,两个 10 之间有 10 个数. 能排成吗?

我们来分析一下:一对奇数,如果第一个占据某个奇数位,因为它们中间要夹奇数个数,显然另一个也要占据某个奇数位(若一个占偶数位,则另一个也占偶数位);

一对偶数,不管是前面还是后面的数占据了偶数位,因为它们中间要夹偶数个数,显然另一个数应占某个奇数位;

这样,因为 10 对数中奇偶数各半,但却要有的数

要占奇数位,这是不可能的.因为 1~20 中(数位序号)的奇偶数也是各半的.

仿上分析,对于前面的试题你是不难做出回答的,这留给读者去考虑(一般结论为,若 $n=4k$ 或 $4k+3$,方法存在;若 $n=4k+1$ 或 $4k+2$,则无法摆放).

最后我们来看一道全苏 1985 年九年级数学竞赛的题目:

在图 3 中,4×4 的方格中已填有 $1,9,8,5,4$ 个数,能否在其余格中填写某些整数,使同一行、同一列中的数,后(下)面减去其前(上)面的差各相等.

	9		
1			
			5
		8	

图 3

设想,若存在这些数 $a_{ij}(i,j=1,2,3,4,i$ 表示行,j 表示列$)$,设第一行相邻的数之差为 a,则

$$a_{11}=9-a, a_{14}=9+2a$$

又第 4 行相邻数之差为 c,则

$$a_{41}=8-2c, a_{44}=8+c$$

再设第一列相邻数之差为 b,则

$$a_{11}=1-b, a_{41}=1+2b$$

最后设第 4 列相邻数之差为 d,则

$$a_{14}=5-2d, a_{44}=5+d$$

这样一来便有

$$
\begin{cases}
9 - a = 1 - b & (1) \\
9 + 2a = 5 - 2d & (2) \\
1 + 2b = 8 - 2c & (3) \\
8 + c = 5 + d & (4)
\end{cases}
$$

注意其中式(3):式左是奇数,而式右是偶数,这不可能,从而所要求填写的数不存在.

§17 循环小数的一个问题

在算术里我们学过循环小数,这种小数也有一些甚为有趣的性质,就拿 7 做分母的小数来说

$$
\frac{1}{7} = 0.\dot{1}4285\dot{7},\ \frac{2}{7} = 0.\dot{2}8571\dot{4}
$$

$$
\frac{3}{7} = 0.\dot{4}2857\dot{1},\ \frac{4}{7} = 0.\dot{5}7142\dot{8}
$$

$$
\frac{5}{7} = 0.\dot{7}1428\dot{5},\ \frac{6}{7} = 0.\dot{8}5714\dot{2}
$$

看完这些,细心的读者便会发现:这些小数的循环节都是 6 位,且都是由 1,4,2,8,5,7 这 6 个数字组成,而且顺序也是依着它们循环轮换.

我们写下的除式,然后把每步余数和商依次沿顺时针方向分别写到圆的里外圈,这些数字的分布很有特点(图 1):

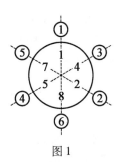

图1

①里圈同一直径上两数字和为9；
②外圈同一直径上两数字和为7；

更有意思的是：$\frac{x}{7}$便是以外圈 x 所对里圈的数字开头按顺时针方向环绕一圈为循环节数字的小数（它也为我们提供一种计算$\frac{x}{7}$的方法）

$$
\begin{array}{r}
0.142857 \\
7\,\overline{)\,10} \\
7 \\
③0 \\
28 \\
②0 \\
14 \\
⑥0 \\
56 \\
④0 \\
35 \\
⑤0 \\
49 \\
①
\end{array}
$$

顺便讲一句，142 857用下面运算还可生成下面有趣的数字金字塔

$$1 \times 7 + 3 = 10$$
$$14 \times 7 + 2 = 100$$
$$142 \times 7 + 6 = 1\,000$$

$$1\ 428 \times 7 + 4 = 10\ 000$$
$$14\ 285 \times 7 + 5 = 100\ 000$$
$$142\ 857 \times 7 + 1 = 1\ 000\ 000$$
$$1\ 428\ 571 \times 7 + 3 = 10\ 000\ 000$$
$$\vdots$$
$$142\ 857\ 142\ 857 \times 7 + 1 = 1\ 000\ 000\ 000\ 000$$

前面的结论可以推广. 我们知道:

分母是素数 p 的分数化为小数时, 若它是循环小数, 其循环节的位数必定是 $p-1$ 的约数.

又若循环节是 $p-1$ 位 (它定是偶数), 把 $\dfrac{1}{p}$ 做除法时的余数和商分别写到圆的外圈、里圈, 也有:

①内圈同一直径两数和为9;

②外圈同一直径两数和为 p;

③ $\dfrac{x}{p}$ 即为以圈 x 所对应里圈数字打头沿顺时针一周数字为循环节的小数.

比如 $\dfrac{1}{17}$ 的情形见图 2. (这个循环小数的循环节还有一个有趣的性质, 它的前半部分 5 882 352 的尾数加 1 即 5 882 353 是一个怪数, 说得具体点

$$158\ 823\ 531 \div 5\ 882\ 353 = 27$$

即该数首尾各添一位数1, 它是原数的 27 倍)

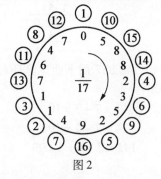

图 2

至于循环节位数不是 $p-1$ 的分数，$\dfrac{1}{p}, \dfrac{2}{p}, \cdots, \dfrac{p-1}{p}$，则

是按组循环，且仍具上述性质. 以 $\dfrac{1}{13}$ 为例，它的循环节

是 6 位即 $0.\dot{0}7692\dot{3}$，可以看到：

$$\left\{\frac{1}{13}, \frac{3}{13}, \frac{4}{13}, \frac{9}{13}, \frac{10}{13}, \frac{12}{13}\right\} 是以 0,7,6,9,2,3 为序循$$

环轮换；

$$\left\{\frac{2}{13}, \frac{5}{13}, \frac{6}{13}, \frac{7}{13}, \frac{8}{13}, \frac{11}{13}\right\} 是以 1,5,3,8,4,6 为序循$$

环轮换.

排列情况可见图 3.

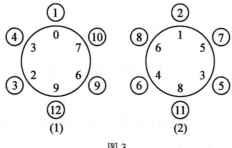

图 3

顺便讲一句：循环小数化为分数可遵循下面法则：

$$\frac{循环节}{99\cdots 9}\,（其中 9 的个数为循环节位数）$$

它的证明并不困难，但却为我们对前面结论的论证提供了某些线索.

另外，大卫·希尔伯特的学生冯·诺伊曼（"博弈论"又称"对策论"的创始人之一）对除法 $1 \div 19$ 曾使用所谓"异想天开的除法"，即在商数中产生一个向右

移的"时间延迟",且转移到被除数上去,这样可化为 0.1÷2,且可简单地记为(是否有些繁琐?)

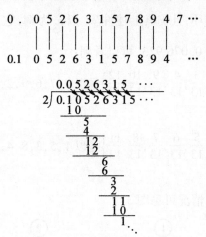

§18　漫话埃及分数

　　分子是1的分数,算术上叫单位分数,然而数学史上则称之为埃及分数.因为远在三四千年以前,埃及人已懂得了这种分数,且用它来进行运算(他们通常把一般分数先化成单位分数和,然后再进行运算).在出土的一些草纸上人们就发现了分数的数表.

　　1202年,意大利的斐波那契发现:任何真分数都可以表示为有限个分母不同的埃及分数和.1880年这个结论为英国数学家薛尔维斯特证得.

　　近些年来,有人又在研究这种分数,并且得到了许多有趣的新结果.比如人们发现分母是奇数的分数可

以表为分母全是奇数的埃及分数之和.

关于 1 用不同埃及分数表示问题,就有许多结论.

人们知道"完全数",即它的全部约数(除去本身外)之和等于它本身的数,比如 $6,28,496,\cdots$,注意到 $6 = 1 + 2 + 3, 28 = 1 + 2 + 4 + 7 + 14, \cdots$ 这样可有

$$1 = \frac{1}{2} + \frac{1}{3} + \frac{1}{6}$$

$$1 = \frac{1}{2} + \frac{1}{4} + \frac{1}{7} + \frac{1}{14} + \frac{1}{28}$$

$$\vdots$$

另外 1 还可表为项数是任意多的埃及分数和. 这只需注意到算式

$$1 = 1 - \frac{1}{2} + \frac{1}{2} - \frac{1}{3} + \frac{1}{3} - \cdots - \frac{1}{k} + \frac{1}{k}$$

$$= \left(1 - \frac{1}{2}\right) + \left(\frac{1}{2} - \frac{1}{3}\right) + \cdots + \left(\frac{1}{k-1} - \frac{1}{k}\right) + \frac{1}{k}$$

$$= \frac{1}{2} + \frac{1}{6} + \cdots + \frac{1}{(k-1)k} + \frac{1}{k}$$

这里用到

$$\frac{1}{k-1} + \frac{1}{k} = \frac{1}{(k-1)k}$$

当然这些分数分母有奇数也有偶数(若 k 是偶数,则分母全部是偶数). 人们也许会问:用不同的奇数作分母的埃及分数和能否表示 1?若能,项数最少是几?

起初人们证得:1 可以为 11 个分母是奇数的埃及分数之和,这些分母是:

① $3,5,7,9,15,21,27,35,63,105,135$;

② $3,5,7,9,11,33,35,45,55,77,105$.

J. Leeck1977 年证明:

1 表为分母是奇数的埃及分数和个数至少是 9,且最大分母不小于 105.

1977 年,有人给出了它的 5 组解之一为

$$1 = \frac{1}{3} + \frac{1}{5} + \frac{1}{7} + \frac{1}{9} + \frac{1}{11} + \frac{1}{15} + \frac{1}{35} + \frac{1}{45} + \frac{1}{231}$$

其余 4 组解前 6 项与之相同,后 3 项分母分别是

$$21,135,10\ 395;21,165,693$$

$$21,231,315;33,45,385$$

另一个问题:让这些分数分母最大者尽量小的表示是什么? 结果是:它们的分母为 3,5,7,9,11,33,35,45,55,77,105.

再如有人还证得:当 $x < y < z$ 时,式 $\frac{1}{x} + \frac{1}{y} + \frac{1}{z} = \frac{n}{n+1}$,这里 x,y,z,n 均为自然数(它实际上相当于求解 $\frac{1}{a} + \frac{1}{b} + \frac{1}{c} + \frac{1}{d} = 1$),使其成立的 x,y,z 仅有 8 组(即分母不同的三个埃及分数和是 $\frac{n}{n+1}$ 的情形仅有 8 组,见表 1).

表 1

$x(a)$	2	2	2	2	2	2	2	2
$y(b)$	3	3	3	3	3	4	4	4
$z(c)$	7	8	9	10	12	5	6	6
d	42	24	18	15	12	20	12	8
n	41	23	17	15	11	19	11	7

对于 $\dfrac{1}{a}+\dfrac{1}{b}+\dfrac{1}{c}+\dfrac{1}{d}=1$ 的形式,若允许 $0\le a\le c\le d$,则它有 14 组解,除表 1 给出的 8 组外还有以下 4 组(表 2):

表 2

a	2	2	2	3	3	4
b	3	4	5	3	4	4
c	12	8	5	6	4	4
d	12	8	10	6	6	4

又对于方程 $\displaystyle\sum_{i=1}^{k}\dfrac{1}{x_i}\equiv 1\,(x_1,x_2,\cdots,x_k)$ 的个数记 $N(k)$,又 $M(k)$ 为不同的满足 $x_1\le x_2\le\cdots\le x_k$ 的解的个数,人们算得表 3.

表 3

k	1	2	3	4	5	6
$M(k)$	1	1	3	14	147	3 462
$N(k)$	1	1	10	215	12 231	2 025 462

若规定 $x_1<x_2<\cdots<x_k$,又 k 固定,则 $\max x_1=?$ 又 k 变动,则 $\max x_k=?$

有人证得 $\max x_k=\displaystyle\prod_{i=1}^{k-1}m_i$,其中 $m_1=2$,

$m_{i+1}=\displaystyle\prod_{i=1}^{k-1}m_j=1$.

1963 年有人还证明:任何正整数,都可表示为以某个等差数列的元素为分母的埃及分数和.

§19 再谈数论中的埃及分数

埃及分数是指分子是 1 的分数,它又称单位分数,这种分数有许多有趣的性质,它在数论中也有特殊的位置.

我们在"漫话埃及分数"一文中谈了不定方程

$$\frac{1}{x} + \frac{1}{y} + \frac{1}{z} = \frac{n}{n+1}(n \text{ 为整数})$$

的满足 $x < y < z$ 的整数解仅有 8 组.

问题变换一下,问满足

$$\frac{1}{x_1} + \frac{1}{x_2} + \cdots + \frac{1}{x_n} = 1 (0 < x_1 < x_2 < \cdots < x_n)$$

的(整数)解有多少组? 能否给出一个解的个数的渐近公式? 这是厄多斯提出的一个至今未获证明的猜想.

1950 年,厄多斯又猜测到对于 $n > 1$ 的整数,不定方程

$$\frac{4}{n} = \frac{1}{x} + \frac{1}{y} + \frac{1}{z} \tag{1}$$

总有正整数解.

20 世纪 90 年代,数学家施特劳斯有了更强的猜测:$n > 2$ 时,方程(1)有整数解,且它们互不相等. 同时他们对 $2 < n < 5\ 000$ 做了验证.

1963 年,四川大学教授柯召等首先证明了上述两个猜想的等价性,接着他对 $n < 4 \times 10^5$ 进行了验证,新

72

近有人已将它验证到了 $n < 10^7$.

此外,还有人猜想,对于 $\dfrac{5}{n}$ 型的分数,可以用不超过 3 个埃及分数的和表示.

为了下面叙述的方便,我们把可由 k 个埃及分数和表示的数记为 A_k,司柴斯证明了:

有无穷多对分子为 3,分母相差为 6 的分数均不能用两个埃及分数和表示,即不是 A_2 数.

柯召教授对此结果也有改进,他证明了:有无穷多组以 3 为分子,以 $n, n+6, n+12, n+18$ 为分母的分数都不是 A_2 数,同时他们还指出:当组中分数的个数大于 4 时,再也不存在这样的数组.

其实对于这类问题人们还进行了一些研究,比如

$$\frac{5}{121} = \frac{1}{251} + \frac{1}{759} + \frac{1}{208\ 725}$$

(这种表示①项数不能再少;②208 725 不知可否缩小?)

而后有人陆续给出

$$\frac{5}{121} = \frac{1}{33} + \frac{1}{99} + \frac{1}{1\ 089} \qquad (刘润根给出)$$

$$\frac{5}{121} = \frac{1}{27} + \frac{1}{297} + \frac{1}{1\ 089} \qquad (王晓明给出)$$

数学家 Erdös 和 Straus 提出猜想

$$\frac{4}{n} = \frac{1}{x} + \frac{1}{y} + \frac{1}{z} \tag{2}$$

当 $n > 1$ 时有正整数解 x, y, z.

Straus 证得:$n > 2$ 时,若方程(2)有解,则 $x \neq y$,$y \neq z, z \neq x$.

Mordell 证明:除 n 为奇数,且和 $1, 11^2, 13^2, 17^2,$ $19^2, 23^2$ 在模 840 同余处,(2)有解.

稍后,Bernstin 等人证明命题对 $n \leqslant 10^8$ 时真.

此处,Sierpinski 又提出猜测

$$\frac{5}{n} = \frac{1}{x} + \frac{1}{y} + \frac{1}{z} \tag{3}$$

当 n 为正整数时有解 x, y, z.

Palama 证明,式(3)当 $n \leqslant 922\ 321$ 时有解.

Stewart 证得,式(3)当①$n \leqslant 1\ 057\ 438\ 801$ 时有解;②除 $278\ 460k + 1$ 形式的几处,有解.

§20 $1 + \dfrac{1}{2} + \dfrac{1}{3} + \cdots + \dfrac{1}{n}$有多大

庄子说:"一尺之棰,日取其半,万世不竭."这句蕴含着极限和级数思想的话用数学式子可表为

$$\frac{1}{2} + \frac{1}{2^2} + \frac{1}{2^3} + \cdots + \frac{1}{2^n} + \cdots = 1$$

这是一个无穷级数,它的项 $\dfrac{1}{2^n}$ 随 n 的增大越来越小,但它们的和却只是 1. 我们来看另外一个级数

$$\frac{1}{2} + \frac{1}{3} + \frac{1}{4} + \cdots + \frac{1}{n} + \cdots$$

虽然它的项也越来越小,但它们的和却不再是定数,换句话说,只要 n 取得适当,$\dfrac{1}{2} + \dfrac{1}{3} + \cdots + \dfrac{1}{n}$ 可以大于任何预先指定的数 M. 下面的一道智力题正是利用了这一点,它揭示了人们似乎难以想象的事实.

一个虫子以每秒 1 cm 的速度在一根 1 m 长的橡皮绳上从一端向另一端爬动. 每当虫子爬完后, 橡皮绳瞬间伸长一次, 每次伸长(均匀地)1 m, 试问这条虫子能否爬到橡皮绳的另一端?

乍一想, 这虫子似乎永远不会爬到绳子的另一端. 因为橡皮绳增加的速度远远大于虫子爬行的速度, 但经过计算可以证明, 虫子(倘若不老死的话)总可以爬到绳子的另一端.

我们设绳子长为 1, 由于橡皮绳不断伸长, 虫子在第 $1, 2, 3, \cdots$ 秒分别爬了绳子总长的 $\dfrac{1}{100}, \dfrac{1}{200}, \dfrac{1}{300}, \cdots$, 那么 k 秒后虫子爬了

$$S_k = \dfrac{1}{100} + \dfrac{1}{200} + \dfrac{1}{300} + \cdots + \dfrac{1}{k \cdot 100}$$
$$= \dfrac{1}{100}\left(1 + \dfrac{1}{2} + \dfrac{1}{3} + \cdots + \dfrac{1}{k}\right)$$

虫了爬到另一端无非是 $S_k = 1$. 我们又知道 $1 + \dfrac{1}{2} + \dfrac{1}{3} + \cdots + \dfrac{1}{k}$ 可以任意大, 显然它也可以等于 100, 这时可以算出 k 约在 $2^{143} \sim 2^{144}$ 之间, 也就是虫子约在 5×10^{38} 世纪时间内可以从绳的一端爬到另一端. 这虽然近于荒唐, 但它却生动地说明了人们有时难以想象的某些事实.

请注意:橡皮绳每秒钟伸长 1 m, 这种伸长是均匀的, 因而虫子爬过的那一段也随之伸长. 并且, 绳子只有在下一秒开始时才开始伸长 1 m.

第一秒末, 绳子长 1 m, 虫子爬 1 cm 即它爬了绳

子长的 $\frac{1}{100}$；

第二秒末，绳子长 2 m，虫子又爬了 1 cm，在这一秒内虫子爬了绳长的 $\frac{1}{200}$（请注意，绳子伸长时，第一秒钟虫子爬过的1 cm也随之伸长到 2 cm，换句话说：虫子已爬过的部分长，在绳子伸长前后所占的百分比是不变的）；

第三秒末，绳子长 3 m，虫子又爬了 1 cm，在这一秒内虫子爬了绳子长的 $\frac{1}{300}$（而已爬过的部分长占绳子总长的百分比不变）；

……

第 k 秒末，绳子长 k m，虫子在这一秒内爬了绳长的 $\frac{1}{k \cdot 100}$；

这样一来，虫子到第 k 秒时已爬了

$$S_k = \frac{1}{100} + \frac{1}{200} + \frac{1}{300} + \cdots + \frac{1}{k \cdot 100}$$

$$= \frac{1}{100}\left(1 + \frac{1}{2} + \frac{1}{3} + \cdots + \frac{1}{k}\right)$$

当 $S_k \geqslant 1$ 时，说明虫子已经爬到了绳子的另一端，而这只需

$$1 + \frac{1}{2} + \frac{1}{3} + \cdots + \frac{1}{k} \geqslant 100$$

即可，经计算最小的 k 值约在 $2^{143} \sim 2^{144}$ 之间，单位是秒.

顺便指出，直接计算 $1 + \frac{1}{2} + \frac{1}{3} + \cdots + \frac{1}{k}$ 是困难

的,但据高等数学中的公式

$$\lim_{n \to \infty} \left(\ln n - \sum_{k=1}^{n} \frac{1}{k} \right) = c$$

这里 c 是欧拉常数,约为 $0.577\ 2\cdots$

这样 $\ln n \approx \sum_{k=1}^{n} \frac{1}{k}$($n$ 充分大),从而 $\ln n \approx 100$ 可

有 $n \approx e^{100}$,而 $e \approx 2.711\ 83\cdots$,换算一下,$n$ 约为 2^{143} ~

2^{144} 之间.

有趣的是有人证明了,若在 $\dfrac{1}{2} + \dfrac{1}{3} + \cdots + \dfrac{1}{n} + \cdots$

中去掉所有含有数字 9(或别的数字)的项以后

$$\frac{1}{2} + \frac{1}{3} + \cdots + \frac{1}{8} + \frac{1}{10} + \cdots + \frac{1}{18} +$$

$$\frac{1}{20} + \cdots + \frac{1}{88} + \frac{1}{100} + \cdots + \frac{1}{108} + \frac{1}{110} + \cdots$$

却是一个定数,且它不超过 90.

此外,有人利用此结论证明了

$$0.235\ 711\ 131\ 719\ 23\cdots$$

(由素数依次排列而成的小数)为无理数.

又人们从欧拉结论发现等式

$$\sum_{k=1}^{\infty} \frac{1}{k} = \prod_{p\text{为全部素数}} \left(1 - \frac{1}{p_i} \right)^{-1}$$

§21　有趣的 π

圆周率是一个理论和实践上都很重要的数值,但它是一个无限不循环小数(无理数,说得确切些它是

一个超越数),这给它的计算带来了麻烦,特别是电子计算机问世之前.

1600 年,英国人奥托兰用 $\frac{\pi}{\delta}$ 表示圆周率. 1706 年,英国一位叫威廉·琼斯的人在其所著的一本书中首先用 π 来表示圆周率. 而后经数学大师欧拉倡导, π 便成了圆周率的代号.

π 有许多有趣的故事与传闻,下面我们分别谈一谈.

§22 在祖冲之之前

自古以来,许多重大的科学发现,无不渗透科学家们的巨大心血,圆周率也不例外. 众所周知,当年祖冲之为了取得精确程度达到小数点后 6 位的圆周率数值,付出何等艰辛的劳动啊! 他得用一些所谓"算筹"的小竹棍,摆成不同形状,以表示各种数目,对 9 位数字反复运算不知多少次,终于在数学史上写下了光辉的一页.

然而,一切科学发现也是建立在前人的研究成果之上的,在祖冲之之前,不乏有志之士心劳力竭地研究圆周率的数值,只是由于计算技术的限制,才没有得到祖率的精确程度. 远在上古时期,我国就有"径一周三"的古率,这虽然是一个很粗略的数值,但已具有形成准确圆周率的雏形.

《旧约全书》列王记中也有使用圆周率的记载,其

值取为 3(公园前 950 年前后).

　　在公元前 500 年前,古希腊的数学家,就曾经研究过"化圆为方"的问题,企图做一与已知圆面积相等的正方形. 当然,这必须有圆周率值作为前提. 那时,为求圆的面积,甚至采用一种"摆麦粒"的原始方法,即在圆中摆满麦粒,计出粒数,并与正方形所容纳的粒数对比,以求得面积.

　　虽然,不可能用尺规作图法解决"化圆为方"问题,但它却给以后探索圆周率的奥秘提供了线索.

　　距今约 2 000 年前,被称为数学之神的阿基米德,终于从荒杂的乱径中踩出一条宽阔的道路:他首先确定了"圆的面积相当这样一个直角三角形的面积,它的两直角边之一为圆的半径,另一为圆周长."进而应用逐次逼近法,据外切和内接正 96 边形,求得圆周率在 3. 140 8 与 3. 142 9 之间.

　　阿基米德的求圆周率的方法被称为了"穷竭法".

　　祖冲之是公元 5 世纪人,就在我国,在他之前,圆周率的推求一直没有间断. 约在公元 1 世纪初,便有汉代的刘歆推算出圆周率为 3. 154 7;2 世纪的张衡又用过 3. 172 4;3 世纪的王藩用 3. 15.

　　贡献最大的是 3 世纪的刘徽,他正确地指出:古率"径一周三"只不过是符合内接正六边形的周长而已,并不是圆的周长. 于是,他悉心研究,终于得出 3. 141 6 这个数.

　　因此,我们谈到祖冲之的成就时,不能忽略在他之前,有多少人为他铺路啊!

§23 小数点后10万亿位

前面我们提到的计算是很困难的. 我国数学家在计算圆周率方面曾做出过领先于世界的贡献. 东汉初年的数学书《周髀算经》中, 已有"径一周三"的记载, 这是把圆周率视为 3, 这也是有记载的最古老的圆周率值, 它常称为"古率".

而后南北朝时, 祖冲之在《缀术》一书中采用"刘徽割圆法"给出 $\frac{22}{7}$ 和 $\frac{355}{113}$ 这两个用分数表示的圆周率, 它们分别被称为"约率"和"密率"(已分别精确到小数点后三位和六位). 远比国外同类的结果要早一千多年(1573 年德国人奥托才得到后者), 这是圆周率循环小数展开式

$$\pi = 3 + \frac{1}{7} + \frac{1}{15} + \frac{1}{1} + \frac{1}{292} + \frac{1}{1} + \frac{1}{1} + \cdots$$

中 2 阶、3 阶最佳渐近分数

$$3 + \frac{1}{7} = \frac{22}{7}, 3 + \frac{1}{7} + \frac{1}{15} + \frac{1}{1} = \frac{355}{113}$$

国外科学家对圆周率计算也很敏感:

公元前 1700 年, 埃及人已把 $\left(\frac{16}{9}\right)^2 \approx 3.16$ 作为圆周率的近似值.

公元前 3 世纪, 古希腊学者阿基米德算得

$$3\frac{10}{81} < \pi < 3\frac{1}{7}$$

大约公元两世纪天文学家托勒密算得 $\pi \approx 3\frac{17}{120}$.

16 世纪德国数学家鲁道夫(1539—1616)花了毕生精力于 1610 年才算到 π 的小数点后 35 位(据说鲁道夫为了探求小数点以后第 35 位的值,计算了正 4 611 686 018 427 387 904 边形的周长).

日本人关孝和(1642—1708)与其弟子建部贤之算得的小数点后 42 位.

19 世纪英国数学家威廉·尚克斯花了毕生精力把圆周率算到小数点后第 707 位(图 1).但到了 1945 年,英国人 D. F. 费格森发现尚克斯计算有误(即第 528 位应为 4,而其误算为 5).

π 的展开式表示(尚克斯算得)

图 1

4 年之后,两位美国人把记录推向小数点后 1 120 位,这是利用纸笔计算圆周率的最高纪录.

电子计算机问世(1945 年)之后,圆周率的计算变得相对容易些. 1950 年,美国科学家利用第一台电子计算机 ENIAC 算到 π 的小数点后 2 037 位. 而后的情况可见表 1.

美国科学家 1986 年认为:只要他的现行程序改动一行,花两倍多一点时间可算到 π 的 6 000 万位,且即使无技术上的突破,只有花足够时间,可算至小数点后 1 亿位,但这个纪录却被日本学者获得.

π 是一个无理数,因而无法求得其精确值. 过去人们计算它通常有两种方法:割圆法(几何法)和级数法(分析法). 一百年前,人们花上毕生精力也只能求得 π 的小数点后几十位,至多几百位.

电子计算机出现后,情况就不同了. 利用它人们可以在短时间内算出 π 的几万位,甚至几十万,几百万位. 而且这种纪录不断地被刷新. 至此,计算 π 的位数已成为对计算机性能,速度考核的重要指标(图 2).

图 2

1985 年日本报道了计算 π 的小数点后 1 000 万位的消息,1986 年初,美国科学家利用一个新程序在 Cray - 2 大型计算机上,花 28 个小时(共进行 12 万亿次运算)算得 π 小数点后 29 360 128 位,后来利用其

82

他型号计算机核验发现仅在最后 17 位上数值不同,因而结果至少有 2 936 万位数字可靠.

据载,日本科学家曾计划实施计算 π 的 3 300 万位,然后向一亿位进军的方案.

1988 年初,日本东京大学的金田康正利用 HI-TACS—820/80 超级计算机,得到 π 的 2.013 26 亿位,刷新了他于 1987 年 1 月底创造的 1.335 5 亿位的世界纪录.

美国一位科学家应用连分数性质而编制的程序,在微型机上已算得 π 的 1 200 万位值.

当然人们对于 π 上千万位计算还有其他方面原因,比如:

①检验 0~9 这 10 个数字在 π 的值中是否是均等出现(至今未发现异常);②鉴别计算机程序的优劣,设法寻找更快,更有效的 π 值计算法;③确定计算 π 值速度的理论下限.

当然,从 π 的计算结果中,人们还会找到许多新的有趣的数字现象,它也会为数学家提供新的研究课题.

2011 年人们将 π 算至小数点后 10 万亿位(表 1).

表 1

年份	发现者	精确度(数位)	计算机	机上时间
1950	Metropolis	2 037	ENIAC	70 小时
1955		3 089	NORC	—
1957	[美]伦屈·丹尼尔	100 265	IBM7090	8 小时 43 分
1973	[法]简恩·吉洛德	100 万	IBM7600	23 小时 18 分
1983	[日]田川吉明等	1 677 216	HITACM-280H	30 小时
1983	[日]金田康正	10 000 000		
1986	D. Bailey	29 360 000	Cray-2	28 小时

续表

年份	发现者	精确度(数位)	计算机	机上时间
1987	[日]金田康正	1.335 5 亿	HITACS-820/80	35 小时 14 分
1988	[日]金田康正	2.013 26 亿	同上	5 小时 57 分
…	…	…	…	
2009	[法]Bellad	2 700 亿	—	131 天
2010	[日]Kondo	50 000 亿	—	—
2011	[日]Kondo	10 万亿	—	—

顺便说一句 π 的 100 万位数字的开头和结尾分别是

3. 141 592 653 589 793…577 945 815 1

法国原子能委员会曾将这个结果印成 400 页的一本厚书.

计算 π 的 2 亿位的结果时,计算机用纸达 20 箱,计 402 66 页.

利用计算机计算 π 的精度,现已成为检验计算机运算能力的一种指标. 当然人们也希望从 π 的数值中找出一些有趣的东西来.

附录

数学家的墓志铭

一些数学家生前献身于数学,死后在他们的墓碑上,刻着代表着他们生平业绩的标志.

古希腊学者阿基米德死于进攻西西里岛的罗马乱兵之手(死前他还说:"不要弄坏我的圆.")后,人们为纪念他便在其墓碑上刻上球内切于圆柱的图形,以纪念他发现球的体积和表面积均为其外切圆柱体积和表面积的 $\frac{2}{3}$.

德国数学家高斯(1777—1855),在他研究发现了正十七边形的尺规作图法后,便放弃原来立志学语言学的志向而献身于

数学,以至在数学上做出许多重大贡献.他的墓碑底座就是按照他生前的遗愿做成正十七边形的棱柱.

　　16 世纪,荷兰数学家鲁道夫,花了毕生精力,把圆周率算到小数点后 35 位,后人称之为鲁道夫数,他死后别人便把这个数刻到他的墓碑上.

　　瑞士数学家雅谷·伯努利(1654—1705),生前对螺线(被誉为生命之线)有研究,他死之后,墓碑上就刻着一条对数螺线,同时碑上还写着:"虽然改变了,我还是和原来一样."这是一句既刻画螺线性质,又象征他对数学热爱的双关语.

　　挪威数学家阿贝尔英年早逝(仅活了 26 岁),他发明了群论及解决了代数方程分式解,在首都奥斯陆人们为其建造了有力士身材的裸体雕像,其双脚踏着两个被打倒的雕像,以象征被攻克的数学难题.

§24　用根式近似表示 π

利用某些根式可以给出的一些近似值(表 1):

表 1

根　　式	数　　值	与 π 的误差
$\sqrt{10}$	3. 162 27	±0. 1
$\sqrt{2}+\sqrt{3}$	3. 146 26	±0. 01
$\sqrt[3]{31}$	3. 141 38	±0. 01
$\sqrt{9.87}$	3. 141 65	±0. 001
$\dfrac{13}{50}\cdot\sqrt[3]{146}$	3. 141 591	±0. 000 01
⋮	⋮	⋮

另外,我们将 π 的三位渐近分数 $\dfrac{355}{113}$ 的分子的首位挪至末位,分母末尾数字移到首位后再加 1 所得的分数

$$\frac{553}{312} \approx 1.772\ 435\ 897$$

它与 $\sqrt{\pi} \approx 1.772\ 453\ 851$ 之差不超过 $\pm 0.000\ 1$.

当然还可以用其他一些式子表示,请见表 2(表中 $\tan^{-1}$ 表示反正切函数):

表 2

年份	发现者	表　达　式
1579	韦达	$\pi = 2 \cdot \dfrac{2}{\sqrt{2}} \cdot \dfrac{2}{2+\sqrt{2}} \cdot \dfrac{2}{\sqrt{2+\sqrt{2+\sqrt{2}}}} \cdots$
1650	格林贝尔格	$\dfrac{\pi}{2} = \dfrac{2 \cdot 2 \cdot 4 \cdot 4 \cdot 6 \cdot 6 \cdot 8 \cdots}{1 \cdot 3 \cdot 3 \cdot 5 \cdot 5 \cdot 7 \cdot 7 \cdots}$
1671	格里高利	$\dfrac{\pi}{4} = 1 - \dfrac{1}{3} + \dfrac{1}{5} - \dfrac{1}{7} + \cdots$
1706	梅钦	$\dfrac{\pi}{4} = 4\tan^{-1}\dfrac{1}{5} - \tan^{-1}\dfrac{1}{239}$
1841	卢瑟福	$\dfrac{\pi}{4} = 4\tan^{-1}\dfrac{1}{5} - \tan^{-1}\dfrac{1}{70} + \tan^{-1}\dfrac{1}{99}$
1844	达瑟	$\dfrac{\pi}{4} = \tan^{-1}\dfrac{1}{2} + \tan^{-1}\dfrac{1}{5} + \tan^{-1}\dfrac{1}{8}$
1863	格斯	$\dfrac{\pi}{4} = 12\tan^{-1}\dfrac{1}{18} + 8\tan^{-1}\dfrac{1}{57} - 5\tan^{-1}\dfrac{1}{239}$
1896	斯图姆	$\dfrac{\pi}{4} = 6\tan^{-1}\dfrac{1}{8} + 2\tan^{-1}\dfrac{1}{57} + \tan^{-1}\dfrac{1}{239}$

续表 2

年份	发现者	表　达　式
1914	拉马努金	$\dfrac{1}{\pi} = \displaystyle\sum_{n=0}^{\infty} \binom{2n}{n}^3 \dfrac{42h+5}{2^{12h+4}}$
1948	佛格森	$\dfrac{\pi}{4} = 3\tan^{-1}\dfrac{1}{4} + \tan^{-1}\dfrac{1}{20} + \tan^{-1}\dfrac{1}{1985}$

§25　利用格点法计算圆周率

在平面直角坐标系中,我们把纵、横坐标均为整数的点称作格点或整点.

我们可以以原点为圆心,以整数 r 为半径画圆,且数出圆内(含边界)格数记为 $r(n)$,其可为该圆面积的近似值,即 $S \approx r(n)$.

又 $S = \pi r^2$,故 $\pi = \dfrac{S}{r^2} \approx \dfrac{r(n)}{r^2}$.

比如由图 1 我们分别可以算得 π 值:

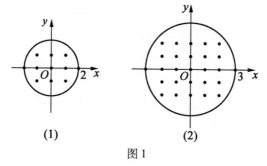

(1)　　　　　　　(2)

图 1

$r(2) = 13, \pi \approx \dfrac{13}{2^2} = 3.25; r(3) = 29, \pi \approx \dfrac{29}{3^2} \approx 3.22$

类似地计算我们可以得到表 1:

表1

r	$r(n)$	$\pi \approx \dfrac{r(n)}{r^2}$
20	1 257	3.142
30	2 821	3.134
100	31 417	3.141 7
200	125 629	3.140 7
300	282 697	3.141 0

§26 利用投针法计算圆周率

这里告诉你一个用投针法计算圆周率的办法. 你也许会怀疑,但不妨试试看(图1):

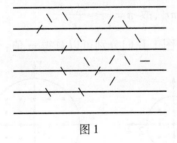

图1

取一张大纸,找一根细针,量一下针的长,然后,在纸上画一系列距离为两倍针长的平行线,再把针随意地向纸上抛去,针落到纸上要么与这些平行线之一相交,要么与平行线都不相交. 你记下投针的次数 m,以及针与平行线相交的次数 n,投了一定次数(比如 200 次)后,把 m 与 n 比一下,便是 π 的一个近似值.

88

这个问题是"概率论"的一个著名例子,它是可以用数学方法严格证明的,据载,有人用此办法投了3 408次后得到一个精确到小数点后第 6 位的近似值3. 141 592.

这个方法系法国著名学者蒲丰(Buffon)提出的(1760 年写成,1777 年发表).还有一些人做了此实验得到如表 1 中的结果:

表 1

试　验　者	年份	投针次数	π 的近似值
Wolf	1853	5 000	3. 159 6
Smith	1855	3 204	3. 155 3
Fox	1894	1 120	3. 141 9
Lazarini	1901	3 408	3. 141 592 9

此外,我们还可以适当改进这些平行线间的距离,用投针法计算 $\sqrt{2}$, $\sqrt{3}$, …,当然这要先假定知道了 π 的值.

我们想指出,重要的不只是利用投针办法可以计算圆周率,而是这个思想后来发展成为求解数学、物理、工程技术以及生产管理上问题的一种方法——统计试验法(又称蒙特·卡罗方法),特别是电子计算机问世之后.

§27　π的数字中的有趣现象

人们利用大型电子计算机可算得 π 的万亿位以

上,人们也从这些数字中发现了许多有趣的现象:

有些数字会连续地出现两次,三次,……甚至多次. 比如从小数点后第 710 150 位便连续出现 7 个 3;在第 3 204 765 位又连续出现 7 个 3.

在 π 的小数点后 1.4 亿位中,有 87 次出现连续 6 个相同的数字,比如从 762 位开始便连续出现 6 个 9. 从 24 658 601 位开始连续出现 9 个 7,此外还有 9 个 8 和 9 个 6.

数列 23 456 789 在小数点后第 995 998 位起连续出现;而从小数点后第 2 747 956 位起,又连续出现 876 543 210. 从 26 160 634 位开始出现数字串 2 109 876 543(它是 0,1 ~ 9 的规则排序,如果 21 后移的话. 其实 π 展开式第 60 ~ 69 位就出现过数字串 4 592 307 816,它是 0,1 ~ 9 这 10 个数字的乱序).

在 π 的小数点后 1 000 万位中,数 314 159 至少连续出现 6 次. 但 31 415 926 只重现一次,3 141 592 重现 4 次.

更令人难以琢磨的是从第 52 638 位起,还出现了 14 142 135 这 8 个数字串,而它恰好是 $\sqrt{2}$ 的前 8 位数字(包括小数点前的数字).

又如从 π 的整数位上的数字 3 开始到某位为止恰好是素数的,到目前为止仅发现 4 个,它们是

$$3,31,314\ 159$$

31 415 926 535 897 932 384 626 433 832 795 028 841

它是 R. Baillie 和 M. Wanderlich 于 1979 年发现的,倘若倒过来看,成为素数的则更多了(因为素数的个位数只能是 1,3,7,9),如果顺位的话在个位上出现

90

这 4 个数字的机会只有 40% 左右,而逆序的话,个位数字永远是 3.

前面 6 个逆序出现的素数为 3, 13, 51 413, 951 413, 2 951 413 和 53 562 951 413.

此外人们也对 0, 1, 2, $\cdots$, 9 这 10 个数字出现的可能性大小进行核验,人们期望这 10 个数字出现的可能性均等且各为 $\frac{1}{10}$,但此假设未获验证.

法国人让·盖尤统计了 π 的 100 万位小数中各数字出现的频率,它们基本上相差不大(表 1)[①]:

表 1

数　　字	0	1	2	3	4	5	6	7	8	9
出现的次数与平均数的差异	-41	-242	+26	+229	+230	+259	-452	-200	-15	+106

又如 π 的小数点后 32 位数字.

我们可以看到图 1:这 32 个数字中有两个 26;且以第二个 26 为中心,有三对对称出现的数字:79, 32, 38;

第一个 26 的前后两个 5 位数的数字之和恰好为 50,它恰好是第二个竖杠后的数字 50;

第二个 26 的前后两个两位数之和为 89,它恰好是第一竖杠前的两个数字 89;又 79, 32, 38 诸数字和恰好为 32.

---

① 在 π 的前 1.5 亿位展开式中,数字 4 出现得最多,而 6 相对出现得较少(相差 11 000 次以上).如果这些数字均衡出现,概率为 $10! / 10^{10}$.

91

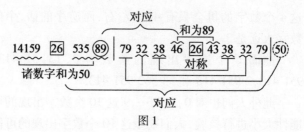

图1

此外人们还把 π 的值与数学中另一个重要的常数 e① 相比较发现，它们在第 13，17，18，21 和 34 位上的数字分别相同（表2）：

表2

位数	1	2	3	4	…13…	17	18	…21	…34…
π 值	3	1	4	1	…9…	2	3	…6	…2…
e 值	2	7	1	8	…9…	2	3	…6	…2…

有人进而猜测：π 和 e 的每隔 10 位数字将有一个数位上的数字相同. 当然它至今尚未被证明.

美国的鲁贝科（T. E. Lobeck），在探索 π 的奥妙时，曾用 π 的前 25 位数，即

　　　3. 141 592 653 589 793 238 462 643

依次代换图2(1)中五阶幻方中的 25 个数（3→1，1→2，4→3，5→4，…），得到图2(2)：

————————

① 数 e 前面我们已提到，它定义为 $\lim\limits_{n\to\infty}\left(1+\dfrac{1}{n}\right)^{n}$，它的值约为 2.718 28…，这也是数学中的一个重要常数.

92

17	24	1	8	15
23	5	7	14	16
4	6	13	20	22
10	12	9	21	3
11	18	25	2	9

(1)

行和

					行和
2	4	3	6	9	24
6	5	2	7	3	23
1	9	9	4	2	25
3	8	8	6	4	29
5	3	3	1	5	17

列和　17　29　25　24　23

(2)

图 2

这个数阵也很奇特：它的诸行数字和分别是 24,23,25,29 和 17；它的诸列数字和分别是 17,29,25,24 和 23,这就是说,这两组数字组成是相同的(图 1(2)中数表旁边的数字分别表示该行或该列诸数字之和).

有人将 26 个英文大写字母写成一个圆圈,然后将自身对称的字母(A,H,I,M,O,T,U,V,X,Y)圈起来(图 3),你从 J 开始数一下未圈的数字个数恰好是

$$3,1,4,1,6$$

这正好是圆周率 π 取前 5 位近似值的数字.

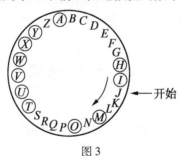

←开始

图 3

π 的小数点后的前 n 位数字 1,4,1,5,9,2,6,… 还有下面的有趣现象：

前一位是 1,前三位和是 6(= 1 + 4 + 1),前七位

和是 28($= 1 + 4 + 1 + 5 + 9 + 2 + 6$),1,6,28 是三个完全数(见本书"自然数中的瑰宝"一文),且这三个数又分别是前一个,前三个,前七个自然数之和

$$1, \ 6 = 1 + 2 + 3, \ 28 = 1 + 2 + \cdots + 7$$

另外,美国的 W. Haken 曾猜测:

π 的前 n 位小数的数字组成数列

$$3, \ 31, \ 314, \ 3\ 141, \ 31\ 415, \cdots$$

中不会产生完全平方数.

加拿大的一位化学家还发现

$$\pi^4 \approx 97.\ 409\ 09 \cdots, \ \pi^5 \approx 306.\ 019\ 68 \cdots$$
$$e^6 \approx 403.\ 428\ 79 \cdots (e = 2.\ 718 \cdots)$$

这样便有: $\pi^4 + \pi^5 \approx e^6$.

此外,π 的值还与前文所说"水仙花数"有关. 取 π 的展示中前十位

$$3.\ 141\ 592\ 654$$

注意到

$$3^3 + 1^3 + 4^3 + 1^3 + 5^3 + 9^3 + 2^3 + 6^3 + 5^3 + 4^3 = 1\ 360$$

而 $1^3 + 3^3 + 6^3 + 0^3 = 244$,由此它生成 2 阶水仙花数

$$2^3 + 4^3 + 4^3 = 136 \Longleftrightarrow 1^3 + 3^3 + 6^3 = 244$$

§28　π值的记忆

π 的渐近分数 $\dfrac{355}{113}$ (密率)可以用下面办法去记, 先把前三个奇数 1,3,5 各写两遍组成一个六位数 113 355,然后将它均分成两段,前者为分母,后者为分子即为 $\dfrac{355}{113}$.

π 的近似值记法很多,比如有人曾用"山巅一寺一壶酒"的谐音去记"3. 141 59"①. 还有人曾用英语:"Yes,I have a number. "去记"3. 1416",因为英语这句话中有 5 个单词,每个单词分别由 3,1,4,1,6 个字母组成,这样它可以和 3. 141 6 对应起来.

关于背诵 π 值的记录,至 20 世纪 90 年代的情况见表 1.

表 1

年份	纪律创造者	背诵 π 的位数
1957	英国人	5 050 位
1958	加拿大大学生	8 750 位
1979	[日]友寄英哲	20 000 位
1981	[印]马哈德万	31 811 位

注 古希腊人说:π 值构成了万物的基础. 关于 π 的问题我们还想再说几句,π 在数学中的重要性自不必说. 这里仅举几个例子:

(**1**) 随着 π 的超越性证明(见后文),尺规作图中"化圆为方"以不可能而终结.

(**2**) 在 π 的展开式中数学规律为人们关注,比如 0 123 456 789 首次出现在小数点后 17 387 594 880 位,而 9 876 543 210 始于第 42 321 758 803 位.

至于其他人们感兴趣的数串出现,人们均有发现(如连续重复出现 1,2,3,⋯,又如出现 e = 2.718⋯)

(**3**) 在许多数学分式中均有 π 的身影,比如阶乘的近似计算分式

$$n! \approx \sqrt{2n\pi}\left(\frac{n}{e}\right)^n\left(1+\frac{1}{12n}\right)$$

---

① 完整的是用"山巅一寺一壶酒,尔乐苦煞吾,把酒吃,酒杀尔,杀不死,乐而乐!"去记 3. 141 592 653 589 793 238 462 6.

（4）　任取两个自然数,它们互素的概率为$\dfrac{6}{\pi^2}$. 欧拉曾给

出分式 $\displaystyle\sum_{k=1}^{\infty}\dfrac{1}{k^2}=\dfrac{\pi^2}{6}$. 今设任取两整数互素的概率为$p$.

任一整数以k为约数的概率是$\dfrac{1}{k}$, 而任取两个整数以k为

约数的概率是$p_k=\dfrac{1}{k^2}$.

又m,n最大公约数为k, 记$(m,n)=k$, 则

$$(m,n)=k\Leftrightarrow\left(\dfrac{m}{k},\dfrac{n}{k}\right)=1$$

由概率乘法定理$p_k=\dfrac{p}{k^2}$, 而 $\displaystyle\sum_{k=1}^{\infty}p_k=1$, 即 $\displaystyle\sum_{k=1}^{\infty}\dfrac{p}{k^2}=1$

由 $\displaystyle\sum_{k=1}^{\infty}\dfrac{1}{k^2}=\dfrac{\pi^2}{6}$, 则$p=\dfrac{6}{\pi^2}$.

（5）　其实 π 的计算只是检验计算机、软硬件,以及发现 π
展开式中的数字出现的规律.

实际上,当 π 计算至小数点后 40 位时,计算银河系的圆周
长时误差不会超过一个质子大小.

（6）　统计学告诉我们:弯曲的河流曲线总长是它直线距
离的 π 倍.

（7）　在定圆内随机均匀地任取四个点,它们能构成凸四
边形的概率是

$$1-\dfrac{35}{12}\cdot\dfrac{1}{\pi^2}\approx 0.704\ 5$$

（8）　π 的计算机计算公式

①　拉马努金公式

$$\dfrac{1}{\pi}=\dfrac{2\sqrt{2}}{9\ 801}\sum_{k=0}^{\infty}\dfrac{(4k)!\ (1\ 103+26\ 390k)}{(k!)^4 396^{4k}}$$

每多算一项可增加 8 位准确数字.1985 年,有人用此公式算得
π 小数点后 1 700 万位.

②　1994 年日本数学家利用公式

96

$$\frac{1}{\pi} = 12 \sum_{k=0}^{\infty} \frac{(-1)^k (6k)! \; (33\;591\;409 + 545\;140\;134k)}{(3k)! \; (k!)^3 640\;320^{3k+\frac{3}{2}}}$$

每多算一项可增加 14 位准确数学. 1994 年, 人们用此公式算至 π 的小数点后 40 亿位.

③　计算机科学家利用公式

$$\pi = \sum_{k=0}^{\infty} \frac{1}{16^k} \left(\frac{4}{8k+1} - \frac{2}{8k+1} - \frac{1}{8k+5} - \frac{1}{8k+6} \right)$$

可算到 π 小数点后至任何一位的准确数字.

§29　说说逆素数与回文数

13 被西方某些国家视为不吉利的数字, 它是一个素数, 且它的数字倒序组合 31 仍是一个素数, 它被称为逆素数, 且为最小的逆素数.

17 也是一个逆素数, 19 却不是, 因为它的逆序数 91 不是素数, 对于 19 人们还发现

$$19 = 10^1 + 9^1, 19 = 10^2 - 9^2$$

对于一个逆素数, 若它的数字没有重复者, 则称其为无重逆素数. 两位的无重逆素数有

$$13, 17, 31, 37, 71, 73, 79, 97$$

还有 3 位, 4 位, ……, 甚至 n 位的逆素数.

(逆素数是否有无限多个? 这一点人们尚不得知)

比如 101, 1 453 分别是 3 位、4 位逆素数, 但 101 不是无重逆素数.

对于 1 453 来说, $1 + 4 + 5 + 3 = 13$, 即它的诸位数字之和仍是一个逆素数.

卡尔德经验证发现: 10^5 以内的逆素数 (包括有重的) 个数如表 1:

表1

位　　数	2	3	4	5
逆元素个数（对）	4	13	102	684

对于无重逆素数个数可见表2：

表2

位　　数	2	3	4	5	6	7
无重逆素数个数（对）	4	11	42	193	612	1 790

有人还发现5位、6位循环逆素数：11 939 和
193 939.

如图1，无论从圆圈中哪一数字读起，均构成一个
逆素数.

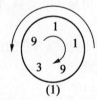

(1)　　　　　(2)

图1

（人们在发现循环逆素数的同时还证明了：不存
在3,4,7位的循环逆素数.）

更为有趣的是：某些逆素数组成的数阵，其行、列
及主对角线（从数阵左下方至右下方的对角线）皆为
逆素数.

图2是由4位逆素数9 133,1 583,7 529,3 911 和
5位逆素数13 933,13 457,76 403,74 899,71 399 构成
的四阶和五阶具有上述性质的数阵：

98

9	1	3	3
1	5	8	3
7	5	2	9
3	9	1	1

(1)

1	3	9	3	3
1	3	4	5	7
7	6	4	0	3
7	4	8	9	9
7	1	8	9	9

(2)

图 2

　　显然用无重逆素数不能构造这种数阵,因为素数的个位数只能是 1,3,7 或 9,倘若数阵超过 4 阶,上面 4 个数字无疑会重复(又 4 阶或 4 阶以下只需直接验证即可)

　　顺便我们再谈一下回文数. 回文数指一个十进制数,其数字前后对称(相同). 说得具体点:若它的位数为奇数,则它除最中间的数字外,其余均前后对称;若位数是偶数,则其诸数字前后对称. 因为每个偶数位的回文式数均为 11 的倍数.

　　数学家们将除了最中间数字以外的其他数字都相同的两个回文数称为回文素数对. 比如 131 和 151;353 和 373;787 和 797;30 103 和 30 203 等都是(还有 101,181,191,313,373,383,727,757,787,919 等). 人们还猜想:存在无穷多对回文素数对.

　　与回文数有关的一个问题至今尚未证得:

　　任取一个自然数,将其各个位数顺序倒置,且将倒置数与原来数相加,求得的和仍按上述步骤运算. 经有限次步骤后,所得的数一般为一个回文式数.

比如：$\begin{array}{r}68\\+86\\\hline154\end{array}\longrightarrow\begin{array}{r}154\\+451\\\hline605\end{array}\longrightarrow\begin{array}{r}605\\+506\\\hline1\ 111\end{array}$，1 111 即回文式数.

人们在验算中，至今只发现了 196 是个例外，用计算机重复上述步骤 6 亿次，仍未得到回文式数，当然你也不能以此武断地如此下结论永远得不到回文式数（数 89 要经过 24 步，10 911 须经 55 步才能得到回文式数）.

人们研究发现：完全平方数中的回文数比一般整数中的回文数比例大得多.

如果一个完全立方数是回文数，则它几乎肯定会有一个三次方根也是回文数（如 1 331 是一个完全立方回文数，它的三次方根之一是 11）.

用计算机对回文数进行研究发现：至今尚未找到一个四次方根不是回文式数的回文完全四次方数. 且人们也未发现回文式五次方数.

数学家们猜想：不存在五次或五次以上幂的回文式数.

回文式数中也有素数，它们被称为回文素数. 1 000以内的回文数有

    11,101,131,151,181,191,313,353
    373,383,727,757,787,797,919

人们相信"有无穷多个回文素数"，但这一点尚未被证实.

显然，回文素数一定是奇数位（除 11 外）.

关于回文数（即一个与其逆序完全相同的数）我

们还想说几句.

前文说过,对于大多数非回文数的自然数 N,反复实施下面运算:即 N 与其逆序数 $\overline{N}$ 相加,常可得到一个回文数. 比如

$$1314:1314 + 4131 = 5\ 445$$

$$153:153 + 351 = 504,504 + 405 = 909$$

如果反复实施上述变换仍无法得到回文数的自然数,人们称其为利克瑞尔(C. Lycbrel)数. 有人提出:

不存在利克瑞尔数.

但有人发现 196 是个可能的利克瑞尔数.

1987 年,J. Waker 用电子计算机运算了 2 415 836 步,得到一个 100 万位的自然数,但它仍不是回文数.

表 3 给出几位计算爱好者在电子计算机上运算的结果,仍未得到回文数.

表 3

年份	计算者	得到数的位数
1995	T. Irvin	200 万
2000	J. Doucette	1 000 万
2006	Van Landingham	3 亿
2011	R. Dolbeau	4 亿
2012	R. Dolbeau	6 亿

人们至今仍不知道它到底是否是利克瑞尔数.

§30 梅森素数小谈

素数、合数自古以来就为人们所偏爱,这也正是"数论"这门学科至今不衰的缘由.

素数是无穷多的,这一点早为古希腊学者阿基米德发现并证得,然而人们却找不到素数表示的解析式.

$2^p - 1$,当 p 是合数时它是合数,反过来当 p 是素数时,它却不一定是素数.

1644 年,法国一个名叫梅森的人宣称:$2^p - 1$ 当 $p = 2,3,5,7,13,17,19,31,67,127,257$ 时,都是素数(其实这里 $p = 67,257$,$2^p - 1$ 不是素数,且在 257 前漏掉了 $61,89$ 和 107).这一发现曾轰动当时的数学界,且人们将它记为 $M_p = 2^p - 1$,据说连欧拉也极感兴趣.其实梅森本人只验算了前面 7 个,后面 4 个虽未经验算(它的计算量很大),但人们对之仍不怀疑.

1903 年,在纽约的一次科学报告会上,数学家科尔作了一次不讲话的报告,他在黑板上先算出 $2^{67} - 1$,接着又算出 $193\ 707\ 721 \times 761\ 838\ 257\ 287$,两个结果相同.他一声不响地回到了座位上,会场上却响起了热烈的掌声(据说这是该会场第一次).他否定了 $2^{67} - 1$ 是素数这个两百年来为人们所坚信的概念.

短短的几分钟,花去了数学家三年的全部星期天.

无独有偶,波兰数学大师斯坦豪斯在其《数学一瞥》中有一句挑战性的话:78 位的数

$$2^{257} - 1 = 231\ 584\ 178\ 474\ 632\ 390\ 847\ 141\ 970$$
$$017\ 375\ 815\ 706\ 539\ 969\ 331\ 281\ 128$$

078 915 168 015 826 259 279 871

是合数,可以证明它有因子,但其因子还不知道.

它的证明应用了我们提到过的抽屉原理. 这又一次否定了梅森的另一个素数(前文已述在小于 257 的素数中,$p = 61, 89$ 和 107 时,$2^p - 1$ 也是素数).

电子计算机的出现,给人们验算和寻找梅森素数带来了方便.

1979 年,美国一位中学生诺尔在计算机上发现 $p = 23\ 209$ 时,$2^p - 1$ 是素数(它有 6 987 位). 同年,美国人斯洛温斯基找到更大的梅森素数 $M_{44\ 497}$ 时(它有 13 395 位).

1983 年 1 月,这位美国人在 Cray – 1 型计算机上发现 $M_{89\ 243}$(它有 25 962 位),这也是到当时为止,人们发现的最大素数.

随着计算机软、硬件的发展,以及互联网的普及,人们以合作方式联手发现了更多 M_p 型素数(详见后文),截止到 2016 年初,人们发现最大的梅森素数为 $M_{74\ 207\ 281}$,它有 22 338 618 位. 它被称为第 49 个梅森素数.

第 50 个梅森素数于 2017 年被找到,即 $M_{77\ 232\ 917}$,它有 23 249 425 位.

§31　现今最大的素数

"素数是无穷多的."这是古希腊数学家欧几里得给出的结论. 但是,古往今来,许多数学家都对寻找世界上已知的最大素数有极大的兴趣. 当你回顾漫长的"数学历程"时,会发现许多妙趣横生的记载.

让我们从 1772 年谈起吧. 当时,瑞士大数学家欧拉在双目失明的情况下证出 $2^{31} - 1 = 2\,147\,483\,647$ 是一个素数. 它具有 10 位数字,堪称当时世界上已知的最大素数. 这是寻找"最大素数"的先声. 为了避免赘述,我们就从欧拉开始,列一个寻找"最大素数"的年表(表 1):

表 1

发现年代	最大素数	位数
1722	$2^{31} - 1$	10
1883	$2^{61} - 1$	19
1912	$2^{89} - 1$	27
1914	$2^{107} - 1$	33
1917	$2^{127} - 1$	39
1952	$2^{2\,281} - 1$	687
1957	$2^{3\,217} - 1$	969
1959	$2^{4\,423} - 1$	1 332
1963	$2^{11\,213} - 1$	3 376
1971	$2^{19\,937} - 1$	6 002
1978	$2^{21\,701} - 1$	6 533
1979. 2	$2^{23\,209} - 1$	6 987
1979. 4	$2^{24\,497} - 1$	13 395
1983	$2^{28\,243} - 1$	25 962
1983	$2^{132\,049} - 1$	39 751
1985	$2^{216\,091} - 1$	65 050
1992	$2^{756\,839} - 1$	227 832

续表 1

发现年代	最大素数	位　　数
1998	$2^{3\,021\,377}-1$	909 526
1999	$2^{6\,972\,593}-1$	2 098 960
2001	$2^{13\,466\,917}-1$	4 053 946
2005	$2^{25\,964\,951}-1$	7 816 230
2008	$2^{37\,156\,667}-1$	11 185 272
2008	$2^{43\,112\,609}-1$	12 978 189
2009	$2^{42\,643\,801}-1$	12 837 064
2013	$2^{57\,885\,161}-1$	17 425 170
2016	$2^{74\,207\,281}-1$	22 338 618
2017	$2^{77\,232\,917}$	23 249 425

从表 1 中,除了欣赏那些大得惊人的素数之外,你可能发现了一个怪现象:怎么都是形如 2^p-1 的素数? 是的,如前文所述,这种数被数学家们称为"梅森素数",这是为纪念 17 世纪法国数学家马林·梅森的贡献而命名的.

在 1644 年,梅森就推测 $2^{31}-1$ 和 $2^{127}-1$ 是素数(见前文),但他没有给出证明. 其中的 $2^{127}-1$ 直至两百多年后才被证明,它是电子计算机诞生之前的最大素数.

图 1 为 1963 年人们找到素数 $2^{11\,213}-1$ 时当地邮局推出的纪念邮戳.

前文已述到 2017 年底为止,人们共找到 50 个梅森素数,并且按年代它始终名列素数之首,多年来谁也未能打破这种局面.

有人猜测:梅森素数有无穷多个,但它至今尚未获证.

近几年来,随着数字的增大,每一个"最大素数"的产生都艰辛无比,但仍然存在着激烈的竞争. 1979 年 2 月 23 日,当美国数学家史洛温斯基宣布他找到了 $2^{23\,209} - 1$ 时,人们告诉他:在两星期前著名的诺尔先生就已经给出了同样的结果. 为此史洛温斯基潜心发愤,终于在 1979 年和 1983 年用计算机找到了两个更大的素数(表1),从而成为人们发现的第 27 和第 28 个梅森素数. 在 1983 年快要结束的时候,史洛温斯基又找到一个更大的梅森素数:$2^{132\,049} - 1$,它有 39 751 位.

1985 年,美国休斯敦的切夫隆地球科学公司的一台每秒 4 亿次的大型计算机试运行时,无意中发现了一个更大的梅森素数(花了 3 小时机上时间,大约进行 1.5 万亿次运算):$2^{216\,091} - 1$,它有 65 050 位.

进入 21 世纪,尽管寻找此类素数的工作越来越困难(它越来越大),但由于计算机和计算技术的进步,特别是互联网的诞生,使得寻找梅森素数的工作,取得长足进展,这一点我们前文已有介绍.

§32 寻找素数表达式

早在两千多年以前,古希腊学者欧几里得就已经

证明"素数有无穷多个"(他用的"反证法",其他证法见后文).

如何寻找或判别素数,古希腊学者埃拉托色尼创造了"筛法",即在整数 $1,2,3,\cdots$ 中,从 2 起每隔两数划去一个,从 3 起每隔三数划去一个,$\cdots\cdots$最后剩下来的便是素数(图1).

有没有一个公式,用它可以表示所有的素数? 历代数学家为了寻找这个公式而历尽艰辛,走过许多曲折的道路……

法国数学家费马曾给出一个表达式:$F_n = 2^{2^n}+1$,他验证当 $n=0,1,2,3,4$ 时

$$F_0 = 2^{2^0}+1 = 3, F_1 = 2^{2^1}+1 = 5$$

$$F_2 = 2^{2^2}+1 = 17, F_3 = 2^{2^3}+1 = 257$$

$$F_4 = 2^{2^4}+ +1 = 65\ 537$$

它们都是素数,费马便断言:

对任何自然数 n,$F_n = 2^{2^n}+1$ 都是素数.

1732 年,数学家欧拉指出,$n=5$ 时,$F_5 = 2^{2^5}+1 = 641 \times 6\ 700\ 417$ 已不再是素数.

至于费马数中是否还有其他素数,以及是否存在无穷多个素数,这一点至今未能获解. 然而分解费马合数的工作正成为计算机专家们的热门课题.

图1

而后,欧拉也对素数表达式的寻求做了研究,1772年他发现 $f(n) = n^2 + n + 41$,当 $n = -40, -39, \cdots,$ $-1, 0, 1, 2, \cdots, 39$ 时,$f(n)$ 都表示素数.

但 $f(40) = 40^2 + 40 + 41 = 40(40 + 1) + 41 = 41 \times 41$ 已不再是素数①.

又 $g(n) = n^2 - 79n + 1\ 601$,当 $0 \leq n \leq 79$ 时皆给出素数,$n = 80$ 时不是.

再如 $n^2 - 2\ 999n + 2\ 248\ 541$,当 $n = 1\ 460 \sim 1\ 539$ 时,共给出 80 个素数.

20 世纪 50 年代,毕格尔指出 $B(n) = n^2 - n + 72\ 491$ 对于 $0 \leq n \leq 11\ 000$ 的整数都表示素数.

人们或许会问:对于任何素数 p,能否有一个式子 $n^2 + n + p$ 使 $0 \leq n \leq p - 1$ 都表示素数?这个问题目前被否定了.但是人们却证明了:

对于任意自然数 n,均存在 n 次多项式,使 $n = 0,$ $1, 2, \cdots, n$ 时给出素数.

话再讲回来,即使寻找一个公式,它能表示无穷多个素数(但不是全部素数,也不是都表示素数),也远非那么容易!比如形如 $n^2 + 1$ 所表示的素数个数是否无穷多个?这个问题到目前为止尚未解决.

又如梅森素数 $2^p - 1$ 中,是否有无穷多个素数,人们尚不清楚.利用电子计算机人们算得 $2^{74\ 207\ 281} - 1$ 是一个素数,它有 22 338 618 位,这是迄今为止人们发现的最大的梅森素数,也是人们已知的最大素数.

---

① 1963 年有人在电子计算机上对 $n = 1 \sim 10^7$ 代入 $n^2 + n + 41$ 进行计算表明,这个公式产生的数中有 47.5 % 是素数.又 $n < 2\ 398$ 时,$f(n)$ 有 50% 产生素数,$n < 100$ 时 $f(n)$ 产生 86 个素数.

利用二元函数,人们找到了一些素数表示式.

1963 年,布瑞德汉证明 $f(x,y)=x^2+y^2+1$,对无穷多对整数 (x,y),它都表示素数.

20 世纪末一位美国人给出:

$$F(x,y)=\frac{y-1}{2}\left[\,|\,B^2-1\,|-(B^2-1)\,\right]+2$$

其中 $B=x(y+1)-(y!\ +1)$,对于任意的整数对 (x,y),$F(x,y)$ 表示素数,且表示了全部素数(这里 $y!\ =y\cdot(y-1)\cdots2\cdot1$).

不幸的是新近有人指出,这是伪命题,因为公式并无实质意义.

附录　关于素数个数的问题

素数个数的计算是一个困难的问题.利用埃拉托色尼筛法可以得到一个复杂的公式,假如知道小于 $\sqrt{n}$ 的素数,可以确定小于 n 的素数个数.后来经不少人改进,且算得表 1:

表 1

年份	计算者	结　　果
1870 年	[法国]梅森	小于 10^8 的素数有 5 761 455 个
1893 年	[丹麦]伯太森	小于 10^9 的素数有 50 847 478 个
1959 年	[美]莱麦	小于 10^9 的素数有 50 847 534 个
1959 年	[美]莱麦	小于 10^{10} 的素数有 455 052 511 个

关于小于 x 的素数个数(以后我们用 $\pi(x)$ 来表示),有一些近似表示式(表2):

表 2

年份	发现,证明者	$\pi(x)$ 的估计
1780 年	勒让德	$f(x) = \dfrac{x}{\ln x - 1.083\,66}$ \qquad (1)
1792 年	高斯	对上式有改进且定义 $\mathrm{Li}(x) = \displaystyle\int_2^x \dfrac{\mathrm{d}t}{\ln t}$
1850 年	切比雪夫	$\dfrac{1}{3} < \dfrac{\pi(x)\ln x}{x} < \dfrac{10}{3}$ \qquad (2) (当 $x > 4\times 10^5$ 时)
1859 年	黎曼	证明 $\pi(x) \sim \dfrac{x}{\ln x}(x\to\infty)$ \qquad (3) 但不完整
1896 年	阿达玛	完整地证明了(3)

关于素数的尾数,它除素数 2,5 外只能是 1,3,7,9,它们在全部素数中所占比例(表 3):

表 3

素数尾数	在素数中所占比例
1	18.5%
3,7	30%
9	22 %

又个位数是 9 的素数后面紧接着个位数是 1 的素数,在前 10 亿个素数中竟然占到 65%.

注 1　人们对于素数的研究付出了极大的兴趣和热情,对于某些特殊素数更是喜爱有加,比如下面的素数,73 939 133,它依次截去尾数后仍是一个素数

$$73\ 939\ 133 \to 7\ 393\ 913 \to 739\ 391 \to \cdots \to 73 \to 3$$

这样的素数人们一共找到 83 个(指最大生成者).

至于其次特殊素数可见后文.

注 2　我们再来看看某些特殊形式(类型)的素数.

(1)形如 $4k+1$ 的素数

$$5,13,17,29,\cdots$$

1837 年,狄利克雷(Dirichlet)证明,这类素数有无穷多个.

(2)形如 k^4+1 的素数

$$2,17,257,\cdots$$

(3)形如 2^p-1 的素数(梅森素数)

$$3,7,31,127,\cdots$$

(形如 k^4+1 和 2^p-1 的素数个数是否无穷多至今不详)

对于素数形状的猜测有时是短命的,比如有人认为 p 为素数时,$z_p=\dfrac{1}{3}(2^p+1)$ 是素数,这对 23 以前素数 p 均真(表 4):

表 4

p	3	5	7	11	13	17	19	23
z_p	3	11	43	683	2 731	43 691	174 763	2 796 203

然而,当 $p=29$ 时,$z_p=178\,956\,971=59\times3\,033\,169$ 已不再是素数.

注 3　我们定义 $\pi(x,f(k))$ 为不大于 x 且满足条件 $f(k)$ 的素数个数,由概率结论可有

$$\pi(x,4k+1)\sim\frac{1}{2}\,\frac{x}{\ln x}(x\to\infty)$$

$$\pi(x,k^4+1)\sim(2.678\,9\cdots)\cdot\frac{x^{\frac{1}{4}}}{\ln x}(x\to\infty)$$

$$\pi(x,2^k-1)\sim(2.569\,5\cdots)\cdot\ln\ln x(x\to+\infty)$$

其中

$$2.678\,7\cdots=\prod_{p\text{为奇素数}}\left(1-\frac{\left[\dfrac{-1}{p}\right]+\left[\dfrac{2}{p}\right]+\left[\dfrac{-2}{p}\right]}{p-1}\right)$$

这里 [ ] 为平方剩余记号.

111

又 $2.5695\cdots = \dfrac{e^p}{\ln 2}$，这里 $r = \lim\limits_{n\to\infty}\left(\sum\limits_{k=1}^{n} - \ln n\right) = 0.577\cdots$

1791 年，高斯曾猜测 $n\sum\limits_{k=1}^{n}\dfrac{1}{k}$ 是第 n 个素数 P_n 的近似值，请看表 5

表 5

n	$\sum\limits_{k=1}^{n}\dfrac{1}{k}$	$n\sum\limits_{k=1}^{n}\dfrac{1}{k}$	p_n
1	1	1	2
2	1.5	3	3
3	1.833	5.5	5
4	2.083	8.3	7
5	2.283	11.4	11
10	2.928	29.2	29
20	3.597	71.9	71
100	5.187	518.7	541
1 000	7.485	7485	7 919

注意到 $\sum\limits_{k=1}^{\infty}\dfrac{1}{k} \sim \lim\limits_{k\to\infty}\ln k$，换言之 $\sum\limits_{k=1}^{k}\dfrac{1}{k} \sim \ln n$ 这样小于 x 的素数个数

$$\pi(x) \sim \frac{x}{\ln x}(x\to +\infty)$$

的猜测便有了根据.

另外，欧拉还给出与 n 互素的自然数个数 $\varphi(n)$（欧拉函数），即

（1）当 n 是素数时，则 $\varphi(n) = n-1$；

（2）若 $n = p_1^{\alpha_1} p_2^{\alpha_2}\cdots p_k^{\alpha_k}$，则 $\varphi(n) = n\prod\limits_{i=1}^{k}\left(1 - \dfrac{1}{p_i}\right)$.

表 6 给出部分 n 与 $\varphi(n)$ 的数值.

表6

n	1	2	3	4	5	6	7	8	9	10	11	$\cdots$
$\varphi(n)$	1	1	2	2	4	2	6	4	6	4	10	$\cdots$

§33 再谈素数的表达式

我们在下文"奇妙的乌兰现象"中,谈了素数分布的某些有趣的现象,文中我们曾介绍了二次三项式 $f(x)=x^2+x+41$,对 $x=0,1,2,\cdots,39$ 这 40 个数对应的值都是素数. 其实,这个多项式当 $x=-1$, -2, $\cdots$, -40时,也产生同样的素数.

这个现象是数学家欧拉在 1772 年发现的.

相继 80 个整数(从 $-40\sim39$)都使多项式的值是素数,对于二次三项式来讲,也是一个很长的纪录.

如果我们考虑形如 $x^2+x+m(m>41)$ 的多项式,而 $x=0,1,\cdots,m-2$ 都产生素数,那么这个 m 有多大?

1933 年拉赫曼(D. H. Lehmer)证明,这个 m 若存在,需大于 $25\times10^7+1$. 次年有人指出,这种 m 若存在,至多只能有一个. 20 世纪 60 年代末,有人已宣布:这种 m 不存在.

下面的事实人们已经证得. 任何一元多项式,不可能代入每个非负整数所得的值都是素数.

但人们证明了:对于任何自然数 n,均存在整系数 n 次多项式 $F(x)$,使当 $x=0,1,2,\cdots,n$ 时均为素数.

问题退一步:有没有次数大于 1 的一元多项式,对于 x 取自然数值时可给出全部素数(不一定只给出素数)?这个问题至今未获解决. 但是有人却给出了能表示全部素数的其他形式的函数表示式.

有人曾指出,若 $f(n)$ 表示 n 的最大质因子,则

$$f(n) = \lim_{n\to\infty}\lim_{s\to\infty}\lim_{t\to\infty} \sum_{k=0}^{s} \left[1 - \frac{\cos^2(k!)\pi}{n} \right]^{2t}$$

这只能说它仅仅是一个公式而已,因为它无助于实算.

比如米尔斯(W. H. Mills)曾证明:存在充分大的 k(但不知道它是几),使 $[k^{3n}]$ 对每个自然数 n 都给出素数,这里 $[x]$ 表示不超过 x 的最大整数.

20 世纪 70 年代初,有人证明二元二次函数 $f(x,y) = x^3 + y^2 + 1$ 对无穷多整数 (x,y) 都产生素数,但不是产生全部素数,也不是对每对 (x,y) 都产生素数.

关于欧拉用 $x^2 + x + p$ 表示素数的问题,这里多说几句.

1772 年,欧拉指出:三项式 $f(x) = x^2 + x + 41$ 对于 $x = 0,1,2,\cdots,39$ 这 40 个值各给出一个素数.

由于 $f(x-1) = f(-x)$,我们可有: $f(0) = f(-1)$, $f(1) = f(-2)$, $f(2) = f(-3)$, $\cdots$ 即 $f(x)$ 对于 $x = -1$, $-2,-3,\cdots,-40$ 也产生同样的素数,从而

$f(x)$ 对80 个相继的整数 $x = -40,-39,-38,\cdots,$ $38,39$ 都给出素数值.

$f(x)$ 还有一些有趣的性质,比如:

①不论 n 为何整数,$1 \sim 41$ 间的任何整数均不能整除 $f(n)$;

②除了 $f(40) = f(-41) = 41^2$ 外,$f(n)$ 都不是完全平方数(n 是整数);

③ $f(x-40) = x^2 - 79x = 1\,601$,对于 $x = 0,1,\cdots,$ $78,79$ 这 80 个值均给出素数,此与 $f(x)$ 互为等价命

题.

$f(x)$是使一长串相继数让一个二次多项式只产生素数的最大纪录（函数 $g(x) = x^2 - 2\,999x + 2\,248\,541$ 对于 $x = 1\,460, 1\,461, \cdots, 1\,539$ 也产生 80 个素数）.

前文已述毕格尔（Beeger）发现 $f(x) = x^2 - x + 72\,491, 0 \leqslant n \leqslant 11\,000$ 时 $f(x)$ 皆为素数.

遗憾的是，有人最近指出

$$f(0) = 72\,491 = 71 \times 1\,021$$
$$f(5) = 72\,511 = 59 \times 1\,229$$
$$f(9) = 72\,563 = 149 \times 487$$

还有人对一些 x 值进行核算得到表 1 中的结果：

表 1

表达式 $f(x)$	验算范围	产生素数的比率
$x^2 + x + 41$	$1 \sim 10^7$	47.5%
$4x^2 + 170x + 1\,847$	$1 \sim 10^5$	48.6%
$x^2 + 4x + 59$	$1 \sim 10^5$	43.7%

有人还发现：表达式 $f(n) = 60n^2 - 1\,710n + 12\,150$ 当 $n = 1, 2, 3, \cdots, 20$ 时，$f(n) + 1$ 与 $f(n) - 1$ 都表示素数.

§34 素数的个数与其证明

所谓素数，就是只能被 1 和自身整除的整数. 例如，$2, 3, 5, 7, 11, \cdots$

远在古希腊时期，数学先师欧几里得就证明了素数是无限多的. 他的证法十分巧妙，即假设素数是有限多个，全部写出它们

$$p_1,p_2,\cdots,p_n$$

再设

$$q=p_1\cdot p_2\cdot\cdots\cdot p_n+1$$

已证任何一个 $p_i(i=1,2,\cdots,n)$ 都不能整除 q，导出矛盾，所以，素数是无限多的.

欧几里得的这一证法已成为当今证明"素数无限性"的经典方法广为流传. 其实这个问题的证明还有许多巧妙的方法，但鲜为人知. 现简略介绍几种方法如下：

（1）级数 $\sum\dfrac{1}{p}$（p 遍历素数）发散，则 p 有无穷多个.

它实际上与黎曼猜想

$$S(s)=\frac{1}{\prod\limits_{p}\left(1-\dfrac{1}{p^s}\right)}=\left(\frac{1}{1-\dfrac{1}{2^s}}\right)\left(\frac{1}{1-\dfrac{1}{3^s}}\right)\left(\frac{1}{1-\dfrac{1}{5^s}}\right)$$

$$=\left(1+\frac{1}{2^s}+\cdots\right)\left(1+\frac{1}{3^s}+\cdots\right)\left(1+\frac{1}{5^s}+\cdots\right)$$

$$=1+\frac{1}{2^s}+\frac{1}{3^s}+\frac{1}{4^s}+\frac{1}{5^s}+\cdots$$

取 $s=1$，则式左 $=\sum\dfrac{1}{k}$ 发散，从而 p 无穷多.

（2）根据定理"任意两个形如 $2^{2^m}+1$ 与 $2^{2^n}+1$（$m\neq n$，称为费马数）的数互素"，同上例亦可证素数是无限多的.

（3）可以证明，不超过 $2^{2^n}+1$ 的素数至少有 $n+1$ 个. 因此，由这类数字是无限多的，可知素数也是无限多的. 当然还有一些其他方法，这里不多介绍了.

人们虽然证明了素数是无限多的，但是仍然乐于

找出一些较大的素数. 这项工作也是在欧几里得时代开始的. 关于这一点请见后文.

§35　不大于 x 的素数的个数

给了自然数 x,试问不超过它的素数有多少个(下文用 $\pi(x)$ 表示这个数)？直到 18 世纪前,人们仍无从得知(这里是指大的自然数 x 而言,对于某些自然数人们已有了素数表可鉴别).

1780 年,法国数学家勒让德利用埃拉托色尼筛法和估算,给出 $\pi(x)$ 的一个近似表达式

$$f(x) = \frac{x}{\ln x - 1.083\,66}$$

而后,1792 年高斯又对其做了修改. 但它与实际有较大差距. 此外高斯还

定义了 $\pi(x)$ 的近似函数 $\mathrm{Li}(x) = \int_{2}^{x} \frac{\mathrm{d}t}{\ln t}$.

1850 年,俄国,数学家切比雪夫(ЧебнЩёВ)给出了 $\pi(x)$ 进而 $\mathrm{Li}(x)$ 的另一个表达式

$$\mathrm{Li}(x) \approx \frac{x}{\ln x}$$

同时他证明了:当 $x > 4 \times 10^{5}$ 时

$$\frac{1}{3} < \frac{\pi(x)\ln x}{x} < \frac{10}{3}$$

这是一个令人鼓舞的结果. 表 1 清楚地表明 $\mathrm{Li}(x)$ 的精确性:

表1 $\pi(x)$ 与 Li(x) 比较表

x	$\pi(x)$	Li(x)	Li$(x)-\pi(x)$
10	4	6	2
10^2	25	29	4
10^3	168	178	10
10^4	1 229	1 246	17
10^5	9 592	9 630	38
10^6	78 498	78 628	130
2×10^6	148 933	149 055	122
3×10^6	216 816	216 971	155
4×10^6	283 146	283 352	206
5×10^6	348 513	348 638	125
6×10^6	412 849	413 077	228
7×10^6	476 648	476 827	179
8×10^6	539 777	540 000	223
9×10^6	602 489	602 676	187
10^7	664 579	664 918	339
$\vdots$	$\vdots$	$\vdots$	$\vdots$

其实在 1850 年之前人们已经知道:在 n 与 $2n-2$ 之间至少有一个素数;在 n 与 $2n$ 之间至少有两个素数.

此外,人们发现一位的素数有 5 个,两位的有 21 个,……100 位的有 3 个

$$81\times2^{341}+1,\ 63\times2^{326}+1,\ 35\times2^{327}+1$$

从表 1 人们看到:Li(x) 似乎总比 $\pi(x)$ 大,但事实上却并不如此.

1914 年李特伍德(Littlewood)证明:

存在充分大的 N,使 $\pi(N)>$ Li(N),同时还有 $N'>N$ 使 $\pi(N')<$ Li(N').

而后卡尔德指出:这种 N 要大于 10^{700}.

英国数学家修克斯证明

$$N \approx 10^{10^{1034}}$$

这就是说:偏差 $\mathrm{Li}(x) - \pi(x)$ 是摆动的,这便消除了 $\mathrm{Li}(x)$ 对 $\pi(x)$ 估计偏高的误会.

1859 年,黎曼(B. Riemann)试图证明

$$\lim_{x \to \infty} \frac{\pi(x) \ln x}{x} = 1 \quad \text{或} \quad \pi(x) \sim \frac{x}{\ln x} \quad (x > 1)$$

但其过程不完整,可是其中却包含了证明这一式子的必要思想与方法.

1896 年,阿达玛(Hadamard)等人给出了这个结论的完整证明.

素数定理还可推广为不超过 x 的素数个数

$$\pi(x) \sim \frac{x}{\ln x} + \frac{x}{\ln^2 x}$$

§36　伪素数与"中国定理"之谜

对于素数的概念和性质,我们都比较清楚. 但是,什么叫伪素数呢? 对此知之者就不是很多了. 伪素数的定义是:对于一个合数 n,如果它整除 $2^n - 2$,即

$$n \mid (2^n - 2)$$

则 n 就是一个伪素数. 例如,$341 = 11 \cdot 31$ 是合数,因为,$341 \mid (2^{341} - 2)$,所以 341 是一个伪素数.

伪素数名称实际上产生于著名的费马小定理的逆定理. 费马小定理的内容是:

如果 p 是任意素数,并且 a 为任意不能被 p 整除的整数,则 $p \mid a^{p-1} - 1$.

它是 1640 年由费马提出的,其证明 1736 年由欧

拉给出. 费马小定理产生之后, 人们自然会想到它的逆定理是否成立, 即

如果 $n \mid (a^n - a)$, n 是否一定为素数? 长期以来人们没能证明它为真, 但是一直默认它成立. 尤其是对于 $a = 2$ 的情况, 更认为 n 为素数成立.

但是, 1830 年一位匿名者公布: 341 是一个合数, 但是它却整除 $2^{341} - 2$. 从此打破了人们对于 "费马小定理的逆定理亦成立" 的幻想.

由于这个问题欺骗了人们二百多年, 所以被命名为伪素数, 或假素数. 人们久已证明: 伪素数是无限多的. 进一步. 如果 n 是合数, 且 $n \mid (a^n - a)(a = 1, 2, \cdots, n)$, 则 n 叫作绝对伪素数. 例如, $561 = 3 \cdot 11 \cdot 17$ 就是一个绝对伪素数.

围绕着伪素数研究, 曾产生出许多有趣闻轶事. 而最令人惊异的是所谓 "中国定理" 的说法. 据一些数学史书记载: 远在孔子时代, 中国人就发现了费马小定理, 同时也研究了它的逆定理, 并且错误地认为这个逆定理是正解的. 因此, 这个逆命题又有 "中国定理" 之称. 这种说法起源于西方, 近年来随着国外大批数学史书和科普作品的涌入, 我国许多学者也沿袭了这种观点. 其实这是一个错误的论点.

虽然我国是一个文化十分古老的国家, 但是在孔子时代 (约 2500 多年前), 根据我国当时的数学水平, 是不可能将数论研究得那样深的. 对此, 西方中国科技史研究专家李约瑟博士曾做了一番考证. 他发现, 这种说法最早源于 19 世纪西方著名数学家杰恩斯的一篇文章. 杰恩斯在此文的附录中提出: "中国在孔子时代就给出了费马小定理, 并且错误地说: 如果 p 不是素

数,则此定理不成立."

此文发表于 1897 年,当时杰恩斯还是一个大学生. 后来,由于迪克森在名著《数论史》中引用了这一观点,才使它流传开来.

李约瑟博士还认为,杰恩斯等人的观点是不准确的. 他们大概是没能很好地弄懂中国古代算书《九章算术》方田章的一段文字,错把其中关于"辗转相除法"的叙述理解为费马小定理的试除过程. 又因为西方学者搞不清《九章算术》的成书年代,便笼统地称之为"孔子时代". 这种对于中国古代文化的不准确叫法,在西方是屡见不鲜的.

所以说,认为中国古人曾错误地认为费马小定理的逆定理正确的说法,恐怕是靠不住的.

附录　中国定理与素数检验

判断一个数是否是素数并不是一件容易的事,当然对于比较小的数我们可以查查素数表,但对一些较大的数检验其是否是素数,将是十分困难的,即使借助于高速电子计算机也是如此.

人们在两千多年前就会使用埃拉托色尼筛法去寻找素数;另外人们也只需在 $2 \sim \sqrt{n}$ 的整数中去找 n 的可能因子来判断 n 是否是素数. 但这些仅仅是理论上的方法,而实算并非那么轻松.

1980 年末,两位欧洲数学家创造了一种检验素数的方法,使得过去需要比宇宙年龄还长的运算时间缩短到一个小时就可以完成,这便是所谓"素数快速检验法". 说到这里,还要从下面的事实谈起.

1640 年,法国数学家费马不加证明地提出了下面的定理:若 p 是素数,又 $1 < a < p-1$,则 $p \mid (a^p - a)$,这里"$\mid$"表示整除.

问题反过来又如何？据说早在 2 500 多年以前（孔子时代），我国对此事实就有研究，当时对于 $p \mid (2^p - 2)$ 的情形进行讨论，在验证了某些 p 能整除 $2^p - 2$，得到 p 是素数后断定：若 $p \mid (2^p - 2)$ 则 p 是素数.

然而这个结论并不成立. 比如 $341 = 11 \times 31$（即它是合数），但 $2^{341} - 2 = 2(2^{340} - 1) = 2[(2^{10} - 1)(2^{34} + 2^{33} + \cdots + 1)]$ 因，注意到：$2^{10} - 1 = 1\ 023$，而 $341 \mid 1\ 023$，从而 $341 \mid (2^{341} - 2)$，因而 341 不是素数.

可后来人们发现：这种反例并不很多，换言之若 $p \mid (a - a)$，则 p 多为素数，只有在极少数情形下 p 不是素数，这样的 p 称为假素数.

可以证明：假素数有无穷多个（若 n 是奇假素数，则 $2^n - 1$ 是一个更大的奇假素数. 第一个发现偶假素数的人是莱赫麦尔，他在 1950 年发现 161 038 是偶假素数，1951 年贝格证明有无穷多个偶假素数），但是假素数比起真素数来少得可怜，在 10^{10} 以内的整数中，假素数只有 14 884 个，而真素数却有 455 052 512 个. 这样人们可以从 n 能否整除 $2^n - 2$ 去检验一个数是否是素数. 虽然求 2 的高次幂运算也不简单，但由于人们只关心 n 去除 $2^n - 2$ 所得的余数，因而存在着数学方面的捷径，所需要的只是剔除为数极少的假素数的办法，这一方法有人已给出.

总之，若 $n \mid (2^n - 2)$，则 n 有 99.9967% 的可能是素数，这正是"素数快速检验"的依据.

顺便讲一句，由于"素数的快速检验法"的出现，1982 年 $2^{257} - 1$ 的因数分解完成的消息，曾使得利用素数性质制造的"公开的密码"（它是使用一种简洁的数学技巧，使得加密程序和解密程序各不相干，故甲方希望乙方送出的信息要加密时，甲方甚至可以公开其加密方法，也不会危及密码的保密性）产生了危机. 因为这种密码利用了下面一个简单的数学事实：

当两个较大的素数 p, g 给定时，我们容易算出它们的乘积 n，反之只知道 n，要把它分解成两个素数即使使用计算机也非

一朝一夕可以算得出. 这一易一难就被用来构成密码.

加密时, 只要造一个素数 r, 使 $r \nmid (p-1)$ 且 $r \nmid (g-1)$, 这时可将明码 a 乘 r 次方再除以 n, 所得余数 a' 就构造成了密码, 而解密时, 则要求一个数 s, 使 $sr \equiv 1 [\mod(p-1)(g-1)]$, 这时将密码 a' 乘 s 次方, 再以 n 除之所得余数必定是原来明码 a.

由于素数快速捡验法的出观, 使得这种"公开的密码"当 p, g 取 150 位时, 已有不安全感了.

§37　素数的快速鉴定法

20 世纪 70 年代末, 如果用一台快速计算机来证实某一大数是素数, 即证明它只能被 1 和它本身整除, 所需时间将比宇宙的年龄还长. 现在, 两位欧洲数学家设计了一种可在不到一小时内完成这一任务的计算机程序. 他们的研究是以 1980 年末发表的一种检验素数的新数学方法为基础的.

麻省理工学院的艾道曼(L. M. Adleman)和佐治亚大学的鲁姆利(R. S. Rumely)创造了这种检验算法, 后来荷兰阿姆斯特丹大学的兰斯特拉(H. W. Lenstra)对这一新算法做了一些改革, 使它更易通过计算机演算. 他与法国波尔多大学的科恩(H. Cohen)编制了该计算机程序的细节, 不久前已能在几秒钟内完成对百位数的检验.

费马(P. de. Fermat)在 17 世纪就为当前的检验素数的较快速算法奠定了基础. 他发现, 若 p 为素数, a 为 1 与 $p-1$ 之间的某数, 则在算出 a^{p-1} 并在除以 p 后所得的余数将是 1. 若余数不是 1, 那么该数就是合数.

但问题是(前面注文中已述),有少数几个合数按上式演算后的余数也是 1. 这些合数被称为伪素数.

虽然求 2(或另一数)的某一更高次幂似乎比试商法还麻烦,但由于所关心的只是求得的余数,因此存在着数学方面的捷径. 所需要的只是一项剔除为数极少的伪素数的办法.

艾道曼说:"由于基本的费马检验法高度有效,人们一直在试图发展它,使它能把在应用此法时出现的伪素数剔除."艾道曼认为,敏感的有辨别力的检验不仅能指明"是"或"非",而且还能提供有关该数的情况.

曾参与这项研究的佐治亚大学的珀默兰斯(C. Pomerance)说:"你做了许多不同的试验,结果你将越来越了解这个伪装成素数的合数. 当你完成这些实验中的最后一个时,你对该数已如此了解以致你将知道,该合数的任何除数必定属于为数很少的一组数字."

艾道曼把这些试验的结果描述为一幅镶嵌图,他说:"关于该数的情况已包含在这一幅镶嵌图中."对这一幅镶嵌图的足够大的一部分进行观察,就可获得足够的资料以断定某数是素数还是合数. 艾道曼说:"它就像一张全息图,在这幅镶嵌图的任一小部分内部可发现你所研究的数的特性."这就是此算法的演算时间得以缩短的原因.

艾道曼及珀默兰斯的原始论文介绍了这种新的素数验算法的理论. 兰斯特拉与科恩使这种算法更适合于通过计算机演算,因而在不改变其基本概念的情况

下使之更加完善.

艾道曼说:"虽然上述编制的计算机程序在理论上没有改变这种算法,但对许多人来讲,还是这个程序重要."

他又说:"这种算法问世以前,如果你想检验100位数字,那就很可能需要100多年.有了这种新算法,就只需15秒钟.据欧洲人说,待他们进行进一步调整后,这一时间有可能缩短到只需5秒钟."

§38　奇妙的乌兰现象

能否找到一个素数的表示式? 自古以来,不少人曾潜心于它的探索.

法国数学家费马在验证了 $n = 0, 1, 2, 3, 4$ 时, $2^{2^n} + 1$ 是素数后便宣称:n 为任何正整数时,它均为素数.孰知,$n = 5$ 时就不对了($2^{2^5} + 1 = 6\ 700\ 417 \times 641$),这一点是数学家欧拉指出的.

形如 $2^p - 1$ 的素数叫梅森素数,但它也不能给出所有素数的表示,至少无法证明它是否会有无穷多个.

欧拉还验证过,对于某些素数 p,当 x 是小于 $p - 1$ 的正整数时,$x^2 + x + p$ 均表示素数.比如 $x^2 + x + 17$,当 $x = 1, 2, 3, \cdots, 15$ 时,都是素数.有趣的是:如果把从17起的自然数,按反时针方向排成螺旋形(图1),你会发现:式中所表示的素数都在同一直线上(图中虚线所示).

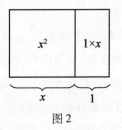

图1

看上去也许使人困惑和新奇,但你稍稍思忖一下便会悟到:x^2+x 恰好等于一个边长为 x 的正方形,再加上一个 $1 \times x$ 的矩形边(图2),这当然正好是下一个素数的位置(当然它最多只能转8圈).

图2

要是不从17开始,情况会怎样呢?这个问题的提法是:对任给自然数 N,能否找到自然数 p,使当 $x=1$,$2,\cdots,N$ 时,x^2-x+p 都表示素数?这却是一个十分困难,且尚未解决的问题.

美国数学家乌兰在一次不感兴趣的科学报告会上,为了消磨时间便在一张纸上把 $1,2,3,\cdots,100$ 按反时针方向排成螺旋状,当他把图表上的全部素数都圈出来时,惊奇地发现:这些素数都排在一条直线上.

（图 3）.

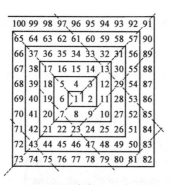

（1）

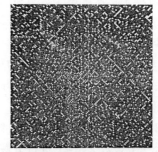

1~65 000的素数分布(亮点处为素数)

（2）

图 3

　　大于 100 的整数是否也有这种现象？散会之后，他用计算机把 1 ~ 65 000 的全部整数按反时针螺旋式的排布打印在纸上，当他把其中的素数标出的时候，上述现象仍然存在，这便是有名的乌兰现象.

　　数学家们从乌兰现象中发现了素数许多有趣的性质.

§39 大合数的因子分解

大素数的寻找是困难的,然而大合数的因子分解似乎更棘手.

1903 年,美国数学家 F. N. Cole 花了 3 年时间才完成 $2^{67}-1$ 的分解

$$2^{67}-1 = 193\ 707\ 721 \times 761\ 838\ 257\ 287$$

三四十年前数学家们推算:分解一个 50 位以上的数,即使使用每秒十亿次的电子计算机,也大约需一亿年以上(当然这是指按部就班地进行,如今计算机速度已提至每秒万亿乃至亿亿次).

1982 年,美国桑迪亚国家实验室的科学家们发明一种新的算法,使得他们很快地在 Cry 计算机上能对 58,60,63,67 位的数字进行因子分解.

1984 年 2 月,他们用了 32 个小时,终于将梅森素数表中的最后一个合数 $2^{251}-1$ 进行分解,这个合数除 27 271 151 之外的余因子(它有 69 位)是:

132 686 104 398 972 053 177 608 575 506 090 561 429 353 935 989 033 525 802 891 469 459 697

它的因子有三个

178 230 287 214 063 289 511

61 676 882 198 695 257 501 367

12 070 396 178 249 893 039 969 681

这一发现使得过去认为无法破译的密码系统 RSA 的安全性受到威胁.

1986 年,《美国科学新闻》报道了"两次筛选因子分

解法"找到 $2^{269}+1$ 的分解式（它较 $2^{251}-1$ 位数要多）.

据载,湖北襄樊的姜德骏在 1984 年 4 月已在一台 8 位计算器上算得 $2^{509}+1$ 的分解式（它有 154 位）,它有三个因子:

3, 1 019 和 5 482 420 645 216 959 886 976 078 916 505 498 089 147 470 486 012 591 338 617 746 746 696 828 602 418 035 237 488 499 467 683 555 539 618 102 657 092 936 723 445 185 310 213 033 465 556 469 009

这可谓大合数因子分解的位数的最高纪录了（但这一点未能核验）.

除了上述一些工作外,对于大合数分解我们给出下面一些数学家的成就:

1880 年,Landry 证明了 F_6 是合数,且找到一个因子 274 177.

1905 年,Morehead 等证明 F_7 是合数,直到 1971 年人们才找到它的分解式.

1909 年,Morehead 等证明 F_8 是合数,直到 1981 年人们才找到它的两个因子.

1984 年,美国桑迪亚国家实验室的 Davis 等分解了数 $I_{71}=\underbrace{111\cdots1}_{71个}$.

1987 年,德国汉堡大学的 W. Keller 找到 $F_{23\,471}$ 的一个约 1 000 位的因子（该数本身有 $10^{7\,000}$ 位）.

同年美国加州理工学院的 Robert 等人找到 $10^{100}+1$ 的一个因子

316 912 650 057 057 350 374 175 801 344 000 001

1988 年由美、欧、澳科学家组成的小组完成 $11^{104}+1$（它有 100 位）的分解,它有因子 217, 6 304 673 和一个 40 位、一个 60 位的因子.

1990 年,美国科学家 Lenstra 等分解了 F_9;同年澳洲国立大学的 Brent 分解了 F_{10}.

1992 年,美国里德学院的 Crandl 等人证明 F_{22} 是合数.

1997 年,美国普渡大学的科学家分解了 167 位的大数(可用 $\lg 3^{349} = 166.5$ 估计其位数为 167 位)

$$\frac{1}{2}(3^{349} - 1)$$

它有一个 80 位和一个 87 位的因子.

§40 相亲数对的启示

远古时期,人类的一些部落把 220 和 284 两个数字奉若神明. 男女青年缔结婚姻时,往往把这两个数分别写在不同的木签上,两个青年在抽签时,若分别抽到了 220 和 284,便被确定结为终身伴侣,若抽不到这两个数,他们则因天生无缘,只有分道扬镳了.

这种结婚方式固然是这些部落的风俗,但在某种迷信色彩的背后,倒也有些道理. 表面上,这两个数字似乎没有什么神秘之处,然而,它们却存在着某些神秘的联系:

能够整除 220 的全部正整数(不包括 220)之和恰好等于 284;而能够整除 284 的全部正整数(不包括 284)之和又恰好等于 220.

这真是绝妙的吻合!

也许有人认为,这种"吻合"极其偶然,抹去迷信色彩,很难有什么规律蕴含于其中. 恰恰相反,这偶然

的"吻合"引起了数学家们极大的关注,他们花费了大量的精力进行研究探索,终于发现,"相亲"数对不是唯一的,它们在自然数中构成了一个独特的数系.

继古希腊人之后,1886 年费马给出第二对相亲数 17 296 和 18 146(当然它与前者之间漏掉不少对).

又过了两年笛卡儿给出第三对(9 363 548,9 437 506).

1750 年,瑞士伟大的数学家欧拉,一个人就找出了 59 个"相亲"数对! 迄今为止,人们已经找出了如 1 184 和 1 210,2 620 和 2 924,5 050 和 5 564 等大约 1 200对"相亲"数. 10 000 之内的共有 5 对相亲数

$$(220,284),(1\ 184,1\ 210),(2\ 620,2\ 924)$$
$$(5\ 020,5\ 564),(6\ 232,6\ 368)$$

其中(1 184,1 210)是一位意大利年仅 16 岁的男孩 N. 帕格尼于 1886 年发现的.

到 1974 年,人们所知道的一对最大相亲数各有 152 位

$$3^4 \cdot 5 \cdot 11 \cdot 5\ 281^{19} \cdot \begin{cases} 29 \cdot 89 \cdot (2 \cdot 1\ 291 \cdot 5\ 281^{19} - 1) \\ (2^3 \cdot 3^3 \cdot 5^2 \cdot 1\ 291 \cdot 5\ 281^{19} - 1) \end{cases}$$

阿拉伯数学家塔·本·科拉发现了产生相亲数对的公式:若

$$a = 3 \cdot 2^n - 1, b = 3 \cdot 2^{n-1} - 1, c = 9 \cdot 2^{2n-1} - 1$$

都是素数($n > 1$ 自然数),则 $2^n ab, 2^n c$ 即为一对相亲数.

从两个数字偶然的相关性竟引出了数论中的一个丰富的数系,这确实令人惊叹不已. 其实,在科学史上,类似"相亲"数对这样的趣谈不胜枚举.

自然科学的这些发现,使我们悟出了一个深刻的道理:任何事物都有其规律性,它往往被形形色色的现

象所掩盖,而该事物所表现出来的一些偶然现象,又往往是人们认识该事物发展的必然规律的索引. 人类正是在不断地抓住事物发展中所表现出来的偶然现象,加以筛选,归纳,抽象,从而揭示出事物发展的潜在的规律性,使自己的认识臻于完善.

这正是"必然性寓于偶然性之中"这个哲学原理在自然科学中的具体体现.

§41　自然数中的瑰宝

公元前 300 多年,古希腊伟大的数学家欧几里得在他编著的《几何原本》第九章中,有这样一段奇妙的记载:在自然数中,我们把恰好等于自身的全部真因子之和的数,叫作"完全数". 如 6,28,496 和 8 128 这 4 个数就是完全数. 验证一下:6 的全部真因子之和 1 + 2 + 3 恰好等于 6;28 的全部真因子之和 1 + 2 + 4 + 7 + 14 正好等了 28. 同样,496 和 8 128 也有相同的性质. 多么神奇啊! 难怪有人把它们称为自然数中的"瑰宝". 但是,完全数的神奇之处并不仅限于此,数学家们还在这寥寥无几的数字中发现了更令人惊叹的特性. 请看:

①$6 = 2^1 + 2^2, 28 = 2^2 + 2^3 + 2^4, 496 = 2^4 + 2^5 + 2^6 + 2^7 + 2^8, \cdots$

②$6 = 1 + 2 + 3, 28 = 1 + 2 + \cdots + 7, 496 = 1 + 2 + 3 + \cdots + 31, \cdots$

③除 6 外,$28 = 1^3 + 3^3, 496 = 1^3 + 3^3 + 5^3 + 7^3, \cdots$

④完全数的全部因子的倒数和都等于 2

$$6: \frac{1}{1} + \frac{1}{2} + \frac{1}{3} + \frac{1}{6} = 2$$

$$28: \frac{1}{1} + \frac{1}{2} + \frac{1}{4} + \frac{1}{7} + \frac{1}{14} + \frac{1}{28} = 2, \cdots$$

⑤偶完全数的数字的根(即按下面运算)是1

$$28 \to 2 + 8 = 10 \to 1 + 0 = 1$$

$$496 \to 4 + 9 + 6 = 19 \to 1 + 9 = 10 \to 1 + 0 = 1$$

$$8\ 182 \to 8 + 1 + 8 + 2 = 19 \to 1 + 9 = 10 \to 1 + 0 = 1$$

$$\vdots$$

⑥偶完全数末位数字均为6或8,且末位为8者,倒数第二位是2.

⑦偶完全数 N 被9除后余1,即 $N \equiv 1 (\bmod\ 9)$.

啊! 这么多完美的性质,真无愧于"完全数"的美称!

然而,惊叹之余,数学家们还有更高的"奢望",那就是如何找出完全数内在的规律性. 这方面的"智圣先师"仍要首推欧几里得. 他在《几何原本》的第九章中,还给出一个著名的命题,即"若 $2^p - 1$ 为素数,则 $(2^p - 1)2^{p-1}$ 是一个完全数". 这就为后人寻找的完全数伏下点睛之笔. 但是,自然数浩如烟海,完全数又如沧海一粟,在这渺渺茫茫的数海中,寻求千古之谜的谜底谈何容易! 数学家们经过了1 500多年的探索,结果"上穷碧落下黄泉,两处茫茫皆不见".

直至1460年,人们偶然发现一位无名氏的手稿中竟神秘地给出了第5个完全数:33 550 336,继而,法国数学家梅森在寻找 $2^p - 1$ 形式的素数上有了突破,几个新的完全数又应运而生.

1730年,瑞士数学家欧拉又给出一个惊人的结论,即若 n 是一个偶完全数,则 $n = 2^{p-1}(2^p - 1)$. 此即说明人们找到一个梅森素数便可得到一个偶完全数.

133

换言之,梅森素数与偶完全数一一对应.

令人遗憾的是,到目前为止,人们仅找到 49 个完全数,并且它们都是偶数,是否存在无穷多的完全数? 是否存在奇数完全数? 这仍是待解之谜!

1976 年有人宣称,奇完全数若存在必须大于 10^{36} (还有一些其他条件).

关于偶完全数问题,早在 1755 年拉格朗日已证明若 p 是 $4k+3(k \geq 1)$ 型素数,则 $2p+1 \mid M_p \Leftrightarrow 2p+1$ 是素数,且 M_p 是合数.

对于奇完全数问题,研究起来则困难得多,因为人们至今尚未发现奇完全数存在.

1886 年德国人史特恩证明:$4k+3$ 型完全数不存在.

1953 年人们又证得,奇完全数必为 $12k+1$ 或 $36k+9$ 型.

1975 年有人宣称:奇完全数不同素因子个数不小于 8.

1983 年人们又证得:若 3 不是奇完全数的素因子,则其相异素因子个数不小于 11.

1975 年人们还知道:奇完全数的最大素因子大于 10^6 (此前 Hagis 等证明奇完全数的最大素因子大于 100 110,Pomerance 证明次大因子大于 138,Condict 稍后证明奇完全数次大因子大于 10^3 和 3×10^5)

又人们知道若奇完全数 N 存在,见表 1.

表 1

年份	1957	1973	1980	1988	1989	1990
$N >$	10^{20}	10^{50}	10^{100}	10^{160}	10^{200}	10^{300}

这些数据表明,奇完全数存在的可能越来越渺茫.

1994 年英国人布朗又证得:若奇完全数 N 有 k 个

素因子,则 $N < 4^{4^k}$(它是说有 k 个素因子的奇完全数个数有限).

而后 Pomerance 证明:至多有 k 个互异素因子的奇完全数小于 $4k \uparrow (4k)^2 \uparrow k^2$($a \uparrow b$ 表示 a^b).

§42　数论中的明珠

"数论"中有许多颇有魅力的内容,它们有的貌似简单,因而吸引着不少人,也困惑过许多卓越的数学家,而它们最终又都是被一些初出茅庐的青年人所解决. 人们常把这些内容誉为数论中的明珠.

§43　多角数

古希腊的毕达哥拉斯学派的人,常用石子去描绘数,他们按石子所能排列的形状把数进行分类,比如这样的数(图1)

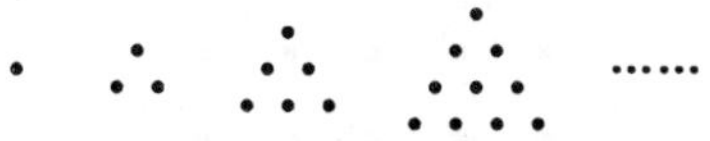

图1

叫三角(形)数,它们显然是自然数的前 n 项和 $T_n = 1 + 2 + \cdots + n = \dfrac{n(n+1)}{2}$. 再如(图2):

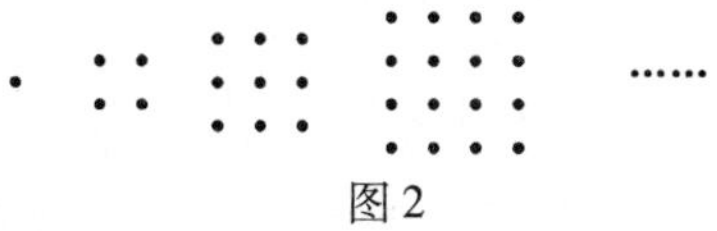

图2

叫四角（形）数（或正方数），它们显然表示了完全平方数 $Q_n = n^2$.

如图 3，他们还定义了五角（形）数，六角（形）数，……,k 角（形）数（这些统称为多角（形）数）.

我们能够推得表 1：

表 1

多角数	五角（形）数 P_n	六角（形）数 R_n	...	k 角（形）数 K_n
表达式	$\dfrac{(3n^2-n)}{2}$	$2n^2-n$	...	$\dfrac{n+(n^2-n)(k-2)}{2}$

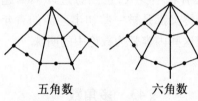

五角数　　　　　六角数

图 3

多角数有许多有趣的性质：比如一个四角（形）数必然是两个相邻的三角（形）数之和（图 4），再如人们知道每个偶完全数必定是一个三角（形）数（1575 年）.

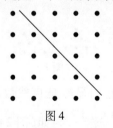

图 4

又三、四、五角线关系为

$$P_n = Q_n + T_{n-1} = n^2 + \frac{1}{2}n(n-1) = \frac{1}{2}(3n^2 - n)$$

1637 年，法国数学家费马有一个意外的发现：每

136

个自然数均可由 k 个 k 角(形)数之和表示.

§44　四角(形)数

其实对于自然数表示 4 个四角(形)数和的问题,早在古希腊丢番图就已经注意到了. 1621 年,巴契特对 1 ~ 325 的数做了验算.

1730 年,数学大师欧拉开始研究这个问题,13 年之后他仅找到了下面的公式

$$(a^2 + b^2 + c^2 + d^2)(r^2 + s^2 + t^2 + u^2)$$
$$= (ar + bs + ct + du)^2 + (as - br + cu - dt)^2 +$$
$$(at - bu - cr + ds)^2 + (au + bt - cs - dr)^2$$

这个公式里说:能表示成 4 个完全平方数和的两个整数的乘积仍能表示为 4 个完全平方数和(注意:完全平方数即为 4 角数).

1770 年,数学家拉格朗日依据欧拉的工作,给出自然数可表为四个四角(形)数和的第一个证明.

1773 年,66 岁的欧拉(已失明)又给出另外一种证法.

大约 100 年以后,雅可比又给出了一个证明.

§45　三角数

1796 年 7 月 10 日,被誉为"数学王子"的高斯在日记上写到

Ευρηκα　!　　num = △ + △ + △

Ευρηκα 是希腊文"找到了""发现了"的意思,这

正是当年古希腊学者阿基米德在浴池中发现"浮力定律"后赤身跑到希拉可夫大街上狂喊的话语.

高斯引用它可见他是多么激动！是什么使得这位数学家如此兴奋？原来就在这天,高斯找到了自然数可表为三个三角(形)数和的证明.(num 正是英文数的缩写,△表三角(形)数)

这个结果是他在研究三元二次型问题引出的,同时他也重新证明了自然数表为四角(形)数的问题.

自然数表为多角数问题对于 $k = 3, 4$ 情形的证明花了一个半世纪的光景,直到 1831 年,数学家柯西才对一般 k 的情形给出证明(这是他在巴黎科学院宣读的一篇论文中提到的),至此费马关于多角数猜测的证明宣告结束.

如果定义广义五角(形)数: $\widetilde{P}_n = \dfrac{1}{2}n(3n \pm 1)$,当 $n = 1, 2, 3, \cdots$,则得到 $1, 2, 5, 7, 12, 15, 26, 35, 40, \cdots$ 设 $S(N)$ 为 N 的全部约数(包括 1 和它本身)和,又规定 $N(0) = 0$,则 $S(N) - S(N-1) - S(N-2) - S(N-5) - S(N-7) - \cdots = 0$,即 $S(N) - \sum\limits_n S(N - \widetilde{P}_n) = 0$.

美国纽约布洛克林学院的数学家 A. Beiler 说："人们在五角(形)数与整数约数之间简直找不出丝毫关系,然而却存在如此奇妙的公式,这充分说明,宇宙比人们的想象更为奇妙."

§46　华林问题

人们研究了多角数,发现自然数可用 4 个完全平

方数的和表示,就在拉格朗日证明了上述结论的那年(1770 年),华林在《代数沉思录》一书中又提出:

自然数可用 9 个立方数和表示(记 $g(3) = q$);也可用 19 个四次方数和表示(记 $g(4) = |q|$)……

(在某种意义上讲,这个问题可看成是哥德巴赫猜想问题的拓广)这便是有名的华林问题.

对于表为立方数和的问题,朗道证得了从某一数起(这个数很大),除 23,239 以外任何自然数可用十个立方数和表示. 而后不久(1909 年),威弗里茨证明了:任何自然数均可用 9 个立方数和表示.

1986 年,4 位数学家合作证得 $g(4) = 19$.

此前,1964 年陈景润证得 $g(5) = 37$.

应该提到的是:在这之前荷兰数学家雅可比的助手达斯曾编出一张表证明自然数表示为立方数和的最少个数. 在此表中,12 000 以内的表只有两个数 23 和 239 要用 9 个立方数和表示,其余的数只需少于 9 个就可以了.

如果将充分大的数表为 k 次方和问题记为 $G(k)$,人们还证得

$$G(2) = 4, G(4) = 16, 4 \leqslant G(k) \leqslant 17$$

§47　自然数表为四次方数问题

法国数学家柳维尔在研究自然数表为四次方数和问题时找到了下面的等式

$$6(x_1^2 + x_2^2 + x_3^2 + x_4^2)$$
$$= (x_1 + x_2)^4 + (x_1 + x_3)^4 + (x_1 + x_4)^4 +$$

$$(x_2 + x_3)^4 + (x_2 + x_4)^4 + (x_3 + x_4)^4 +$$
$$(x_1 - x_2)^4 + (x_1 - x_3)^4 + (x_1 - x_4)^4 +$$
$$(x_2 - x_3)^4 + (x_2 - x_4)^4 + (x_3 - x_4)^4$$

这可通过两边直接展开,化简后得到证明.

柳维尔把自然数 n 表为:$n = 6x + r$,其中 $r = 0, 1,$ $2, 3, 4, 5$. 由前面的结论知道:$x = a^2 + b^2 + c^2 + d^2$,仍用此结论可有

$$a = a_1^2 + a_2^2 + a_3^2 + a_4^2, b = b_1^2 + b_2^2 + b_3^2 + b_4^2$$
$$c = c_1^2 + c_2^2 + c_3^2 + c_4^2, d = d_1^2 + d_2^2 + d_3^2 + d_4^2$$

把它们代入 $n = 6x + r$,再应用前面的等式可知,$6x$ 可用(最多)4×12 个四次方数和表示,而 r 为 $0, 1, \cdots, 5$ 之一,其表为四次方数和最多的个数是 5,这样任意自然数 n 只需 $48 + 5 = 53$(个)四次方数和表示即可.

以后证明的个数不断被压缩到 $47, 45, 41, 39, 38$,而最后威弗里茨得到 37,但这距离 19(见上节文字)还有一段不小的距离.

英国数学家哈代和李特伍德从另一角度考虑该问题,他们证得从某个大数 N 起,任何自然数可表为 19 个四次方数和,但这个 N 很大,以致对小于 N 的数的验证十分困难.

20 世纪初,德国数学家希尔伯特给出了:

自然数总可以表为若干个立方数,四次方数,……,k 次方数和,只是个数随 k 的增大而增大.

§48 一个算术数列的定理

1926 年,26 岁的荷兰青年范·德·瓦尔登(如今

他已是世界上知名的数学家了)提出并证明了一个结论,曾引起当时人们的轰动,直到近年仍有人在研究它.

如果你把正自然数集$\{1,2,3,\cdots\}$任意分成两部分,那么至少有一部分里包含着项数为任意多的等差数列.

这个看起来似乎简单的结论所涉及的内容,竟是极为深远的.

它的证明,是运用所谓"抽屉原理"(又称为狄利克雷原理)进行的,虽然后来苏联数学家辛钦又给出另外一种证明,这只不过是"抽屉原理"的精彩变形而已. 后来魏尔斯特拉斯等人又给出另外一个巧妙的证明,大意是:

先把自然数排成一列$1,2,3,4,\cdots$对某种划分来说,我们把上述数中属于第 I 部分者用 0 表示,属于第 II 部分者用 1 表示. 这样对$1,2,3,4,\cdots$的属性就得到如下的 0 – 1 数列,比如

$$001010111\cdots$$

(它表示$1,2$属于 I,3属于 II,4属于 I,……)我们只要把上述数列重复一个固定的次数,比如 3 次可有

$$001010111\cdots$$
$$001010111\cdots$$
$$001010111\cdots$$

然后把这三个序列有规则地错动,比如

$$001010111\cdots$$
$$001010111\cdots$$
$$001010111\cdots$$

也可向左错动,还可以错动两位,三位,……我们

只需在这种阶梯状的序列中,找一找同一列(纵行)中有无三个数码一样者,若有三个 0,则说明在第 I 部分中有项数为 3 的等差数列;若有三个 1,则这样的数列在第 II 部分.

魏尔斯特拉斯等人证明:用此错位排列方式,必然能找到在某列上有 k 个相同数码的(排)列.

当然人们还希望知道这种数列属于分划中的哪一部分,匈牙利的一位数学家曾以 1 000 美元的私人悬赏征求其解答,1973 年塞曼列帝找到了这个判别方法.

数论中还有许许多多有趣的东西,它曾经吸引过不少年轻人,由于它内在的魅力,无疑会吸引更多的年轻人.

朋友,如果你有兴趣,请你在数论的海洋游弋,去探取珍宝吧!

§49　和谐的数字

数字有着无穷的魅力,有些数字间的关系是那样神奇而和谐,下面两组数

$$\{1,6,7,23,24,30,38,47,54,55\}$$
$$\{2,3,10,19,27,33,34,50,51,56\}$$

每组有 10 个数,且每组数中除了 1 之外,无其他公因子,它们有何性质? 请看:

①两组数之和相等

$$1+6+7+23+24+30+38+47+54+55$$
$$=2+3+10+19+27+33+34+50+51+56$$

②每组数的平方和也相等

$$1^2+6^2+7^2+23^2+24^2+30^2+38^2+47^2+54^2+55^2$$

$$= 2^2 + 3^2 + 10^2 + 19^2 + 27^2 + 33^2 + 34^2 + 50^2 + 51^2 + 56^2$$

③每组数的立方和,4 次方和,……,8 次方和也分别相等,且各次方和的值表 1:

表 1

幂　次	幂　方　和
1	285
2	11 685
3	536 085
4	26 043 813
5	1 309 753 125
6	67 334 006 805
7	3 512 261 547 765
8	185 039 471 773 893

我们再来看两组有趣的数:

$$\{123\ 789, 561\ 945, 642\ 864\}$$
$$\{242\ 868, 323\ 787, 761\ 943\}$$

它们有哪些奇妙的性质?

①组内每个数首末,首 2 末 2,首 3 末 3……和皆为 $10:1+9,2+8,3+7,\cdots$

②两组数之和相等,且每组数去首末两数后,两组数和仍相等

$$123\ 789 + 561\ 945 + 642\ 864$$
$$= 242\ 868 + 323\ 787 + 761\ 943$$
$$2\ 378 + 6\ 194 + 4\ 286$$
$$= 4\ 286 + 2\ 378 + 6\ 194$$

③两组数的平方和也相等

$$123\ 789^2 + 561\ 945^2 + 642\ 864^2$$
$$= 242\ 868^2 + 323\ 787^2 + 761\ 943^2$$

④每组中的各个数的最高(左)位上数字去掉后,

剩下的数字组成的数仍有下面性质

$$23\ 789 + 61\ 945 + 42\ 864$$
$$= 42\ 868 + 23\ 787 + 61\ 943$$
$$23\ 789^2 + 61\ 945^2 + 42\ 864^2$$
$$= 42\ 868^2 + 23\ 787^2 + 61\ 943^2$$

⑤将各个数再抹去最高位上数字,余下的数字组成的数还有下面性质

$$3\ 789 + 1\ 945 + 2\ 864 = 2\ 868 + 3\ 787 + 1\ 943$$
$$3\ 789^2 + 1\ 945^2 + 2\ 864^2 = 2\ 868^2 + 3\ 787^2 + 1\ 943^2$$

⑥上述步骤可继续下去,且剩下的数字仍具前面的性质

$$789 + 945 + 864 = 868 + 787 + 943$$
$$789^2 + 945^2 + 864^2 = 868^2 + 787^2 + 943^2$$
$$89 + 45 + 64 = 68 + 87 + 43$$
$$89^2 + 45^2 + 64^2 = 68^2 + 87^2 + 43^2$$
$$9 + 5 + 4 = 8 + 7 + 3$$
$$9^2 + 5^2 + 4^2 = 8^2 + 7^2 + 3^2$$

⑦从原来两组数字出发,逐步抹去每个数的最右边数所剩数字组成的数也有前述性质

$$12\ 378 + 56\ 194 + 64\ 286 = 24\ 286 + 32\ 378 + 76\ 194$$
$$12\ 378^2 + 56\ 194^2 + 64\ 286^2$$
$$= 24\ 286^2 + 32\ 378^2 + 76\ 194^2$$
$$\vdots$$
$$12 + 56 + 64 = 24 + 32 + 76$$
$$12^2 + 56^2 + 64^2 = 24^2 + 32^2 + 76^2$$
$$1 + 5 + 6 = 2 + 3 + 7$$
$$1^2 + 5^2 + 6^2 = 2^2 + 3^2 + 7^2$$

这类问题数论上称为"等幂和问题",然而这个问

题至今却未能最后解决.

<h2 style="text-align:center">§50 诸数之最</h2>

人们对于自然数的研究历史十分久远,其中一项重要的内容是自然数的分类问题. 即根据字的特殊数论性质,把它们冠以不同种类的名目. 例如,根据整除性可将自然数划分为**素数**与**合数**两类(1 除外);还可以划分为**奇数**和**偶数**两类,等等. 当然,这仅是一般性的分类,还有一些特殊类型的数字,比如完全数,亲和数,梅森素数,斐波那契数,孪生素数,等等,它们各自都包含着许多有趣的数学性质. 并且在研究过程中,数学家们最感兴趣的就是寻找各类数字中的"最大者". 笔者考查了众类数字的研究历史,发现了一些有趣的结果. 现将它们的一些新进展介绍如下:

①完全数:如果一个数的全部因数(不包括自身)之和恰好等于自身,它就叫作完全数. 例如,6 的因数为 1,2,3,显然 $1+2+3=6$,所以 6 是一个完全数. 到 1986 年为止,人们仅找到了 30 个完全数,其中最大的一个是

$$2^{74\,207\,281}(2^{74\,207\,281}-1)$$

它具有 4 000 亿位数字,是 2016 年由美国科学家席柏在寻找梅森素数时发现的.

②梅森素数:前文已述形如 2^p-1 的素数叫作梅森素数,至 2017 年末人们发现的最大者为

$$2^{77\,232\,917}-1$$

它是一个 23 249 425 位的数字. 详见前文(这也是现

今已知的最大素数).

③孪生素数:在奇数中,两个相继的素数叫作孪生素数. 例如,3 和 5,5 和 7,11 和 13,17 和 19,等等. 在 10 万以内,存在着 1 224 对孪生素数;在 100 万以内,存在着 8 164 对孪生素数,在 3.3×10^7 以内,存在着 152 892 对孪生素数.

到 2002 年为止,人们找到的最大一对孪生素数是
$$4\ 648\ 619\ 711\ 505 \cdot 2^{60\ 000} \pm 1$$

1849 年,数学家波林那克猜测:自然数中存在着无穷多对孪生素数. 这个问题至今还没有解决.

我国数学家陈景润证明了这个猜想的一个不很充分的形式:有无穷对相邻的奇数 p 和 $p+2$,其中第一个 p 是素数,第二个数 $p+2$ 至多有两个素因数.

孪生素数比素数稀疏. 1919 年布朗证明了 $\sum\limits_{p} \dfrac{1}{p}$ (p 为孪生素数第一个)是收敛(有限)的,且
$$\sum \left(\frac{1}{p} + \frac{1}{p+1} \right) = 1.902\ 1 \cdots$$

④亲和数:对于一对自然数 m, n,如果 m 的全部因数(不包括自身)之和恰好等于 n,而 n 的全部因数(不包括自身)之和也恰好等于 m,则 m, n 叫作一对亲和数. 例如,220 的全部因数 $1 + 2 + 4 + 5 + 10 + 11 + 22 + 44 + 55 + 110 = 248$,而 248 的全部因数 $1 + 2 + 4 + 71 + 142 = 220$,所以 220 和 248 是一对亲和数. 到目前为止,人们已经找到了 1 000 多对亲和数. 其中最大的一对是 1974 年发现的,即

$$3^4 \cdot 5 \cdot 11 \cdot 5\ 281^{19} \begin{cases} 29 \cdot 89 \cdot (2 \cdot 1\ 291 \cdot 5\ 281^{19} - 1) \\ (2^3 \cdot 3^3 \cdot 5^2 \cdot 1\ 261 \cdot 5\ 281^{19} - 1) \end{cases}$$

它们均是 152 位数字的巨数.

1993 年,温索斯给出一对有 1 024 位的亲和数.

⑤费马数:形如 $2^{2^n}+1$ 的数字叫作费马数,下记 F_n. 到目前为止,人们仅找到 5 个费马素数

$$2^{2^0}+1,2^{2^1}+1,2^{2^2}+1,2^{2^3}+1,2^{2^4}+1$$

但是,已确定的费马合数非常多,其中最大者是 1977 年由威廉姆找到的,它是

$$F_{3\,310}=2^{2^{3\,310}}+1$$

该数具有因数

$$5\cdot 2^{3\,313}+1$$

2003 年 Cosgrare 等人发现:

$F_{247\,878}$ 的一个因子 $3\cdot 2^{2\,478\,785}+1$,这也是人们认识的最大费马合数.

⑥罗宾逊数:形如 $k\cdot 2^n+1$ 的数叫作罗宾逊数,一般记为 $R(k,n)=k\cdot 2^n+1$. 这类数字是因为寻找费马数而产生的.

早在 1747 年欧拉曾证明:费马数 F_n 的每一个因数都具有 $2^{n+1}\cdot k+1$ 的形式.

从此开创了寻找 $k\cdot 2^n+1$ 形式的素数的先河.

1957 年,数学家罗宾逊证明了 $5\cdot 2^{1\,947}+1$ 是一个素数,并且它是 $F_{1\,945}$ 的一个因数. 为了纪念他的工作,从此将这类数字命名为罗宾逊数.

1977 年,威廉姆找到了三个更大的罗宾逊素数

$$R(5,3\,313),R(5,4\,687),R(5,5\,647)$$

§51　首一自然数的个数

首位数为 1 的自然数叫首一自然数. 这种数在全体

自然数中占有多大比例？这便是所谓的"首位数问题".

问题提出并非偶然. 20 世纪初，一位名叫西蒙纽科斯的天文学家注意到一本对数表（在计算器、计算机发明之前，对数表是进行工程计算的重要工具）的前面几页磨损较厉害，这表明人们对首位为 1 的对数查找较多. 为什么会出现这种现象？于是前面的问题便提出来了.

乍一想，你也许会以为这个问题答案显然是因为数字中只有 1～9 能在自然数中打头，而它们出现似乎应读"均等"，即首一自然数应占全体自然数的 $\frac{1}{9}$，其实不然. 请看首一自然数在全体自然数中的分布概况：

在 9 之前其占 $\frac{1}{9}$，在 20 之前其占 $\frac{1}{2}$，在 30 之前其占 $\frac{1}{3}$，……，在 100 之前其占 $\frac{1}{9}$，……

即其比例总是在 $\frac{1}{9}$ 和 $\frac{1}{2}$ 之间摆动.

1974 年，正在读研究生的斯坦福大学的迪亚克尼斯利用黎曼函数给出这些值的一个合理平均：lg 2 ＝ 0.301 0，即：

首一自然数在全体自然数中约占 $\frac{1}{3}$.

新近人们又算得数字 1～9 作为首数在自然数中比例如见表 1：

表 1

数码	1	2	3	4	5	6	7	8	9
占比	0.301	0.176	0.125	0.97	0.79	0.67	0.58	0.51	0.46

这个看来似乎是纯趣味的数学课题，想不到 10 年

后在计算机的成像(描绘自然景像)技术中得到了
应用.

§52　算术素数列

　　算术数列又称等差数列,这是一个从第二项起每
项和它前面的一项的差均为常数(称为公差)的数列.
　　算术数列有许多性质,然而其中的所谓算术素数
列就鲜为人知了.所谓算术素数列是指各项均为素数
的算术数列.
　　尽管早在 1837 年狄利克雷(Dirichlet)就已证明:
首项为 a,公差为 d 的算术数列中,若 $(a,d)=1$ 即 a,d
互素,则这个算术数列中有无穷多个素数.
　　1944 年,人们又证明了:存在无穷多组由三个素
数(不一定相继)组成的算术数列.
　　但是,要寻找全部由素数组成的算术数列,却远非
那么容易.
　　可以证明:由 n 个素数组成的算术数列,其公差必
须能被小于 n 或等于 n 的全部素数整除.这样,数列的
首项和公差必须很大.
　　20 世纪 70 年代,人们找到了项数(长度)是 10 的
算术素数列,它的首项是 199,公差为 210. 它们是
$$199,409,619,829,1\ 039$$
$$1\ 249,1\ 459,1\ 669,1\ 879,2\ 089$$
　　1977 年,有人找到一个有 17 项的算术素数列.
　　1978 年,美国的普尔查德(Pritchard)利用电子计
算机花了近一个月的时间(每天工作 10 小时)找到一

149

个有 18 项的算术素数列.

它的首项是 107 928 278 317；它的末项是 276 618 587 107；公差是 9 922 782 870. 普尔查德期望找到更多的这样长的(指项数)算术素数列,他也希望找到更长的这样的数列.

1984 年,普尔查德这位康奈尔大学的教授,真的找到了项数是 19 的算术素数列,它的首项为: 829 764 431,公差是 4 180 566 390.

澳籍华裔数学家陶哲轩于 2006 年证得:存在任意长度的算术素数列. 从而使该问题研究得以暂时终结.

§53　趣谈 13

某些欧洲人认为 13 是个不吉利的数,据说耶稣和 12 门徒共进晚餐时说:"同我吃饭的人用脚踢我." 暗指叛徒犹大,第二天,耶稣被捕. 从此,有 13 人共进的那顿"最后的晚餐"使数字"13"蒙受不白之冤. 至今,有些欧洲城市还不用 13 编门牌.

其实,在整数的研究方面,13 曾起过重要作用,它指出,形如 $4n+1$ 的素数可以唯一地表为两个平方数之和.

17 世纪中叶,法国数学家费马曾从 $5 = 1^2 + 2^2$, $13 = 2^2 + 3^2$ 等悟得以上结果,但他只是提出这个猜想,却没能证明它.

大约 100 年后,才由瑞士数学家欧拉解决.

用 13 作为斜边,它可以写作 $13 = 3^2 + 2^2$,于是,直角三角形的两直角边长便是 $2 \cdot 3 \cdot 2 = 12$ 和 $3^2 - 2^2 = 5$.

　　这是基于结论毕达哥拉斯数组(勾股数组或直角三角形三边)满足:

　　斜边 $a(m^2+n^2)$,直角边 $2amn$ 和 $a(m^2-n^2)$.

　　"13"还导致"回文素数"的研究,所谓回文素数就是指某数为素数,而该数的各数码逆序组成的数也是素数. 这个问题我们前文已有介绍. 又如 17 和 71,113 和 311,347 和 743,769 和 967 等也都是回文素数,可是,究竟有多少个这样的素数,至今仍是未揭开的谜.

　　卡尔德(Card)经计算发现,回文与无重(无重复数字)回文素数个数如表1,表2:

表 1　回文素数

位数	两位	三位	四位	五位	…
对数	4	13	102	684	…

表 2　无重回文素数

位数	二位	三位	四位	五位	六位	七位	…
对数	4	11	42	193	61	1 790	…

　　又人们还发现了五位、六位循环回文素数:

　　它们无论从哪个数字开始,也不管是按顺时针还是逆时针方向数起,只要数完一周后,所得五位、六位数皆为素数(图1).

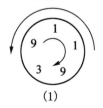
(1)

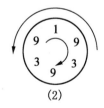
(2)

图 1

人们还证明不存在三位、四位,七位循环回文素数.

此外,人们还构造 $n \times n$ 数阵,使其行、列和主对角线上数字组成的数均为回文素数(它共有 $4(n-1)$ 个),比如下面 4×4,5×5 数阵即是其中之一(图 2):

9	1	3	3
1	5	8	3
7	5	2	9
3	9	1	1

(1)

1	3	9	3	3
1	3	4	5	7
7	6	4	0	3
7	4	8	9	9
7	1	8	9	9

(2)

图 2

用无重回文素数不能构造这种数阵,因为素数仅以 1,3,7 或 9 结尾,若数阵阶数超过 4 无疑定要重复.

图形篇

§1 几何中的珍珠(上)

自欧几里得的《几何原本》问世以来,已有两千多年的历史. 这期间,它对于数学的发展起到了十分重要的作用,特别是在培养人们逻辑思维方面.

近两个世纪,尽管出现了与欧几里得几何体系不同的"非欧几何",但欧几里得几何依然是人们学习数学的入门向导.

欧几里得几何中有着那么多魅人的珍品,直到最近仍然有人在这块海洋里寻觅.

这是一道古老的数学名题,由于它的构思奇巧,而且貌易实难,至今仍吸引着不少人:

在 $\triangle OA_1A_2$ 中,$\angle O = 20°$,又 $OA_1 = OA_2$,$\angle OA_1Y = 30°$,$\angle OA_2X = 20°$,求 $\angle A_2XY$(图1).

153

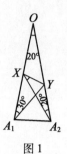

图 1

这个题解法较多,1951 年美国一位大学教师汤卜松给了一个新奇的解法,读者从图 2 中不难导出这个解法的过程(答案是 30°).

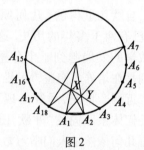

图 2

三角形三边中点,三边高线的垂足以及垂心到三顶点连线的中点这九点共圆,并称此圆为"九点圆"(图 3).

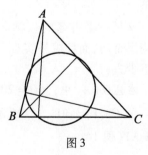

图 3

154

"九点圆"出现较早,1821年就有人提供了证明过程的记述(它当然不一定最早).与之相仿,1944年,布兰德等提出了"八点圆":对角线互相垂直的四边形的四边中点及由该四个中点向对边所作四条垂线的垂足这八点共圆(图4).

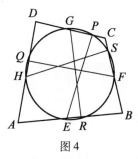

图4

这个结论证明不是很困难,有趣的是:利用八点圆可获得九点圆的证明.

19世纪末,英国人雪尔维斯特(1814—1897)毕业于英国剑桥大学,后去美国霍普金斯大学任教授,创办《美国数学杂志》.1884年他返回英国任牛津大学教授,提出一个命题:

平面上有不全共线的 n 个点,试证必有一直线恰好通过其中的两个点.

问题提出后五六十年过去了,才有人用构造法(指出存在)给出证明.

提到几何珍品,人们不能不谈到匹多不等式.1891年,有人研究了两个三角形的边及面积关系后提出:

若 a,b,c 和 a',b',c' 分别为 $\triangle ABC$ 和 $\triangle A'B'C'$ 的三条边,S 和 S' 分别表示它们的面积,则 $a'^2(b^2+c^2-a^2)+b'^2(c^2+a^2-b^2)+c'^2(a^2+b^2-c^2)\geqslant 16SS'$,且等号仅当两三角形相似时成立.

20世纪40年代,英国几何学家皮铎给出它的证明,它被称为"皮铎不等式".1981年我国科技大学的杨路、张景中还把它推广到了高维的情形.同年,重庆的一位中学教师高灵,给出了另外一个不等式

$$a'(b+c-a)+b'(c+a-b)+c'(a+b-c) \geqslant \sqrt{48SS'}$$

图5被称为阿基米德"制鞋刀"(图中阴影部分),这个图形有许许多多有趣的几何性质;

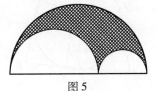

图5

直到新近仍有人在研究它,并且发现了如图6中的三个等圆$\odot O_1, \odot O_2, \odot O_3$(它们的做法读者不难从图中看出).

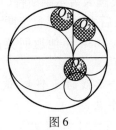

图6

这里$\odot O_1$与$\odot O_2$相等早在两千年前已被阿基米德发现.

§2　几何中的珍珠(下)

这是发现较晚的两个几何定理,它不同程度地揭

示了某些几何概念的深邃性质.

1904 年,英裔美国几何学家莫勒发现(图 1):

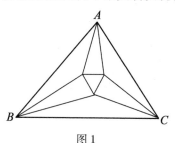

图 1

三角形的各内角三等分线的交点,恰好是等边三角形的三个顶点.

1909 年,1922 年,先后有人给出它的证明. 最近,国内也有人用三角方法证明了它.

1916 年,美国一位名叫约翰逊的人发现:

若半径为 r 的三个等圆通过同一点 O,则以另外三个交点为顶点的三角形外接圆半径也是 r.

1916 年,美国人艾契给出一个巧妙的证明(图 2),大意是:

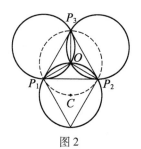

图 2

因三圆系等圆,故有 $\angle P_1P_2O = \angle P_1P_3O$,$\angle P_2P_3O = \angle P_2P_1O$,由 $\angle P_1OP_2 + \angle A = \pi = \angle P_1OP_2 + \angle P_1P_2O +$

$\angle P_2P_1O$，从而 $\angle P_1P_3P_2 = \angle A.$ 即 $\overparen{P_1OP_2}$ 与 $\overparen{P_1CP_2}$ 相等，从而两圆一样大.

新近，有人又对此问题给出一个漂亮的解答(图3)：找一点 K，使 $P_1C_2P_3K$ 成为菱形，于是 $KP_1 = KP_3 = r$.

因为 $P_2C_3 \underset{=}{\parallel} C_1O \underset{=}{\parallel} P_3C_2$，从而 $P_1K \underset{=}{\parallel} P_2C_3$，故 $P_2C_3P_1K$ 也是菱形，即 $KP_2 = r$.

以 K 为圆心，r 为半径的圆过 P_1，P_2，P_3 三点.

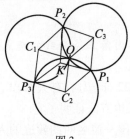

图3

某些图形的极值问题，往往是最规则的图形所具有的性质.

周长一定的封闭曲线以圆所围成的面积最大(等周定理).

已知圆 K 的所有外切 n 边形中，正 n 边形面积最小.

这些定理的证明也远非轻而易举. 1947 年，匈牙利的一位几何学家道特对上述命题的后者给出一个精妙的证明.

我们并不打算详细叙述它，读者从下面的图形中也许会悟到证明的真谛(图4).

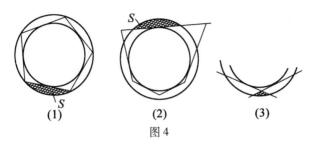

(1) (2) (3)

图 4

几何中有数不清的珍宝,它们熠熠生辉,一直发出美丽耀眼的光彩,然而有些仍未被人们发现和采撷,寻觅它们当然需要人们付出辛勤的汗水和劳动.

附 阿基米德"制鞋刀"的一些性质:

图 5 中 $GC \perp AB$,TW 为图中两个较小的半圆的外公切线.

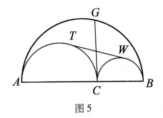

图 5

又令图中大、中、小三半圆的半径分别为 r,r_1,r_2. 则

(1)$GC = TW$,且 GC,TW 互相平分;

(2)"制鞋刀"(即三个半圆之间的图形)的面积等于以 GC 为直径的圆的面积;

(3)GA 和 GB 分别过 T,W 点;

(4)图 6 中两曲线三角形 AGC,BGC 之内切圆 $\odot O_1$ 与 $\odot O_2$ 相等,且它们半径为 $\dfrac{r_1 r_2}{2r}$;由此两圆之最小外切圆的直径是 GC.

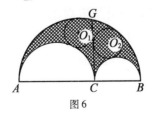

图 6

§3 尺规作图三大难题

公元前 5 世纪,希腊流传着下面三个仅用直尺(没有刻度)和圆规作图(简称尺规作图)难题:

(1)三等分任意角问题:

任给一个角 α,求做一个角等于 $\dfrac{\alpha}{3}$.

(2)立方倍积问题:

求做一个立方体,使其体积等于已知立方体体积的 2 倍.

(3)化圆为方问题:

求做一个正方形,使其面积等于已知圆的面积.

这便是数学史上著名的几何尺规作图三大难题.

从表面上看,这三个问题似乎都很简单,好像能够用尺规去完成,因而两千多年来一直吸引许多人,其中不乏许多著名的数学家. 然而问题终不得其解,人们便从反面去考虑——即设法否定它,或许证明它们不能用尺规做出.

笛卡儿创立解析几何后 200 年,1837 年万泽尔(Wantzel)在研究阿贝尔定理化简时,首先证明了:三等分任意角和立方倍积这两个问题不能用尺规做出.

1882 年,林德曼(Lindemann)在厄尔米特证明了 e

160

的超越性后,又证明了 π 是超越数[1],从而证明化圆为方问题也不能利用尺规做出.

1895 年,克莱因(Klein)在德国数理科学教学改进会上宣读的论文中,给出几何三大难题不能利用尺规做出的简单而明晰的证法,从而使两千多年来悬而未决的疑虑告一段落.

今天仍然有一些青少年在致力于三大难题的研究,这些人正像试图发明"永动机"的人那样,一切都是徒劳的.

话再讲回来,若放宽作图仪器的限制,三大难题是可以解决的,下面试举几例说明.

(1) 三等分任意角问题

这里介绍最简单的阿基米德纸条作图法.

以要三等分的 $\angle\alpha$ 的顶点 O 为圆心,画一个以长 r 为半径的圆,该圆与 $\angle\alpha$ 的两条边相交于 A 和 B(图 1).在纸条的边缘标出长度为 r 的线段,把纸条放在图上,使纸条通过点 B,并且使定长 r 线段的一端点与 AO 的延长线 C 相交,另一端交圆于 P. 那么 $\angle PCO$ 即

$$\angle\beta = \frac{1}{3}\angle\alpha.$$

---

[1] 关于这个问题我们再说两句:

1771 年,Lambert 证明 π 是无理数.

1882 年,Lindemann 证明 π 是超越数.

此外,1953 年 Mahler 证明 π 不是 Liouville 数.

(一个无理数是 Liouville 数⇔对任一整数 n,存在整数 p,q 传 $0 < \left| \beta - \dfrac{p}{q} \right| < \dfrac{1}{q^n}$)事实当 p,q 为整数时,又 q 充分大时

$$\left| \pi - \frac{p}{q} \right| > \frac{1}{q^{14.65}}$$

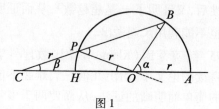

图 1

证明　由于 $PC = PO(=r)$，所以 $\triangle PCO$ 为等腰三角形，$\angle PCH = \angle POH = \dfrac{1}{2} \angle OPB$（外角）. 又由于 $\triangle POB$ 也是等腰三角形，所以 $\angle \alpha + \angle \beta = 4\angle \beta$，所以 $\angle \alpha = 3\angle \beta$，$\angle \beta$ 即等于三分之一 $\angle \alpha$.

此外，尼科梅切斯（Nicomedes）利用蚌线，帕斯卡（Pascal）利用蚶线也给出三等分任意角的方法，此外还有帕普斯（Pappus）法，玖瑰线法等.

（2）立方倍积问题

公元前四世纪柏拉图（Plato，前 427—前 347）给出下面的方法（图 2）：

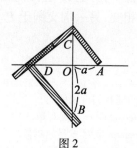

图 2

作两条互相垂直的直线，交点为 O，在一条上截 $OA = a$，在另一条截 $OB = 2a$，这里 a 是已知立方体棱长.

然后用两个直角尺如图 2 方法移动使 $\angle ACD =$

162

$\angle BDC = 90°$ 而确定点 C,D，则线段 OC 即为所求立方体棱长.

证　由直角三角形性质有

$$OC^2 = OA \cdot OD = a \cdot OD$$

$$OD^2 = OB \cdot OC = 2a \cdot OC$$

从上两式消去 OD，$OC^3 = 2a^3$，即 OC 为所求立方体棱长.

此外，希波克拉茨（Hippocrates）还利用插入比例项方法，梅内克缪斯（Menaechmus）利用抛物线，阿波罗尼（Apollonius），尼科梅切斯等人利用蚌线也给出立方倍体积作图方法.

（3）化圆为方问题

它可以利用所谓圆积线去作，这里不讲了，我们想给出一种近似作法.（图3）

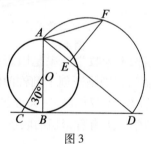

图3

作已知 $\odot O$ 的直径 $AB = 2r$. 过点 B 作 $\odot O$ 的切线 CD，其中 C,D 分别在 B 的两侧，且使 $\angle BOC = 30°$，截取 $CD = 3 \cdot OB$.

连 AD，且在 AD 上截取 $AE = r$. 以 AD 为直径作圆，和过 E 作 AD 的垂线交于 F.

则 AF 即为所求正方形的边长.

这只需注意到：在 $\mathrm{Rt}\triangle OBC$ 中

$$BC = r\tan 30°$$

$$BD = 3r - BC = \frac{1}{3}r(9 - \sqrt{3})$$

$$AD = \sqrt{AB^2 + BD^2}$$

$$= \frac{1}{3}r\sqrt{120 - 18\sqrt{3}} \approx 3.141\ 53r$$

当然,另外两个问题也有近似作图法,这里不介绍了.

最后我们想指出的是:几何作图三大难题是不可解的;倘若放宽限制,则可以做出(图4).

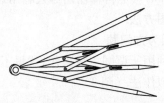

一个三等分任意角的仪器

图4

从历史上看,不少数学结果是因研究三大难题而得到的"副产品",特别是开创了圆锥曲线的研究和一些著名曲线的发现,不仅如此,三大难题还和近代的方程论,群论等数学分支有着密切的联系.

§4　用线段表示$\frac{355}{113}$

前文已介绍过$\frac{355}{113}$是 π 的近似值,最早为我国古代学者祖冲之发现,又称其为"祖率"或"密率".

这里给出这个分数的一种几何表示(图1).

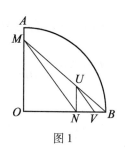

图 1

①以半径为 1 作四分之一圆；

②在 AO 上取 $AM = \dfrac{1}{8}$，联结 MB；

③以 B 为心，$\dfrac{1}{2}$ 为半径在 MB 上画弧交于 U；

④作 $UN \perp OB$，N 为垂足，联结 MN；

⑤作 $UV /\!/ MN$，则 $3 + \overline{VB} = \dfrac{355}{113}$．

它可大致证明如：由勾股定理在 $\mathrm{Rt}\triangle MOB$ 中有

$$\overline{MB}^2 = \overline{OB}^2 + \overline{OM}^2 = 1 + \left(\dfrac{7}{8}\right)^2 = \dfrac{113}{64}$$

又在 $\mathrm{Rt}\triangle UNB$ 中，$\overline{UN}^2 + \overline{NB}^2 = \overline{UB}^2 = \left(\dfrac{1}{2}\right)^2$．

因 $\triangle OMB \backsim \triangle NUB$，则 $\overline{MO}\!:\!\overline{OB} = \overline{UN}\!:\!\overline{NB}$，即

$$\overline{UN}\!:\!\overline{NB} = \dfrac{7}{8}\!:\!1 \Rightarrow \overline{UN} = \dfrac{7}{8}\cdot\overline{NB}$$

从而 $\left(\dfrac{7}{8}\overline{NB}\right)^2 + \overline{NB}^2 = \left(\dfrac{1}{2}\right)^2$，即

$$\dfrac{113}{64}\overline{NB}^2 = \dfrac{1}{4}$$

故

$$\overline{NB}^2 = \dfrac{16}{113}$$

又　$\triangle MNB \backsim \triangle UBV, \overline{UB}:\overline{VB}=\overline{MB}:\overline{NB}$，故

$$\overline{VB}^2 = \overline{UB}^2 \cdot \frac{\overline{NB}^2}{\overline{MB}^2}$$

而

$$\overline{UB}^2 = \left(\frac{1}{2}\right)^2 = \frac{1}{4}.$$

从而　$\overline{VB}^2 = \dfrac{\dfrac{1}{4}\cdot\dfrac{16}{113}}{\dfrac{113}{64}} = \left(\dfrac{16}{113}\right)^2.$

故　$\overline{VB} = \dfrac{16}{113}$，　从而　$\overline{VB}+3 = \dfrac{355}{113}.$

注　当然，把一条线段分成 113 等分按尺规作图规定也是能够做出的，但那样须经过先在一直线上取 113 个等距点再作平行线得到，显然是烦琐的.

这里的方法妙在只需几步便可得出 $\dfrac{16}{113}$ 进而作出 $\dfrac{355}{113}$ 的值来.

§5　拼正方形的数学

正方形是生活中常见的图形，它有许多好的性质，比如"面积相同的四边形中它的周长最小"，同时"周长一定的四边形中它的面积最大". 此外它还有许多实用的性质，比如简单、美观、对称……难怪你会看到方桌面、方手帕……

拼正方是数学游戏中惹人喜爱的一种，要知道它也有诀窍. 好，我们举两个例子看看：

166

一位木匠手头有一块形如图 1 的木板,他想把它拼成一个正方形桌面(材料不添也不剩). 当然拼的块数要尽可能少些.

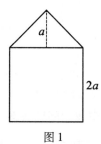

图 1

这个问题乍看起来似乎无从下手,但你若先计算一下原来木板的面积

$$(2a)^2 + a^2 = 5a^2$$

那么所拼正方形的边长显然应该是 $\sqrt{5}a$,这样一来问题就有了些眉目,关键是做出 $\sqrt{5}a$ 线段来(边长分别是 a 和 $2a$ 的矩形对角线即为所求),读者是不难从图 2 中找到答案的.

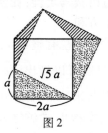

图 2

再来看一个问题. 把图 3 两个小正方形拼成一个大正方形:

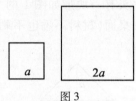

图3

按上面的办法先算一下它们的面积和为 $a^2 +$ $(2a)^2 = 5a^2$,,显然拼后的正方形边长也是 $\sqrt{5}\,a$,读者不难从图 4 的图形中找到问题答案.

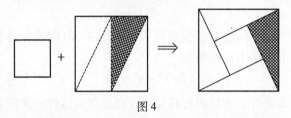

图4

由上看来,拼正方形的关键是找到其正方形边长,这里告诉你一个作线段 $\sqrt{n}$ 的办法.

我们前文说过由费马定理:任何自然数都可表为四个非负整数的平方和.

这样对于自然数 n 总有整数 a,b,c,d 使 $n = a^2 + b^2 + c^2 + d^2$.显然我们可以做出 $\sqrt{a^2+b^2}$ 和 $\sqrt{c^2+d^2}$,再由它们不难做出 $\sqrt{n}$ 来(如何做请读者考虑).

最后顺便给大家指出:"任何三角形均可用有限次分割拼成一个正方形."由此还可证明一个有趣的几何事实:

两个多边形只要其面积相等,必可以把其中一个进行有限次分割拼成另一个图形.

168

注 类似的部分、拼接问题还有下面一些:

首先看"仅 △ 为 □"的问题,要求将 △ 剖分成四块后拼接 □. 具体做法,由杜登尼给出(图 5):

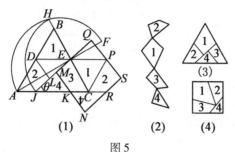

图 5

1956 年,美国《数学教师》杂质又得出一种作法(但它将 △ 剖分成五块)(图 6):

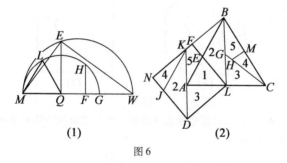

图 6

正三角形与正方形分割相等的变换以杜登尼的做法最佳. 正五边形、正六边形到正方形的剖分最早发表在苏联 Б. А. Кордемский 所写《奇异正方形》一书. 美国《数学教师》五年后刊出. 1954 年我国《数学通报》4 月号发出正解:用五条直线把正六边形分成六块,使得分出的各块能够拼成一个正三角形.

下面为其中一种作法(图 7):

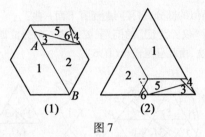

图 7

当然还要强调一点,这里的剖分力争块数最少.

关于剖分问题还有下面一些结果.

正五边形剖分成六块拼成一个等腰三角形的方法由惠勒(A. H. Wheeler)给出.

特拉费里(J. Travers)曾把一个正八边形剖分成五块后拼成一个正方形(图8).

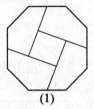 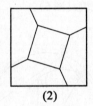

(1)   (2)

图 8

此外,正五边形截成七块拼成一个正方形的方法可从图9中受到启示:

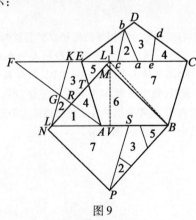

图 9

170

正六边形剖分成六块拼成正五角形作如图 10 所示：

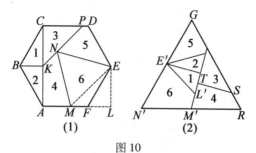

图 10

正六边形剖分成五块拼成正方形的方法见图 11：

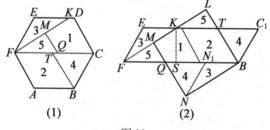

图 11

正方形剖分成整边直角三角形,虽然拼铺问题的反问题是剖分.

边长为整数的正方形能否剖分成若干个整边直角三角形(又称勾股三角形)?

1966 年,人们找到一个边长为 39 780 的正方形,它被剖分成 12 个整边直角三角形.

1968 年,日本人熊谷武将边长为 6 120 的正方形剖分成 5 个整边直角三角形,创造剖分块数最少的纪录.

而后正方形边长缩至 1 248(图 12)

171

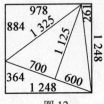

图 12

1976 年,有人给出边长为 48 的正方形剖分成 7 个整边直角三角形,也创造了正方形边长最小的纪录(图 13).

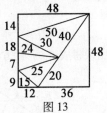

图 13

至 1981 年,人们在边长 1 000 以内的正方形,剖分成 10 个以下整边直角形共有 20 个.

对于三角形的剖分可有下面结论.

①若 $n \geqslant 6$,三角形总剖分成 n 个与之相似的三角形;

②若 $n \geqslant 3$,正三角形总可剖分成 n 个等腰三角形;

③钝角三角形要剖分成锐角三角形至少剖分成 7 个;

④正方形要剖分成锐角三角形,至少要剖分成 7 个.

问题推广至空间,我们可有:

立方体剖分成互不重叠的四面体最少的个数为 5 个.

当然与上面剖分问题类似的问题还有:平面上有若干个点,其中没有四点共线或共圆,但其两点间距离皆为整数. 请见图 14:

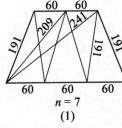

$n = 7$

(1)

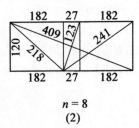

$n = 8$

(2)

图 14

172

§6　圆面积的三等分

图 1 是爱尔兰岛的岛徽(三条"跑腿")你只需从中心出发选取一条适当的封闭曲线,它即可将圆面积三等分.

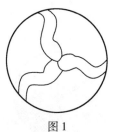

图 1

利用尺规作图,我们能够将圆面积三等分.下面谈几种方法:

(1)扇形法(图 2)

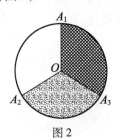

图 2

这是最简单的分法.即先将已知圆周六等分,然后隔点与圆心连线即可.

(2)逗号法(图 3)

173

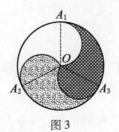

图 3

　　这是在扇形法基础上改进的,即在上法中分别以 OA_1,OA_2,OA_3 为直径作半圆.

　　(3) **斧形法**(图 4)

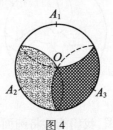

图 4

　　先将圆周六等分,然后取三分点 A_1,A_2,A_3,再分别以其为圆心所给圆半径为半径画弧即得.

　　(4) **不规则逗号法**(图 5)

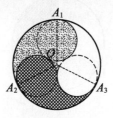

图 5

　　先作三个两两外切,且都内切于 $\odot O$ 的等圆(容易算得这些小圆半径 $r=(2\sqrt{3}-3)R$,其中 R 为已知圆半径),然后按图 5 中方式分割即可.

174

(5) 圆环法(图 6)

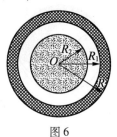

图 6

设已知圆半径为 R,则以 O 为圆心,以 $\dfrac{\sqrt{6}R}{3},\dfrac{\sqrt{3}R}{3}$ 为半径作两个同心圆,则三圆所成的环可将已知圆面积三等分.

(6) 弓形法(图 7)

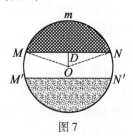

图 7

距已知圆圆心 O 约 0.267 2R(R 为已知圆半径)处作两平行线,它们也可将圆面积三等分.

容易算得:若 $\angle MON = \alpha$(弧度),则 α 满足方程:

$$\alpha - \frac{2\pi}{3} = \sin\alpha,$$

解得 α 约为 2.6 弧度,即 149°.

(7) 八卦图法

先将 $\odot O$ 直径三等分,再分别以 AA_1, AA_2 和 A_1B,A_2B 为直径作半圆.

则图 8 中阴影部分为 $\odot O$ 面积的三分之一.

注 此方法可推广,即得到圆面积的 n 分之一.

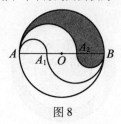

图 8

§7 图形的镶嵌

用一些带色的木块、瓦片镶嵌的图案,可修饰家具,铺设地板,装潢画壁,……然而你也许不曾想到这里面的数学问题.试问用什么样的单一图形可以铺满平面(完全正方块也是一种镶嵌)?

圆显然不行,因为圆与圆之间会有空隙.最简单的图形恐怕要数正多边形了.

可是你想过没有,是否所有的正多边形都可以?回答是否定的.其实只有三种正多边形:正三角形,正四边形,正六边形能够铺满平面.

通过简单的计算不难证实这一点.设正 n 边形内角为 α_n;若它能铺满平面(图 1)必有 k,使得 $k \cdot \alpha_n = 360°$.

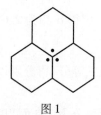

图 1

又由正多边形内角公式

$$\alpha_n = \frac{(n-2)180^\circ}{n}$$

代入上式便有

$$k(n-2) = 2n$$

即

$$n = \frac{2+4}{(k-2)}$$

而 n 只能是整数,这仅当 $k = 3, 4, 6$ 时,即 n 为 $6, 4, 3$ 时才可以.(据说这个问题早在毕达哥拉斯时代已有研究,至少在巴普士《数学汇编》中的"论蜂巢的几何"一文中已涉及此问题,且获得上述结论)

对于一般图形我们知道:平行四边形可以铺满平面;梯形也可以(四个梯形可拼成一个平行四边形);……其实任何(同样规格的)四边形也都可以铺满平面(图 2).

图 2

此外,有些不规则的图形也能铺满平面(图 3).

177

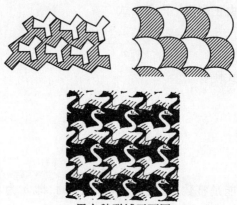

黑白鹅群铺平面图

图 3

有意思的是:下面的图案也可以镶嵌(铺满)平面
(图 4).

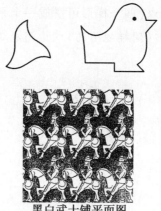

黑白武士铺平面图

图 4

上面我们讲的是用同样规格的图形去铺满平面的
问题(镶嵌问题),倘若用不同规格图形的镶嵌问题,

178

则花样就更多了. 令人不解的是：一些看上去十分简单的图形, 却不能用来铺满平面, 图 5 便是其中的例子.

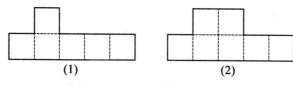

(1)　　　　　　　(2)

图 5

英国牛津大学的彭罗斯(Penrose)教授(他也是矩阵代数中广义逆的发现者)发现图 6(菱形)也可铺满平面这种胖些的与瘦些的菱形面积之比恰好是

$$\frac{1}{2}(1+\sqrt{5})=1.618\cdots$$

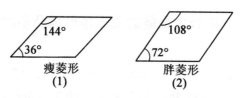

瘦菱形　　　　　胖菱形
(1)　　　　　　(2)

图 6

另外在拼铺过程中应遵循(图 7)：

图 7

图中双箭头与单箭头必须匹配.

当然这种图形(图 8 彭罗斯图形)还有许多重要的数学性质. 此外它还与一种奇特的物质形式——准

晶体(介于晶体与非晶体之间的物质)的研究有关(它有无对称性)数学已证明:晶体只有 230 种可无间隙地填满空间.

此外彭罗斯还选用镖形和风筝形两种图形覆盖了整个平面(这种铺设结构不具平移对称性).

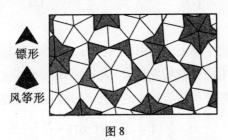

镖形

风筝形

图 8

§8 边长为整数的正三角形铺凸多边形

今设单位正三角形面积为 S_0,则边长为 2 的正三角形面积为 $4S_0$,边长为 $3,4,5,\cdots$ 的正三角形面积如下面表 1 所给

表 1

正三角形边长	3	4	5	6	7	8	9	$\cdots$
面积(单位 S_0)	9	16	25	36	49	64	81	$\cdots$

正三角形个数一定,则各种整边正三角形能铺成最大面积的凸多边形如图 1:(尽量使用边长较小的正三角形)

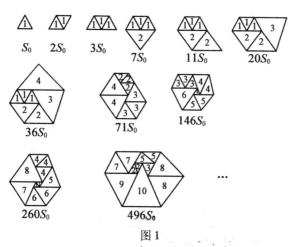

图 1

图中三角形内**数字表示该正三角形边长**，**图下数字表示该凸边形面积**.

注意这里正三角形个数一定，但使用的正三角形边长尽量小.

顺便讲一句：由正三角形组成的看似不很规则的图形 2(1)，也可铺满整个平面，见图 2(2).

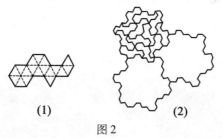

(1)　　　　　　　　　(2)

图 2

显然图 2(2)中多边形系由一些如图 2(1)的图形拼砌的.

§9 五边形的镶嵌

五边形镶嵌问题,直到 1995 年人们仅找到 14 种可铺满平面的五边形.

2015 年,华盛顿大学的卡西·曼与冯·德劳在寻找完美五边形时意外发现一种可铺满平面的五边形(图 1):

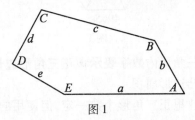

图 1

$\angle A = 60°$, $\angle B = 135°$, $\angle C = 105°$, $\angle D = 90°$, $\angle E = 150°$

$$a = 1, b = \frac{1}{2}, c = \frac{1}{\sqrt{2}\left(\sqrt{3}-1\right)}, d = \frac{1}{2}, e = \frac{1}{2}$$

下面是用它铺满平面的情形(图 2):

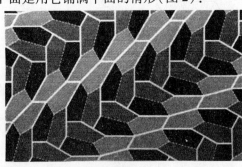

图 2

至此人们共发现 15 种可铺满平面的五边形(图 3)：

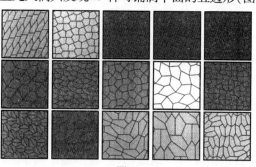

图 3

新近国内有人发现正六边形一分为二后的五边形亦可铺满平面(图 4)：

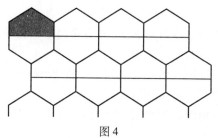

图 4

真是"踏破铁鞋无觅处,得来全不费功夫."人们竟然忘记了这个最简图形.

§10　图形的面积相等和组成相等

几何图形的长度、面积、体积等都是一种测度,面积是在人们规定了面积单位(即 1×1 的正方形)之后对几何图形范度的一种度量.

面积相等的几何图形叫作等积形.

183

三角形可以和三角形等积;也可以和四边形,n 边形等积;还可以和圆以至其他不规则图形等积.

利用等积变换,人们可以证明许多几何定理,比如勾股定理的证明就有多种是用等积变换进行的. 下面我们介绍另一个概念,它在数学游戏"剪拼图形"中常常用到.

若把图形 A 经过有限次切割可以拼成图形 B,则称 A 与 B 组成相等,且记成 $A \backsim B$.

"面积相等"和"组成相等"并不是一回事. 面积相等的图形不一定组成相等,例如等积的圆与三角形就不会是组成相等.

匈牙利的数学家鲍耶和德国数学家盖尔文几乎同时发现了一个定理:

任意两个多边形 A,B,只要它们面积相等,那么它们也就组成相等.

它的证明大致可分为下面几个步骤:设多边形 A,B 边数分别为 m,n,则:

①三角形 $\backsim$ 矩形(图1)

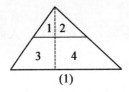 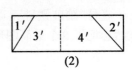

$$\text{(1)} \qquad \text{(2)}$$

图1

②矩形 $\backsim$ 正方形(图2)

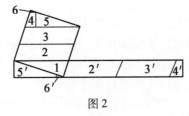

图2

184

③n 边形 A 可分割成 $n-2$ 个三角形:

由三角形 ⌣ 正方形, 而两个正方形 ⌣ 大正方形 (图 3), ……这样

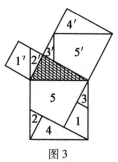

图 3

A ⌣ 大正方形. 同理 B ⌣ 大正方形.

只要 $S_A = S_B$, 必有 A ⌣ B.

详细的证明还要费一些事情(过程细微化).

令人不解的是:这个结论推广到三维空间:"两个等体积的多面体组成相等"的结论是不成立的, 有人已经给出了一个精彩的反例. 这个问题是著名的希尔伯特第三问题(两等底等积四面体的组成不等), 它的证明由希尔伯特的学生戴恩于 1900 年解决的.

§11 五角星里的学问

五角星是人们熟悉且喜欢的图案, 我们的国旗上便有五颗五角星. 五角星里也有不少学问.

古代著名的学者毕达哥拉斯对数学有很深的造

诣,其中毕氏定理(在我国称勾股定理)正是他的杰作.

他还在现今称为库洛的地方领导了一个学术团体,他们经常聚在一起研究,讨论,交流各自的学习心得,他们的成果对外人是严格保密的. 每个成员都守口如瓶,否则会遭杀身之祸. 这样一个团体成员用什么作标志? 他们是用五角星图案的徽章,并在角顶上分别写着希文 $\upsilon,\gamma,\iota,\varepsilon i,\alpha$(图 1). 按顺序把它们连起来读即 $\upsilon\gamma\iota\varepsilon i\alpha$,意思为"健康".

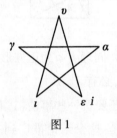

图 1

五角星是他们研究过并十分喜欢的图形. 他们为何对五角星有着偏爱? 因为五角星里包含许多有趣的比. 用几何方法可以证明(图 2)在五角星里

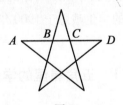

图 2

$$BC:AB = AB:AC = AC:AD$$

进一步计算还可知它们的比值均为 0.618.

0.618 这是被中世纪学者达·芬奇誉为"黄金数"

的值,也曾被德国科学家开普勒赞为几何学中两件瑰宝之一.

黄金比值一直统治着西方建筑艺术,无论是古埃及的金字塔,还是古希腊的巴特农神庙,以至今日的巴黎的埃菲尔铁塔,都蕴藏着 0.618 这一黄金比数.

一些著名的艺术佳作也处处体现了黄金比值——许多名画的中心都是在画面的黄金分割点处.

有趣的是:人的肚脐是人体长的黄金分割点.

开普勒研究植物叶序问题(即叶子在茎上的排列顺序,详见后文)时发现:叶子在茎上的排列也遵循黄金比.

19 世纪德国一位心理学家曾作过一次试验:他展出 20 种不同规格的长方形,让参观者从中选出自己认为最美的,结果多数人选择了 1:1.618 或接近这个比的长方形.

20 世纪 0.618 这个黄金比数又在优选法(更确切地说是最优化方法或运筹学)中找到了新用途.

五角星的这个比值竟然会在实际生活中有这么许多作用,这是一般人所始料不及的.

由于 0.618… 满足 $\mu^2 = 1 + \mu$ 的关系式,即 $\mu^{-1} = 0.618\cdots\left(\mu = \dfrac{1+\sqrt{5}}{2}\right)$,考察数列 $1,\mu,\mu^2,\mu^3,\cdots,\mu^n,\cdots$

又由

$$\mu^3 = \mu \cdot \mu^2 = \mu(1+\mu) = \mu + \mu^2 = \mu(1+\mu) = 2\mu + 1$$
$$\mu^4 = \mu \cdot \mu^3 = \mu(2\mu+1) = 2\mu^2 + \mu = 3\mu + 2$$
$$\mu^5 = \mu \cdot \mu^4 = \mu(3\mu+2) = 3\mu^2 + 2\mu = 5\mu + 3$$
$$\vdots$$

即 μ^n 总可用 μ 表示,又由 $\mu^n = \mu^{n-1} + \mu^{n-2}\ (n \geq 2)$,

故 $\mu^2,\mu^3,\mu^4,\cdots$ 也恰好构成斐波那契数列. 而 $1,\mu,\mu^2,\cdots$ 也恰好在下面的迭套五角星中体现(图3).

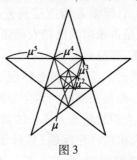

图3

§12 书籍开本的知识

人们几乎天天和书打交道,也许你不曾留心书的开本有大,有小,有长,有方,然而最常见的却是两种开本:212×146 和 197×136(图1),它们分别简称为大开本和小开本(均为没裁切前). 这两种开本分别是由下面两种尺寸的纸:856×1168 和 787×1092 按照图2方式裁剪的(书的后面都印有:开本 856×1168(或 787×1092)1/32 的字样)这种规格的纸据说也有讲究,因为它的长宽之比为 $\sqrt{2}$,因而不管如何对裁,这些裁后的纸张放在一起的话,其对角线共线(图3).

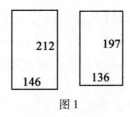

图1

188

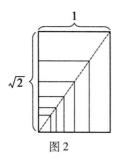

图 2

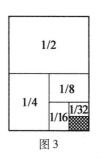

图 3

然而书为何会有这种开本？一是实用方便（因为它大、小适中）；二是美观大方（它的长、宽之比又接近于"黄金比例"0.618…）；三从实用角度讲还有一个节约问题.

我们仅以小开本为例说说看（图 4）.

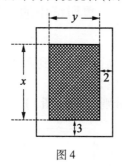

图 4

在一张两边各留 2 cm，上下各留 3 cm 的长方形纸上，要求印刷面积为 150 cm^2，当纸的长宽各为多少厘米时最为节省？

今设印刷部分长为 x，宽为 y，纸面积为 S，由设显然有

$$\begin{cases} xy = 150 & (1) \\ S = (x+3)(y+2) & (2) \end{cases}$$

将（1）代入（2）有

189

$$S = (x+3)\left(\frac{150}{x} + 2\right)$$

显然要求 S 的极小值.

对 S 求导,由 S 的导数 $S' = \dfrac{2-450}{x^2} = 0$ 得 $x = 15$.

又由 $x < 15$ 时,$S' < 0$;$x > 15$ 时,$S' > 0$ 故 $x = 15$ 是极小值.

由之有 $y = 10$. 从而纸的规格为 18×12（单位：cm）. 这正好约是小开本书本尺寸（单位：mm,又纸在裁剪时会有损失,尺寸较原来略小,这就差不多是上面所求的尺寸了）.

§13 复印纸中的数学

一张纸对折之后,可以得到两张与原纸相似的纸张,它的长宽之比应为多少?

该纸的长宽分别为 b, a（图 1）。

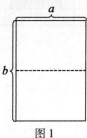

图 1

则由

$$\frac{a}{b} = \frac{\frac{b}{2}}{a} \Rightarrow b^2 = 2a^2 \Rightarrow \frac{b}{a} = \sqrt{2}$$

190

这种比是符合所谓利西滕贝格(Lichtenberg)比.

我们常见的 A_4 纸,正是这种规格. 它也是纸张国际化标准尺寸(ISO216). 1922 年曾被德纳入国际 DIN(编号 DIN476),它的尺寸为 210 mm×297 mm.

它是最大标准尺寸纸张 A_0 的 $\dfrac{1}{16}$(图 2),它们 $A_0 \sim A_4$ 具体尺寸如表

表 1

纸号	A_0	A_1	A_2	A_3	A_4
尺　寸 (单位 mm)	841×1189	594×841	420×594	297×420	210×297

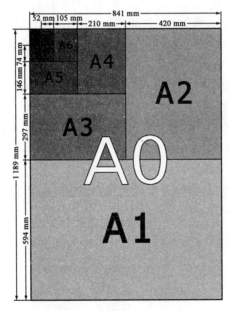

图 2

这种尺寸还与所谓 Pell 数列有关. 该数列是这样

产生的:

设 d 是非平方正整数,又 (u_0, v_0) 是 Pell 方程

$$u^2 - dv^2 = 1 \qquad (1)$$

的基本(最小正整数)解,对于正整数 n

$$u + v\sqrt{d} = (u_0 + v_0\sqrt{D})^n \qquad (2)$$

的 (u_n, v_n)(其中 $n \in \mathbf{N}$)是(1)的全部正整数解,则 $\{v_n\}_{n=1}^{\infty}$ 称为 Pell 数列. 这种数列是所谓 Lucas 数列(斐波那契数列的推广情形)的特殊情形.

又 Lucas 数列是指:满足

$$u_0 = 0, u_1 = 1, u_{k+2} = au_{k+1} - bu_k (k \geqslant 0)$$

$$v_0 = 2, v_1 = a, v_{k+1} = av_{k+1} - bv_k (k \geqslant 0)$$

的数列 $\{u_n\}_{n=0}^{\infty}$, $\{v_n\}_{n=0}^{\infty}$ 分别称为参数为 a, b 的第 Ⅰ,Ⅱ类 Lucas 数列(著名的斐波那契数列为其特例).

又当 $a = 2, b = -1$ 时,上述数列分别称为第 Ⅰ,Ⅱ类,Pell 数列.

Pell 数列的算术性质一直是"数论"中的一个引人关注的课程.

关于第 Ⅰ 类 Pell 数列,显然满足 $P_n = 2P_{n-1} + P_{n-2}$,具体地它为

$$1, 2, 5, 12, 29, \cdots$$

该数列的相邻两项之比(后项比前项)越来越接近 $1 + \sqrt{2}$.

对角线长满足 $1 : (1 + \sqrt{2})$ 的菱形(图3):

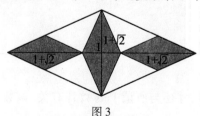

图3

192

有下述性质:

3 个小菱形可拼成一个与它们相似(对角线长之比相同)的大菱形.

又其相邻 3 项有关系式

$$\frac{p_n}{p_{n-1}} = 2 + \frac{p_{n-2}}{p_{n-1}}$$

(斐波那契数列的此种关系为$\frac{f_n}{f_{n-1}} = 1 + \frac{f_{n-2}}{f_{n-1}}$)

§14　蜂房的几何学

蜂房是由蜜蜂分泌的一种蜂蜡筑造的. 人们研究发现,蜂房结构是使用最少的蜂蜡造出最大蜂室的构形——外观上看它是正六边形的. 有趣的正六边形也是能铺满平面的三种正多边形之一.

设 O 是平面上任一点(图1),在该点处有 k 个正 n 边形拼成,由正 n 边形每个内角为

$$\frac{(n-2) \cdot 180°}{n}$$

若这 k 个正 n 边形能铺满平面,则有

$$\left[\frac{(n-2) \cdot 180°}{n}\right] \cdot k = 360°$$

即　　　　　　$(n-2)(k-2) = 4$

此方程仅有三组解

$$\begin{cases} n=3 \\ k=6 \end{cases}, \quad \begin{cases} n=4 \\ k=4 \end{cases}, \quad \begin{cases} n=6 \\ k=3 \end{cases}$$

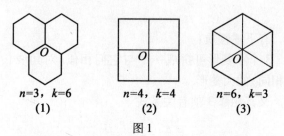

$n=3，k=6$　　　$n=4，k=4$　　　$n=6，k=3$
(1)　　　　　　　(2)　　　　　　(3)

图 1

接着我们考虑同样周长所围平面图形的面积. 下面是周长为 p 的几种图形的面积比较(表1).

表 1

图　　形	面　　积
正三角形	$\dfrac{\sqrt{3}p^2}{36} \approx 0.05p^2$
正方形	$\dfrac{p^2}{16} \approx 0.06p^2$
正六边形	$\dfrac{\sqrt{3}p^2}{24} \approx 0.07p^2$
圆	$\dfrac{p^2}{4\pi} \approx 0.08p^2$

由表1可见, 周长给定的平面图形以圆所围面积最大. 但用这种图形去覆盖平面, 将会产生一些无用的阴影区域(图2), 因而蜂房筑成圆形是不合算的, 而用正六边形则要合算得多.

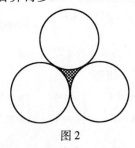

图 2

从图 3 可以看到七个圆的周长,要比拼在一起的七个正六边形周长要长(因为它们有一些公用边).

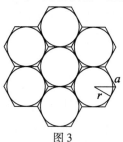

图 3

设正六边形边长为 a,图中七个正六边形中共 42a,因为某些边公用,实际上只有 30a.(这就是说用五个正六边形的边的材料,实际上可围出七个正六边形来)

又正六边形内切圆半径 $r = \dfrac{\sqrt{3}a}{2}$,而七个圆的周长为 $7\sqrt{3}\pi a$,这样七个圆的周长比能围成七个正六边形的 30a 要大

$$\frac{7\sqrt{3}\pi a - 30}{7\sqrt{3}\pi a} \approx 21.4\%$$

而七个圆的面积要比七个正六边形面积少

$$\left[3\sqrt{3}a^2 \times 7 - \pi\left(\frac{\sqrt{3}a}{2}\right)^2 \times 7\right] \div \left[\pi\left(\frac{\sqrt{3}}{2}\right)^2 \times 7\right] \approx 10.3\%$$

由上看来,蜂房选用正六边形是合算的.

§15　完美正方块

电子工业的出现,使整个科学技术面貌焕然一新.

195

在电子学里,无线电路的研究中,克希霍夫两定律是十分重要的.

人们也许不曾料到:这个电学中的重要定律,在数学中也会用到,在解决"完美正方块"问题上就是一例.

所谓"完美正方块",就是用规格(尺寸)完全不同的小正方形去填满大正方形问题.当把这些小正方形边长视为某闭合电路的电阻值时,就是要设计一种电路,使它满足某些特定的条件,而使总电阻为定值.这样把填满正方形问题便转换为电路电阻的计算,而它正是要靠克希霍夫定律完成.

1926 年,苏联数学家鲁金对"完美正方形"的存在提出了质疑,人们也普遍认为"完美正方形"是不存在的,这也引起当时正在英国剑桥大学读书的四位学生(他们现在均已成为世界上知名的组合分析和图论的专家)的兴趣.

几年后的聚会(那是 1938 年的事了),他们终于造出了一个由 63 个大小不同的正方形组成的大正方形(为方便计算,我们称它是 63 阶的).

次年,有人给出了一个 39 阶的完美正方形,同时,布鲁克斯(Brooks)等人利用图的理论,把完美正方形的构造,发展成系统化的方法,但是直到 60 年代末,最好的纪录(当然是指由最少块数的小正方形组成的完美正方形)是 24 阶(图 1).

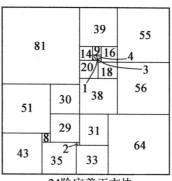

24阶完美正方块

图 1

图 2 是威尔逊（Wilson）1967 年发现的阶数为 25 的完美正方块.

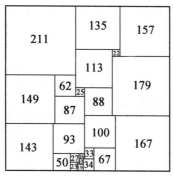

图 2

电子计算机的发展,也给这一研究带来了生气. 1978 年,荷兰特温特技术大学的杜依维斯蒂尤用大型电子计算机算出一个 21 阶的完美正方块(图 3 中的数字表示该正方形的边长),这是迄今为止阶级最低的完美正方块.

197

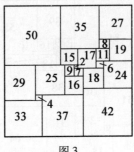

图 3

资料表明:数学家曾证明了"小于 21 阶的完美的正方块不存在".

顺便讲一句,由不同规格的小正方形组成的矩形,叫完美矩形. 图 4 是两个九阶完美矩形. (Brooks 等人在 1940 年证明了:完美矩形的最低阶是 9,且它仅有两种)

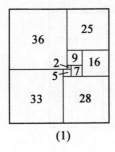
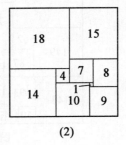

(1)   (2)

图 4

另外,1969 年 Federico 发现:

边长 1∶2 的整(数)边矩形可以用尺寸完全相异(边长为整数)的正方形覆盖.

他用边长分别为 1,2,4,8,9,14,15,16,19,22,23,24,26,27,28,42,43,54,60,63,72,75 和 81 的 23 个尺寸不同的正方形覆盖了一个 135 × 270 的矩形完

198

美矩形(图 5).

通过仿射变换可以证明,边长为整数的平行四边形存在同样的分割(即存在完美平行四边形).

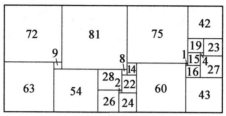

135×270的完美矩形

图 5

当然还可以考虑所谓完美三角形:即用不同规格的正三角形去组成新的正三角形问题. 这个问题被塔特于 1948 年否定地解决了,我们若放宽约束,即准许同规格(大小)的正三角形至多出现两次,这样组成的正三角形叫拟完美三角形. 图 6 便是一个拟完美三角形(图中正三角形中的数字为该三角边长,符号正者为正放的三角形,负者为倒放的三角形,这样赋值否便符合"完美"条件了).

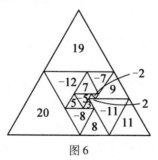

图 6

当然这类问题也有所谓最小阶数问题. 比如边长是 11 的正三角形最小"拟完美"阶数是 11(图 7,图中

数字表示该正三角形边长,共有 4 种解)

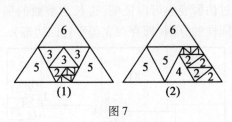

图 7

可以证明:完美立体不存在.

§16　从一个电路的设计谈起

如图1,有接线点 A,B,C 和 X,Y,Z,今打算设计一个线路,使 A,B,C 分别与 X,Y,Z 联结,但它们彼此不交叉,这办得到吗?

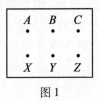

图 1

读者动手画一下就会发现,这是不可能的.但它的道理在哪里呢?

在说明这个道理以前,我们先介绍一个看起来直观,但证起来却很困难的著名的"约当定理".

设 S 为平面上一条连续闭曲线,则 S 把平面分为内外两部分.又设 P,Q 分别为这两部分中的各一点,则 P,Q 间的任何连续曲线 l 必与 S 相交(图2).

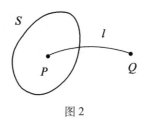

图 2

直观看上去它是很显然的,但证起来却非常麻烦,而且要用到许多数学知识,这里就不证了.(它的证明不是绝对必要的,在一些场合下可以作为公理而无须证明)

下面我们来证明前面的问题.

我们先看从 A, C 两点分别向 X, Y, Z 连线(A 向 X, Y, Z 连线用实线;C 向 X, Y, Z 连线用虚线)后的情形:由图 3 可见,这些线构成一些封闭曲线,这些封闭曲线把平面分为三部分(区域 Ⅰ,Ⅱ,Ⅲ),点 X, Y, Z 均在某两区域的边界上.由题意可知,B 不能在这些边界上,也就是 B 必在区域 Ⅰ,Ⅱ,Ⅲ 中之一.由图可见,无论 B 在哪个区域内,X, Y, Z 中总有一点位于 B 所在区域的外面.由约当定理,B 与该点连线必与边界相交.

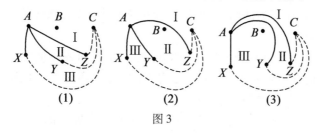

图 3

从而说明,自 A, B, C 分别向 X, Y, Z 连线而不交叉是不可能的.

注　问题还可以用欧拉关于(凸)多面体顶点(V),面数

(F),边或棱(E)的公式$F+V-E=2$来解决.

反证法 若依要求可连线,则由欧拉分式有$F=2-V+E=2-6+9=5$图中每个面周界至少4条棱(边),这样一方面边的条件$\leqslant 2E$(每条至多算两次).另一方面边的条数$\geqslant 4F$.这样$2E=18\geqslant 4F=20$,矛盾!

这个例子是图论(数学的一个分支)中的一个著名例子(称为不可平面图),它是在1930年由波兰数学家库拉托夫斯基给出的.他还证明:包含下面两种情况之一的图都是不可平面图(图4).

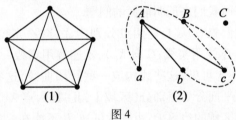

(1)   (2)

图4

数学家们把这种不可平面的极小图称为库拉托夫斯基图.平面上的极小图仅有上面两种.

20世纪30年代中期,匈牙利数学家厄尔多斯提出:在其他曲面上,类似的极小图有多少(有限还是无限)?

(这种想法是自然的,因为早在平面或球面上的地图"四色问题"解决之前,人们已将环面上的地图"七色问题"彻底解决)

1980年人们证明:表比乌斯带上的极小图有103个;圆环面上的极小图至少有800个;带柄球面上的极小图至少有80 000个.但到底有多少?当然仍不为人们所知.

1984 年,美国俄亥俄州立大学的罗伯逊证明:在所有的曲面上,极小图的个数总是有限的.

§17　机器证明与叠纸

1959 年,美国洛克菲勒大学华人教授王浩仅用 9 分钟时间在计算机上证明了罗素关于数理逻辑的 450 条定理(它们刊在《数学原理》一书中),在数学界引起了轰动. 这是用机器证明数学定理的先驱.

诚然,用机械方法证明定理的思想,可追溯到 17 世纪的莱布尼兹,时至 19 世纪,德国数学家希尔伯特创立且发展了数理逻辑,为数学证明的机器化提供了工具. 电子计算机的出现,才使得这种思想变为现实.

电子计算机的发展与进步,使数学证明机器化的研究有了进展,1976 年两位美国人用大型计算机,花 1 200 小时证明了一个 100 多年来未能被人们所证明的关于地图着色的"四色猜想".

利用计算机 1978 年蒙特利尔大学的几位老师完成了一项有限几何问题的证明(证明某种投影不存在). 1981 年美国希尔研究所的兰福特证明了函数迭代中的费根鲍姆猜想.

但尽管如此,把数学中有关证明所固有的质的困难性,代之以算法方式使证明过程标准化而造成的计算中的量的复杂性的研究,常常是达到否定的结果(即形成不可判定的数学理论).

我国著名的数学家吴文俊在机器证明的某些方面处于世界领先地位,用他的算法,可以证明许多复杂的初等几何和微分几何的定理.

机器是怎样证明几何定理的呢？我们以"机械地"叠纸来证明几何定理的例子,模拟地谈谈这个问题.

比如要证明"三角形三内角和$180°$"的定理,我们用纸先剪一个三角形,然后按图1的程序去作,便可证明这个结论.

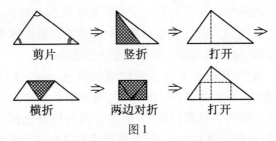

图1

其实,用这个方法也同时证明了三角形面积公式.

勾股定理中的不少证法,也可通过叠纸办法来完成.

叠纸法还可给出某些数值,比如可以得到黄金数$0.618\cdots$(图2).

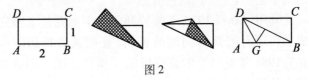

图2

这里$AG = 0.618\cdots$用叠纸办法得到正五边形的例子,也许更为人们所熟悉了(图3).

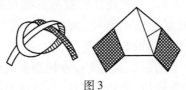

图3

下面的图 4 中,给出了用折纸法三等分任一角的过程(三等分∠PBC),图中的纸片是正方形,其实它可为矩形.

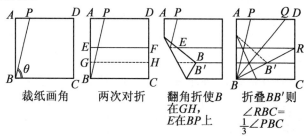

裁纸画角　　两次对折　　翻角折使B　　折叠BB'则
　　　　　　　　　　　在GH,　　　∠$RBC=$
　　　　　　　　　　　E在BP上　　$\frac{1}{3}$∠PBC

图 4

关于这方面的例子还可见本书"折纸的数学"一节内容.

关于机器证明问题,我国著名数学家吴文俊的研究有了重大突破,为此他出版了专著.

§18　从漏窗涂色到密码编制

取一张正方形的纸片,把它分成 4 个相等的小方格,然后挖去其中的一个开个"小天窗"(图 1). 用针插在原来正方形的中心,在所开"天窗口"处涂色,再把它顺(或逆)时针旋转 90°,再从窗口处涂色,涂完再转,转完再涂,……如此,旋转 4 次,便可正好涂满一个大正方形.

图 1

我们把正方形分划得细些,即分成 4×4 的小方格,若仍按上面办法涂色,把一正方形纸片涂满,至少要开几个小"窗口"? 它们开在何处才行?

乍一看,也许不好马上答出,但仔细分析一下便会发现:这至少要开 4 个窗口(因为图中有 16 个小格,转 4 次涂 4 次色). 再仔细分析一下,便会发现这样涂色的实质(图 2). 我们在里面 2×2 的方格中只要挖一个,而在外面的 12 个方格中只要挖去某 3 个(但不能随意挖,要注意旋转后方格的位置),那么只需在标有 ①,②,③ 的方格中各挖去一个即可. 比如可以按图 3 的方式挖(方式很多).

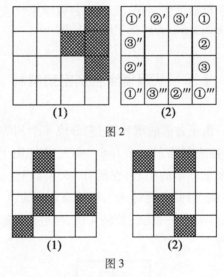

图 2

图 3

如果把格子分得再细些,比如 6×6,那么这时涂色问题只需按上面的方法把这些小方格分成 3 层,而各层分别挖去 1,3,5 个格,挖去的准则同上,最简单的

方式见图 4 (当然它的方式更多了).

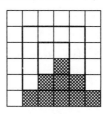

图 4

我们不难把结论推广到 $2n \times 2n$ 个方格的情形, 这时可把这些方格分成 n 层, 而至少挖去的格子数是

$$1 + 3 + 5 + \cdots + (2n - 1)$$

因为将它转 4 次涂 4 次后, 就能涂满全部方格, 即涂满 $2n \times 2n = 4n^2$ 个方格, 显然挖去的方格是 n^2.

这样我们就得到了

$$1 + 3 + 5 + \cdots + (2n - 1) = n^2$$

的结论.

这个问题和数学中的"群论"有关 (这是一种旋转"群").

值得一提的是: 用它还可以编制通信密码, 它的方法读者是不难掌握的.

§19　能描绘雪花的几何

数学与生活密切相关着, 它无处不有, 无时不在. 然而数学并非万能, 你想过没有: 一些极为简单的现象, 要用数学去描绘有时简直不能想象.

一块小小的鹅卵石, 要写出它的形状方程, 算算它的体积绝非易事.

　　烟囱里冒出一缕轻烟,在升腾、缭绕、扩散……这个简单的现象用数学去描绘也非常困难.就连一片小雪花,真的要描绘它,也不容易.

　　雪花,千姿百态,但它多是六角形,古人曾有"雪飞六出"的语句.雪是水的一种形式,由于水在结晶过程(气象学称为雪晶)中总保持结晶形态,雪花就常呈六角形.

　　有趣的是:人们利用了现有的几何知识,设计制造了房屋、桥梁、火车、轮船、火箭、飞船,然而对一片小小的雪花的描绘却无能为力.

　　计算机的出现,帮了人们的大忙.几年前,加拿大电子计算机专家曼德布罗特用计算机创造了一门新的几何学——自然几何学(又称分数维几何学),它是由英国海岸线到底多长而引发的(图1).

图1

　　这种几何(又称分形)由于标尺不同海岸线长不同且随标尺缩小海岸线长增大.不仅可以描绘雪花,也可描绘炊烟、白云,描绘山间的瀑布湍流,描绘人体的血管分布,描绘银河系的结构,……

　　比如雪花,这个问题早在400年前天文学家开普勒在一本《六角雪花》书中首先指出的事实(雪花由微小的相同单元聚集而成).由于它的结晶过程是一种十分复杂的分子现象,描绘的过程不应是有限的——数学

208

家科赫已创造了雪花曲线的描述方法：

以一个基础等边三角形边长的三分之一为边的小等边三角形迭加到基础三角形上，成为一个六角星，再把此六角星缩为三分之一迭加到六角星的每个小三角形处，……如此迭加下使得到一个雪花图案（图 2）．

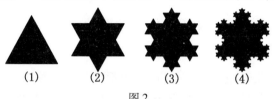

（1）　　　（2）　　　（3）　　　（4）

图 2

值得一提的是：这条曲线也是 Helge von Koch 于 1906 年造出的处处连续但无处可微的函数图像．它的周长无穷大，但却围住一块有限的面积．

若设原来正三角形边长为 a，容易计算：图 2 中图形（2）（3）…的周长分别为 $12a,16a,\cdots$ 即它按公比 $\dfrac{4}{3}$ 增长，显然它们的极限是无穷大．

又它们所围成的面积却分别为

$$S_1 = \frac{9}{4}\sqrt{3}\,a^2$$

$$S_2 = \frac{1}{4}(9\sqrt{3}\,a^2 + 3\sqrt{3}\,a^2)$$

$$S_3 = \frac{1}{4}(9\sqrt{3}\,a^2 + 3\sqrt{3}\,a^2 + \sqrt{3}\,a^2)$$

$$\vdots$$

这样 S_n 是一个公比为 $\dfrac{4}{9}$ 的几何数列和（即它本身是一个几何级数），容易算得

$$S_n \to \frac{18}{5}\sqrt{3}\,a^2$$

它显然是一个有限的值.

自然(分形)几何学已在宇宙学、生物学、语言学、经济学、气象学等许多领域展现了广阔的前景,它也必将会在这些学科中大显神威.

§20　外角定理推广

关于"平面上的(凸)多边形的外角和为360°"这个定理,是大家所熟知的. 图 1 中,四边形 *ABCD* 的外角和为360°,是由于把在四个顶点上所做的四个扇形拼合起来,可以组成一个完整的圆.

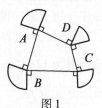

图 1

顶点 *A* 上的外角为(180° − ∠*A*)即不足于180°的角.

这个平面上的外角定理,可以在空间图形(凸)多面体上加以推广,使它一般化.

其实,这个定理在解析几何学的创始人笛卡儿所遗留下的笔记中就有记载,在笛卡儿死后 200 多年,从他的草稿抄件中才被发现.

所谓多面体的顶点上的外角(外立体角),即 360°减去在这个顶点上所做的多面角的和(这显然因为考虑的是凸多面体,所以小于 360°),它为不足于(小于)

$360°$的角.

正四面体各顶点上的外角都相等,为

$$360° - 60° \times 3 = 180°$$

因而,正四面体的外角和为 $180° \times 4 = 720°$.

正六面体各顶点上的外角都相等,为

$$360° - 90° \times 3 = 90°$$

因而,正六面体的外角和为 $90° \times 8 = 720°$(图 2).

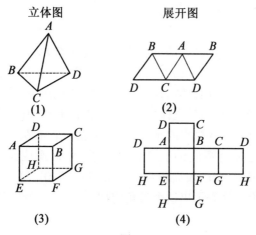

图 2

(凸多面体的外角定理)多面体的外角和为 $720°$.

下面我们简单证明一下. 设多面体的顶点,边及面的数各为 V, E, F,则根据欧拉的多面体定理,可以写出欧拉公式

$$V - E + F = 2$$

又设此多面体的面,由 n_i 个 f_i 边形所组成($i = 1, 2, \cdots, k$),则其面数应为 $n_1 + n_2 + \cdots + n_k = F$,其边数由于各边为二个面所公用,所以构成下列的关系

211

$$n_1 f_1 + n_2 f_2 + \cdots + n_k f_k = 2E$$

其次,面角的总和为

$$n_1 (f_1 - 2) \cdot 180° + n_2 (f_2 - 2) \cdot 180° + \cdots + $$
$$n_k (f_k - 2) \cdot 180°$$
$$= (n_1 f_1 + n_2 f_2 + \cdots + n_k f_k) \cdot 180° - 2(n_1 + $$
$$n_2 + \cdots + n_k) \cdot 180°$$
$$= 2E \cdot 180° - 2F \cdot 180°$$
$$= (E - F) \cdot 360°$$

因此,外角的和为

$$V \cdot 360° - (E - F) \cdot 360° = (V - E + F) \cdot 360°$$

应用欧拉公式即可得出上式值为720°.

另外,这和平面上的多边形可组成一个完整的圆一样,当在多面体时,在各顶点上以这个顶点为圆心作球,把各顶点的外立体角(这里虽然没有讲)中所含有球的部分全部拼集起来,也可以组成一个完整的球.

此时当圆周的长 $2\pi r$ 中的弧度 π 换成角变即 $2\pi = 360°$,球的表面积 $4\pi r^2$ 中的 $4\pi = 720°$,这也可以说结论同样表示出这个外角定理.

§21 影子的数学妙用

影子在物理,工程以及医学上有许多应用,而在数学方面影子的用途更早、更多.

在三千多年以前的我国一本名叫《周髀算经》的数学书中,已有"日中立竿测影"的记载,"髀"即 8 尺长的杆子,立在周城测量日影,故称"周髀",用这个办法测得日地距约为(用今天的度量单位)50 000 km,是

世界上最早描述日地距离的天文数字.

　　公元前 600 年左右,古希腊学者塔利斯利用影子和相似三角形性质,巧妙利用

$$\frac{塔影长}{杆影长} = \frac{塔高}{杆高}$$

公式,测出埃及金字塔高.

　　古埃及亚历山大里亚时代数学,地学家厄拉托赛,依靠搜集的地学资料,利用日影精确地计算出地球大圆的周长.

　　他在赛尼(今阿斯旺)夏至那天中午日光几乎直射进井底时,在它同一子午线北方的亚历山大,利用日影测得太阳光和地面标杆夹角 7.2°,说明地球是个大圆;测得亚城到赛城为(用今天的长度制式)785 km,这样可得地球周长是 39 250 km. 这是一个相当精确的数字(图 1).

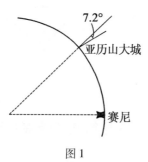

7.2°

亚历山大城

赛尼

图 1

　　同一时期的天文学者阿历斯塔卡在《论日月的体积和距离》一书中,利用地球日影在月亮上的影像,粗略地计算出太阳与地球和月亮与地球距离之比.

　　影子在数学上的应用,最重要的要算"射影几何"

的创立了,射影几何顾名思义是研究投影问题的几何.在这古希腊阿波罗尼和巴普士等人的著作中,已有零星记载.

其实画家们搞的聚焦透视体系,也正是投影概念.

直到 17 世纪,法国数学家笛沙格和帕斯卡,将以上诸内容归结,分别提出:笛沙格定理(两三角形对应顶点连线共点,则其对应边交点共线,其逆也真(图2))和帕斯卡定理(若一个六边形内接于一圆锥曲线,则它的三组对边交点共线,其逆也真),为射影几何的创立奠定了基础.

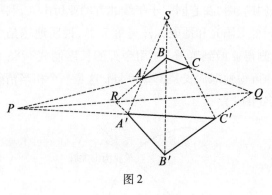

图 2

§22　图形给眼睛带来的错觉

下面的立方体中点 A 对它凝视一会你会发现它是飘忽不定的:一会儿在立方体外面,一会儿又跑到立方体里面(图 1).

214

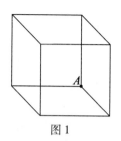

图 1

晚上,您看到广场的五连灯柱上有一个不亮的圆灯,明显地比四个亮着的圆灯要小,如图 2(1)中,原因何在？难道是眼睛欺骗了您？

眼睛总是如实反映外界的景象,但在某些情况下是会给人以错觉的,这叫"视错觉". 正常的眼睛都有"视错觉".

当您看到如图(2)的正方形时,就会产生白比黑大的错觉. 当您看图(3)中的五根平行线时,由于衬托着不同图形的背景,似乎它们都向不同方向弯曲了. 甚至同样的两个 90 度角,由于背景的线条不同,图(4)中的角就大,而图(5)中的角就小.

另一类视错觉是:当您看到黑白相嵌的图形,在交叉顶点处您的眼睛会看出灰色斑迹(如图 6).

当看到黑白图形编织组合时,就会产生白色小矩形边弯曲的感觉(如图 7). 当您看明暗不同组合时,如图(8),就会产生不同的凹凸感觉. 当您看到图(9)(10)(11)时,好像是合理的,但它们实际上都不可能存在,这都是"视错觉"造成的.

我们掌握了这些知识,可以有意识地利用"视错觉"来达到我们的一些目的. 例如,利用有成组的横向线条产生竖向高的错觉,在设计楼房建筑时,多用横向线条就使人看起来高一些,多用竖向线条则使人看起来宽壮一些. 图(12)左侧图形的高度和右侧图形的宽

度都是 a,但看起来效果却不同.

我们掌握了"视错觉"的道理,还可以设法防止或抵消这种错觉. 我们知道,以放射线为背景的直线会使人产生弯曲感,如图(13)左侧图形所示. 因此,在画图13 右侧的透视图时,就可有意识地注意防止. 否则,图中天花板和墙交界线就会形成拱形的了.

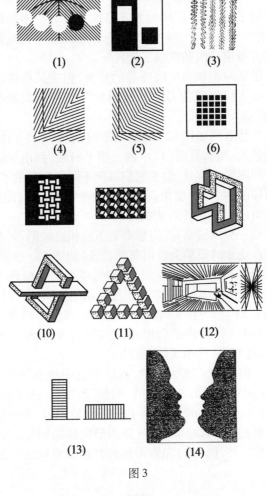

图 3

美术也是视觉艺术. 丹麦心理学家罗宾（E. Rabin, 1886—1951）曾于 1951 年利用人们随着注意力的转移, 知觉和背景可以相互转换的事实, 设计了"罗宾杯"（图（14））——它常常被作为广告美术的装饰而到处应用（看上去是一只酒杯, 但仔细一看又好似有两个人的头像隐现）.

§23　谈谈数形结合

在中学数学中, 经常会碰到这样一些问题: 有些数学题表面上看起来好像是一个代数或三角问题, 但是仅仅借助于代数, 三角知识又不易解决, 有时甚至不能解决, 而必须结合与题目有关的几何图形加以分析讨论, 才能得到正确的答案. 在数学复习中, 加强这方面的训练, 对提高学生分析问题和解决问题的能力以及后来的高等数学学习都是很有好处的. 下面选择二题加以讨论, 试图说明如何解决这类题.

问题 1　已知 $80\sin x = x$, 求此方程有多少实根?

解　原方程可改写为 $\sin x = \dfrac{x}{80}$. 现考虑 $y = \dfrac{x}{80}$ 和 $y = \sin x$ 的交点.

由于

$$\frac{26\pi}{80} > 1, \frac{25\pi}{80} < 1$$

根据 $y = \dfrac{x}{80}$ 和 $y = \sin x$ 的图形的特征, 我们知道 $y = \dfrac{x}{80}$ 与 $y = \sin x$ 在右半平面之最右端的两个交点是在区间 $(24\pi, 26\pi)$ 内, 故在右半平面共有 25 个交点.

由对称性,在左半平面也有 25 个交点,此外原点也是一个交点. 所以共有 51 个交点,即方程有 51 个相异实根.

初见此题,可能感到无从下手. 但我们知道,数学中方程的实根反映到几何图形上就是两曲线的交点. 现在我们要求根的个数就可以立即转化为求交点的个数,要求交点的个数,就要知道几何图形,只要把 $80\sin x = x$ 略加变形,此问题就可以解决.

由上述分析,解决这类综合性问题的关键是基础知识熟. 如果我们不知道方程根的几何意义,不了解 $y = \sin x, y = kx$ 的图,要解上述的问题是不可能的.

问题2 已知 a, b 为小于 1 的正数,试证

$$\sqrt{a^2 + b^2} + \sqrt{(1-a)^2 + b^2} + \sqrt{a^2 + (1-b)^2} + \sqrt{(1-a)^2 + (1-b)^2} \geqslant 2\sqrt{2}$$

证 如图 1,设 P, A, B, C 的坐标分别为 (a, b), $(1, 0), (0, 1), (1, 1)$. 则

$$|PO| + |PC| \geqslant |OC|$$

即

$$\sqrt{a^2 + b^2} + \sqrt{(1-a)^2 + (1-b)^2} \geqslant \sqrt{2}$$

$$|PA| + |PB| \geqslant |AB|$$

或

$$\sqrt{(1-a)^2 + b^2} + \sqrt{a^2 + (1-b^2)} \geqslant \sqrt{2}$$

由此,得

$$\sqrt{a^2 + b^2} + \sqrt{(1-a)^2 + b^2} + \sqrt{a^2 + (1-b)^2} + \sqrt{(1-a)^2 + (1-b)^2} \geqslant 2\sqrt{2}$$

对于上面要求证明的不等式,直接根据代数定理证是相当困难的,但由

$$\sqrt{a^2+b^2}, \sqrt{(1-a)^2+b^2}$$
$$\sqrt{a^2+(1-b)^2}, \sqrt{(1-a)^2+(1-b)^2}$$

四式的特点,我们可以联想到解析几何中的两点间的距离公式,这种想法驱使我们建立直角坐标系,用解析几何的观点来解决这个问题.

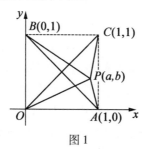

图 1

下面我们看看解决数形结合问题的简单步骤:

①认真审题,对题目中所涉及的每一个数学概念,既要知道其定义,也要明白其几何描述,这是我们解决这类问题的基础.

②在弄清楚题意的基础上,把一道综合题划分为几个基础. 因此,我们在平时的学习中要多做基础题,基础性的问题很熟了,解决综合性的数形结合问题就水到渠成.

③题目解完后,要马上进行解题小结. 这对解决综合性问题是很有必要的,也是提高解题能力的基本训练之一. 小结一般有三个要求:一是小结解题收获,有什么新的体会. 二是考虑还有什么更简捷的方法,做到一题多解. 三是改变题意,自编类型题,达到举一反三的目的. 例如"问题 1"中,$80\sin x = x$ 可变为 $80\cos x = x$,如果改为求 $\pi\sin x = 2\sqrt{\pi^2-x^2}$ 的根,则又联系到二

次曲线……

§24　用方格填满图形问题

一张大的铁板,要用冲床冲出许多小的啤酒瓶盖,这里面当然有个合理下料问题.如果铁板的尺寸与瓶盖的尺寸有某种倍数关系,这时下料是最理想的.可实际情况往往不是如此简单,这就需要人们去认真研究.

我们把问题简化一下,今考虑在一个边长为 a 的正方形铁板上,摆满一些小的 1×1 的小方块,如果不允许重叠,最多能摆多少个(图1)？如铁板 $a \times b$,瓶盖直径为 d,则其最佳值应为

$$a = (b + 0.5)d, \ b = \left(1 + m\sin\frac{\pi}{3}\right)a$$

这里 m, n 为整数.

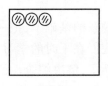

图1

若 a 是整数,问题好解决.可 a 不是整数时,情况又将如何？

比如 $a = 100\ 000!$ 时,按习惯或传统方法,把每个小方块都方方正正地按好,这种只能摆 $1\ 000\ 00^2$ 个(图2(1))——你也许不曾留心,这时的浪费是惊人的,因为剩下未被盖住的铁板面积却大于 $20\ 000!$.

可是如果换一种摆法,也就是稍稍错动各个小方

块的位置(不是方方正正地摆上),可以找到多摆18 500个小方块的方法(图(2)).

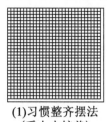 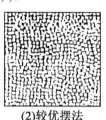

(1)习惯整齐摆法　　　　(2)较优摆法
　(看上去较美)　　　　　(看上去不美)

图2

这个问题的一般结论,最近由匈牙利科学院的厄尔德斯和美国密执安大学的蒙哥马利与格拉汉姆等人同时解决,他们证明:

当 a 较大时,用 1×1 的小方块铺满 $a \times a$ 的正方形,而使其至多剩下 $a^{\frac{\sqrt[3]{2}}{2}} \approx a^{0.634} \cdots$ 个面积单位未被覆盖的摆法,实际上是存在的.

比如上例中,就存在着未被覆盖部分的面积小于100 000. $1^{0.634} \approx 1\ 479.1$ 的方法(请注意,这并不意味着再用1479 个小方块可将图形填满).

有人还猜测:更好的结果也许是小于 $a^{0.5} = \sqrt{a}$,然而这一点未被人们所证实.

顺便讲一句,这类问题的三维情形,在装箱问题上常会遇到——特别是在集装箱运输问题中.

§25 球的翻转

一张纸,一块布,……你可根据它们的性状区分它的正面和反面,可生活中也存在着没有正反面的曲面. 把一条长的矩形纸带扭转 180°后,再把两端粘起来, 这就成了一个仅有一个侧面的曲面,它通常叫作麦比乌斯带(图 1)(它是德国数学家麦比乌斯 1858 年发现的).

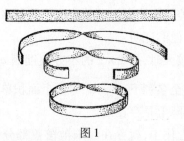

图 1

一只蚂蚁可以爬过整个曲面而不必跨越它的边缘 (见图 2,蚂蚁沿图中虚线爬行).这类问题是拓扑学中的一个著名问题.

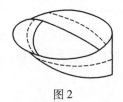

图 2

和麦比乌斯带相似的三维封闭图形叫克莱因瓶 (它是德国数学家克莱因 1882 年发现的),这种瓶也

只有一个侧面(图3).

从拓扑学观点看,它实际上是两条麦比乌斯带沿边缘黏合而成,当然它可以实际想象为环面(比如自行车内胎)翻转而成.

图3

一件衣服,一个信封,……你可以容易地把它翻过来,然而有的物体却不那么简单.

数学家斯梅尔在1959年给出:人们如何可将一个球的内壁,在没有褶皱和撕破的条件下向外翻转.它的详细过程是由法国失明的数学家莫兰阐述的,然而却无人给予形象的描绘.

后来,有人把这一过程输入到计算机中,最后输出了这个过程的直观显示图形(图4)(它以蓝、红两色分别表示球的内、外壁).

图4

这个成就一方面显示了计算机进入数学后的强大活力,此时也标志拓扑这门学科已由抽象转向具体问题的研究(当然它是由研究具体问题开始的).

问题也许并不起眼,但它却是近几十年来著名数学成果之一.

§26　麦比乌斯带的一个问题

在数学上,人们要想简单地描述某些貌似简单的问题,往往非常困难. 一些看来或许并不起眼的问题,往往会使人求索几个,甚至十几个世纪,比如"几何作图三大难题"的解决就是如此.

我们在前文"球的翻转"中曾提到过麦比乌斯带,这是一位德国天文学家在1863年制作的甚为有趣的纸带,想不到它竟成了数学中的一个精彩的例子(关于单侧曲面).它的制作其实很简单,把一条长方形的纸条扭转一下,然后把纸条两端粘起来,一条麦比乌斯带便制作成功了(见上节图2及下图1).

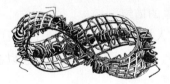

图 1

麦比乌斯带有许多有趣的性质,比如用不同方式去剪开它,可有不同的结果:

如果沿着纸带中线剪开(图2中虚线),它仍是一条扭了两圈宽为原来带子一半的麦比乌斯带,只是长度增加了一倍;

然而若沿纸带的两边各三分之一处剪开,它却成

了一个扭了两圈两倍长的麦比乌斯带,并套上一宽为原带三分之一的一个小麦比乌斯带.

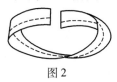

图 2

20 世纪 60 年代,两位美国人在研究麦比乌斯带制作时提出过下面的问题:用怎样长度的纸条才能做成麦比乌斯带?

动手做一下,你会发现,对于正方形的纸条来说,若不许褶破或拉伸,你是无论如何也做不成功的. 人们当然清楚,纸条越长,做起来越容易. 试问在保证不弄坏(打褶,撕破)纸条的前提下,能做成功麦比乌斯的纸条最短长度是多少?

问题看上去似乎简单,然而回答起来却是如此困难,两位美国人的估计是:

若纸条宽是 1,则能做成麦比乌斯带的最小长度 l 在 $\frac{\pi}{2}$ 到 $\sqrt{3}$ 之间.

从图 3 可以看出,只要 $l \geqslant \sqrt{3}$,做成功是没有问题的.

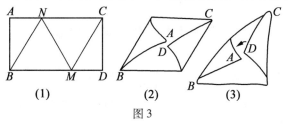

(1)　　　　(2)　　　　(3)

图 3

但它并不是 l 的最小估计. (如果允许纸带褶折,这个最小值可以是 $\frac{\pi}{2}$),在不允许褶折的情况下,l 最

225

小值应是多少？这仍然是一个未解之"谜".

有趣的是,这个在数学史上完全由数学家构想出来的东西,竟进入有机化学领域.

美国科罗拉多大学化学系的沃尔巴,理查兹和霍尔提万格,在实验室第一次合成了形状和麦比乌斯带一样的麦比乌斯分子.

他们制造麦比乌斯分子的方法,同制作麦比乌斯带的方法极其相似:先制造出四羟基甲撑二醇 p 磺酸联甲苯三元化合物(简称迪米二醇联甲苯合物),然后将该化合物分子两端按麦比乌斯带的方式"连接"起来,就形成了具有拓扑结构的迪米麦比乌斯分子,若将这种分子的双键剖开,可得到环径加一倍而分子量不变的大环(图4).

图 4

三位科学家还打算在此基础上合成拓扑结构更为惊人的一些有机分子,以便摸索出一套研究有机化学的新方法.

§27 苹果手机 Logo 设计中的数学

苹果手机(iPhone)和平板电脑(iPad)已十分著名,因为不少人青睐.它的商标即咬了一口的苹果到底有何故事,它的数学情景恐怕你未必知道.

商标的设计据说有两三个版本.

一是公司总裁乔布斯最崇拜英国数学家,计算机

科学的创始人图灵,图灵是一位同性恋者,迫于压力吃了毒苹果而身亡,现场留下一个咬了一口的苹果.

二是图案最早系牛顿坐在苹果树下,而 1977 年 Rob Janov 设计了如今的图案,它取自《圣经》亚当和夏娃的故事,它又代表知识树上的果实.

此图案效果一是色彩鲜艳给人以活力和朝气;二是引起人们的好奇;三是英文中"咬"(bite)与计算机基本运算单位字节(Byte)同音.

我们来看它的设计图案(图1):

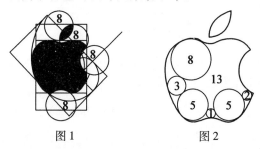

图 1　　　　　　　　　图 2

请注意图 2 中的小图尺寸圆中数字表示该小圆半径:

这些小圆半径恰好为斐波那契数列中的前几项:1,2,3,5,8,13(图 3).

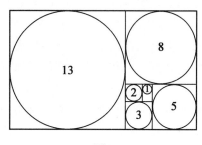

图 3

从另一角度看圆中尺寸也符合黄金分割

$$\frac{a}{b} = \frac{c}{d} = \frac{e}{d} \approx 0.618$$

想不到人们对于黄金分割竟是如此厚爱.

§28　尼科梅切斯定理的几何解释

早在 2 000 多年以前,人们就知道了自然数前 n 项和公式

$$\sum_{k=1}^{n} k = \frac{1}{2}n(n+1)$$

公元前 2 世纪,古希腊的阿基米德等人已知道(给出)自然数二次方幂和公式

$$\sum_{k=1}^{n} k^2 = \frac{1}{6}n(n+1)(2n+1)$$

公元 1 世纪,尼科梅切斯给出自然数三次方幂和公式

$$\sum_{k=1}^{n} k^3 = \left[\frac{1}{2}n(n+1)\right]^2$$

对于自然数四次方幂和公式,20 世纪由阿拉伯人得到. 至于自然数更高次方幂和的一般公式,是由荷兰数学家雅谷·伯努利在两个世纪前给出的.

自然数的某些方幂和有着直观的几何解释,比如

$$1 + 3 + 5 + \cdots + (2n-1) = n^2$$

可从图 1 中看出(当然它的意义不止于此,它还启发我们探求某些自然数方幂和公式),但一些自然数高次方幂和的几何直观性就不那么强了. 本文给出

尼科梅切斯定理即自然数立方和公式的两个几何解释.

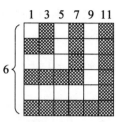

图 1

图 2 大正方形是由边长分别为 $5,4,3,2,1$（自外向里）的小正方块组成,从图中容易看出:

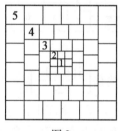

图 2

大正方形边长等于 $5 \times 6 = 5 \times (5+1)$,它又为
$$2 \times (5+4+3+2+1)$$

这样我们可得
$$2 \times (1+2+3+4+5) = 5 \times (5+1)$$

即　　　　$1+2+3+4+5 = \frac{1}{2}[5(5+1)]$

又大正方形面积为: $[5(5+1)]^2$,它又可为全部小正方块面积的和
$$4 \times 1^2 + 4 \times 2 \times 2^2 + 4 \times 3 \times 3^2 + 4 \times 4 \times 4^2 + 4 \times 5 \times 5^2$$
$$= 4(1^3 + 2^3 + 3^3 + 4^3 + 5^3)$$

从而可有等式

$$1^3 + 2^3 + 3^3 + 4^3 + 5^3 = \left[\frac{5(5+1)}{2}\right]^2$$

我们再来看它的另一种几何解释:

图 3 中大正方形边长为

$$1 + 2 + 3 + 4 + 5 + 6 = \frac{1}{2}\left[6(6+1)\right]$$

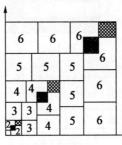

图 3

它的面积显然是 $\left[\dfrac{6(6+1)}{2}\right]^2$.

另一方面,它又等于全部小正方块面积的和:注意图中边长为 2,4,6 的正方块有重叠处(黑影部分),但它们均被其右上角的小正方块(带点者)所补偿了,这样总面积和为

$$1 + 2 \cdot 2^2 + 3 \cdot 3^2 + 4 \cdot 4^2 + 5 \cdot 5^2 + 6 \cdot 6^2$$
$$= 1^3 + 2^3 + 3^3 + 4^3 + 5^3 + 6^3$$

从而可有等式

$$1^3 + 2^3 + 3^3 + 4^3 + 5^3 + 6^3 = \left[\frac{6(6+1)}{2}\right]^2$$

顺便指出:这里只是给出了个别情形,它的一般情况是不难推广得到的.

230

§29　旅行家的路线

哈密顿(1805—1865)是爱尔兰数学家,1859 年他曾在市场上公布一个著名的游戏问题:

一位旅行家打算作一次周游世界的旅行,他选择了地球上 20 个城市作为游览对象,这 20 个城市均匀地分布在地球上. 又每个城市都有三条航线与其毗邻城市连接,问怎样安排一条合适的旅游路线,使得他可以不重复地游览每个城市后,再回到他的出发点?

这个问题直接解答是困难的,但我们可以通过下面的办法把问题转化一下:若把这 20 个城市想象为正十二面体的 20 个顶点(图 1),把它的棱视为路线,问题就可以放到这个多面体上去考虑:

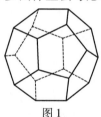

图 1

又假如这个十二面体是用橡皮做的,那么我们可以沿它的某个面把它拉开,伸延,展为一个平面图形(图 2),我们很容易从中找出所求路线(图中粗线所示的路线,当然不止这一条,读者还可以找出其他的所要求的路线).

231

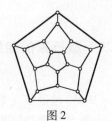

图2

这个问题经过抽象,概括可总结为下面的数学问题(哈密顿问题):

空间中的 n 个点中任意两点间都用有向线段(不管方向正反)去联结,那么一定有一条有向折线,它从某点出发,按箭头方向依次经过所有顶点.

这类问题在实际中甚有价值,类似的问题在运筹学中称为"货郎担问题"(又称为推销员问题)前面提到的方法(把正多面体视为橡皮的面将其拉平,伸展的办法)在数学上称为"拓扑变换".

利用拓扑变换(结合数学归纳法)还可以证明著名的关于凸多面体顶点(V)、棱数(F)、面(E)数之间的公式——欧拉公式

$$F + V = E + 2 \text{(或} F + V - E = 2)$$

其中 F, V, E 分别表示凸多面体的面,顶点和棱数.

利用欧拉公式,人们便不难证明:正多面体(各个面部是全等的正多边形的几何体)只有五种:正四面体、正六面体、正八面体、正十二面体和正二十面体(图3).

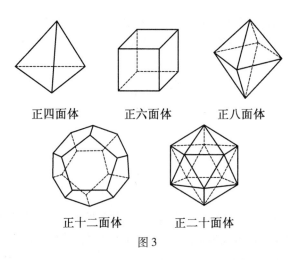

正四面体　　正六面体　　正八面体

正十二面体　　正二十面体

图 3

§30　货郎担问题

1979 年 11 月 7 日,美国《纽约时报》刊载一篇标题为"苏联的一项发明震惊了数学界"的报道. 内容大意是:一位名叫哈奇扬的苏联青年数学家,1979 年 1 月发表一篇论文,提出一种可以用来解决一类很困难问题的方法. 这类问题与有名的"货郎担问题"有关.

稍后,人们查阅了有关文献后才发现这是一篇失实的报道(它只是解决了与之有关的问题,即线性规划问题有多项式算法,而没有给出货郎担问题的可行算法).

什么是"货郎担问题"呢? 它正与我们前文提到的"哈密顿游戏"有关.

与之提法相仿的另一问题便是"货郎担问题",它又称为"推销员问题". 问题是这样的:

假设有一个货郎,要到若干个城市去售货,最后仍回到出发点,这些城市相邻两城有道路相通,它们长短不一(图1).问他应如何走才能使行程最短?

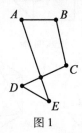

图1

对于三五个村庄来说,问题并不难解决,只需先列出全部可能的路线后,再逐个加以比较便不难找出这条路线来,但当村庄数目很多时,运算次数增长的很快,以致连计算机也无能为力.

利用数学归纳法不难推得:当村庄数是 n 时,货郎将有 $(n-1)!$ 条路好走,计算每条路的长再进行比较,这样须进行 n 次算法. $n!$ 这是一个随 n 增加极快的数字.仅以 $n=30$ 为例,这大约要进行 2.6×10^{32} 次运算,就是用 1 千万次/秒的电子计算机来处理,也需 80 亿亿年才行.

这可由 Stirling 公式

$$n! \approx \sqrt{2n\pi}\left(\frac{n}{e}\right)^n e^{\frac{\theta}{12n}}(0 < \theta < 1)$$

估算得,又 $n > 1$ 时

$$n! \approx \sqrt{2n\pi}\left(\frac{n}{e}\right)^n$$

而哈奇扬解决的是另一类问题(线性规划问题的多项式算法),人们把已经找到了多项式算法的问题归并一类,称作 P 类(英文 Polynomial 的第一个字母).

目前人们已经证明许多问题属于 P 类,(如解线性方程组问题,图论中的最短路问题等),但至今仍有许多问题,人们不知道它是否属于 P 类,"货郎担问题"即是如此.

对于线性规划问题,虽然已有效地解决它的算法例如单纯形法,但从理论上讲它却不是多项式算法(有人给出它不是多项式算法的例子),而线性规划问题有无多项式算法? 1979 年,苏联的哈奇扬给出一个线性规划问题的多项式算法. 1984 年美国贝尔实验室的印度数学家卡尔马卡又给出另一多项式算法.

哈奇扬的文章正是证明了线性规划问题属于 P 类,这与"货郎担问题属于 P 类"虽然貌似,(货郎担问题不是线性规划问题)但其实质却不一样(人们甚至认为后者并不可能存在多项式算法),到目前为止,它仍是一个难题.

§31　直线不一定是捷径

几何上我们学过:空间中两点以联结它们的直线段为最短,但这是有条件的. 换句话说,有时却不尽然,让我们先来看一个例子:

一辆两栖汽车从海岸上 A 去追击海上目标 B,已知汽车在陆地上速度为 v_1,在水里速度为 v_2,试问汽车在何处下水,才能最快地到达目标.

显然答案不一定是直线 AB. 将它类比地视为光线在不同的介质中的行进,由"光行最速原理"即一条实际光线在任何两点之间的"光程",比连接这两点的任

何其他曲线光程都要短,点 M(入海处)的选取应满足
(α,β 如图 1 中所示)

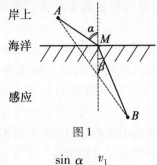

岸上

海洋

感应

图 1

$$\frac{\sin \alpha}{\sin \beta} = \frac{v_1}{v_2}$$

其中 v_1,v_2 为光在不同介质中的速度. 这就是说,在此
问题中直线不一定是捷径.

这个问题你也许会觉得新奇,可你大概不会想到:
正是这类问题的研究,导致了一门新数学分支的诞生.

早在 17 世纪,英国著名学者牛顿就最先研究了在
水中运动所受阻力最小的物体的形状(这些结论无疑
在今天的船舶,潜艇以及飞机的设计上大有用场),涉
及了这一类极值问题.

1696 年,约翰·伯努利在《数学教师》杂志上提出
了著名的最速降线问题:物体从定点 A 到点 B(B 不在
A 的正下方)当它沿何种形状曲线下滑运动时,所需时
间最少?

牛顿、莱布尼兹、洛必达、伯努利兄弟等均给出了
解答:它是一条上凹的旋轮线.

它的参数方程为
$$\begin{cases} x = a(\theta - \sin \theta) \\ y = a(1 - \cos \theta) \end{cases}$$

236

其中约翰·伯努利的解答最富于启发性. 从他的解答中展示了这条最速降线和光线在具有（适当选择的）变折射率 $\lambda(x,y)=c\sqrt{x-y}$ 的介质中行走的路径相同（图 2）.

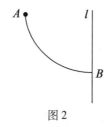

图 2

伯努利把介质分成若干层,先分层讨论光在这些介质中的运动,然后让层数趋于无穷而研究运动的极限情形(这种方法也是微积分常用的),便得到了解答.

这之后,学者们又潜心于"等周问题"的研究:

长度给定的封闭曲线成何形状时,其所围面积最大? 答案是圆.

这之后,约翰的哥哥雅谷·伯努利又提出:

从定点 A 以初速度 v_0 滑向给定直线 l 上任一点,如何运动所花时间最少?

答案也是一条与 l 正交的旋轮线.

由于解答这些问题所用方法是相近的,所以经过欧拉等人的工作后,写入了《寻求具有某种极大或极小性质的曲线的技巧》一书中. 这标志着一门新的数学分支——"变分法"诞生了.

与之类似的最短路程问题(它属于几何学范畴)还有所谓"费马点"问题.

求三角形内一点至三顶点距离和最小(图 3).

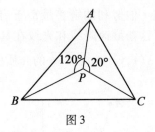

图 3

与 △ABC 三顶点连线两两夹角皆为 120°. 点 P 即为所求的点. 该点 P 称为费马点.

此外,正方形连接四顶点距离和最小者,不是它的两对角线,而是下图中折线,即正方形对角线与一边组成的两三角形中的费马点(图 4).

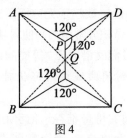

图 4

这类问题还和"运筹学"中(添加节点的)最小数问题有关联.

知识篇

第 3 章

§1 抽屉里的数学

朋友,当你在欢度自己生日时,你是否会想到:全世界正有一千六百多万人在与你共同享受这个欢乐?

(1)苹果、抽屉

三个苹果放在两个抽屉里,则必有一个抽屉的苹果数不少于2. 这个浅显的道理,正是数学上十分有用的"抽屉原理",也称"重叠原则".

这个道理不仅在数学上十分有用,在日常生活中有时也会用到. 也许你还不曾留心,那么,就请看下面几个事实吧!

(2)同乡、生日、相识

你想过没有:任你找 35 个中国人,他们中至少会有两个人是同乡(同一省或直辖市). 这是因为,全国只有 34 个省、市、自治区. 如果把这些省、市当作"抽屉",而把人当作"苹果",显然在某

239

一个抽屉里会放有两个以上的"苹果",这正是 35 人中至少有两人是同乡的道理.

你再想一想:因为一年中最多 366 天(闰年才如此),那么任何 367 人中,至少有两人是同一天生的,这就是说:367 人中间,至少有两人生日一样.进而你不难想到:在 4 393 人中,至少有两人不仅生日相同,连出生时辰也一样(请注意一天有 12 个时辰,而 $4\ 393 = 366 \times 12 + 1$).

你也许更难想象:全世界任找 6 个人中,其中必有 3 个人或者彼此都相识,或者彼此都不相识.

(3)头发、袜子、天平

头发,恐怕不曾有人认真地数过,即使你有些闲情,怕也难数得过来.人们通常是大致估算一下:即先数一下单位面积头皮上的头发根数,再计算人的头皮总面积,最后可以估算出整个头皮上的头发数.

据一些资料记载:一个人头发最多为十四万根(一般黑发者约十万两千根,金发者约十四万根,初生婴儿仅六七万根),那么在一个十五万人口的城市里,至少有两个人头发的根数一样(这里是强化了假设,不长头发或只长几十,几百根头发者甚少),对吗?

再来看看袜子.如果一个布袋里装有许多同规格(大小),但又是不同颜色的袜子,只知道颜色有三种,现在不许你看,而让你从中拿,问至少要拿几只才能保证配到一双同色的袜子(注意"保证"二字)?

答案显然是四只.

问题再变一下:若三种颜色的袜子,每种颜色又有三种不同规格,这时至少要拿几只才可保证配到同颜色,同规格的一双袜子呢?请读者去考虑.

　　你可能更不曾想到,抽屉原理在生产中也有自觉不自觉的使用:某厂生产的天平盘,精度可以控制在 ± 0.05 g 之间. 比如它们生产的天平盘重量在 $a \sim a + 0.1$ g 之间,现在想从中选出重量相差不超过 0.005 g 的两只天平盘,那么,最少需要从多少只中挑选?

　　按照要求可把该厂生产的天平盘按重量分为
$$a \sim a + 0.005, a + 0.006 \sim a + 0.010$$
$$a + 0.011 \sim a + 0.015, \cdots, a + 0.091 \sim a + 0.095$$
$$a + 0.096 \sim a + 0.1$$

共 20 台. 每台天平盘重量相差不超过 0.005 g,那么只需在 21 台天平盘中挑选即可.

(4)千万人同天过生日

　　现在让我们用"抽屉原理"解释全世界每天几乎都有 1600 万人过生日的问题. 其实这也很简单:据统计资料表明,全世界目前人口已超过 60 亿,又由于每个人在一年中的某一天出生的可能(用数学语言讲就是概率)是相等的,这样即:$60 \div 366 \approx 639$(万).

　　再细想一下:当今的世界上,不仅有着生日一样的人,甚至每天都有同一小时,同一分钟出生的人.

　　朋友,当你看完上面的事实后,你会有些什么想法? 数学不就是这个样子,它从生活中抽象,总结出来,反过来又应用到生活中,这同时,也为我们开拓一些新的方法和领域.

§2　从美国前 36 任总统生死日期所想到的

(1)367 人的生日

　　四个苹果放到三个抽屉里,则必然有一个抽屉里有两个以上的苹果,这就是所谓的"重叠原理"(即"抽屉原理").它是数学证明中两个看起来很直观.显然,但却十分有用的命题.利用它我们可以证明:

全世界任找 6 个人当中,至少有三个人或者彼此都相识,或者彼此都不识.

这正是"图论"中有名的拉姆赛定理的特例.

中国人有十二种属相:鼠、牛、虎、兔、龙、蛇、马、羊、猴、鸡、狗、猪,这由某人生于何年而定.

运用抽屉原理可以断定:13 个人中至少有两人属相一样,说来也许令人困惑:任意四个人中,有两人属相一样的可能约有一半,而一个 6 口之家,几乎可以断定他家会有两人属相一样,这种问题是数学的另一个分支"概率论"研究的对象了.

367 人中至少有两人生日相同(因为一年至多有 366 天(闰年)).

要是不足 366 人呢? 这时只能说人数越多,有两人生日相同的可能越大.这种可能如何表示,它们到底又有多大? 在回答这个问题之前,我们先来看一个资料.

(2)美国总统的生死日期

有人查阅了美国前 36 任总统的生死日期,竟发现他们中有两人生日相同,三人死在同一天:

第十一任(15 届)总统詹姆斯·诺克斯·波尔克(民主党)和第二十九任(33 届)总统沃伦·甘梅利尔·哈丁(共和党)都是 9 月 2 日出生的;

第二任(3 届)总统约翰·亚当斯(联邦主义者),第三任(4,5 届)总统托马斯·杰斐逊(民主党)和第五任(6,7 届)总统詹姆斯·门罗(民主—共和党)都是 7 月 4 日死的.

　　你也许会觉得奇怪,36 人中竟会有两人生日相同,三人死期一样! 这仅仅是巧合么? 如果不是你又如何解释呢?

　　一些具体的原因,我们暂且不去分析(当然它们可能很复杂),仅从数学角度去解释,这完全是正常的(是的,数学有时也能解释一些人们凭直观或感觉无法解释的奥妙现象).

(3) 数学能够进行解释

　　上述现象用数学的一个分支——"概率论"去解释,你会觉得不那么神奇了,为此我们先介绍几个概念.

　　在生活中或自然界里有一些现象,在一定条件下一定会出现,如月亮到十五会圆,水烧到 100℃ 会开等,这种事件叫必然事件.

　　有些事件却不是那样,在某些条件下它可能发生,也可能不发生,比如洪水、火山,甚至掷硬币出现正面等,这些事件先是无法确定的,它们叫作偶然事件. 概率论正是研究这些偶然事件发生规律(统计)的学科,概率也正是对于事件发生可能性的一种测度或度量(它的值在 0.1 之间).

　　比如,三张牌(你已经知道的)你随意猜其中一张是几,猜对的可能只有三分之一,我们把这种可能就称作概率,这样我们可以说猜对的概率是 $\frac{1}{3}$. 假如牌是五张的话,你猜对其中一张的概率只有 $\frac{1}{5}$ 了,那么猜错的概率是对于前者来说是 $\frac{2}{3}$,对于后者讲是 $\frac{4}{5}$.

　　显然"对"与"错"是互相对立的,这在概率论中称为对立事件,若用 P_A 和 P_B 分别表示"猜对"和"猜错"牌的概率,那么显然有 $P_A + P_B = 1$. (对于必然事件的概率定义

为1)

为了解释生日问题,我们先来分析一个例子.

三颗小球以同样机会落到五个盒子里,那么会有多少种可能的方式?

显然第一颗球可以落到五个盒子中的任一盒里,那么它有 5 种方式;第二颗球也可以落到五个盒子中的任一盒里,它也有 5 种方式;第三颗球与上同理,它落下的方式同样是 5 种,这样三颗球落到五个盒子中的方式共有 5^3 种.

今要再问每个盒子里至多有一颗球的方式有多少?

这恰好是从五个盒子中任选三个的排列问题,即有 $A_5^3 = 5 \times 4 \times 3$ 种方式,下面我们便可以计算一下:三颗球落到五个盒子里,且每个盒子至多有一颗球的可能或概率大小,即

$$P_A = \frac{A_5^3}{5^3} = 5 \times 4 \times \frac{3}{5^3} = \frac{12}{25}$$

那么由前面的分析知道:"三颗球落到五个盒子里,至少有两颗球在同一个盒子里"的事件与上面的事件是对立的,显然它的可能或概率应为

$$P_B = 1 - P_A = 1 - \frac{12}{25} = \frac{13}{25}\ (因为\ P_A + P_B = 1)$$

类似上面的分析,你能得到:

n 颗球落到 365 个盒子里,每个盒子至多有一颗球的概率应为

$$P_A = \frac{A_{365}^n}{365^n} = \frac{365 \times 364 \times \cdots \times (365 - n + 1)}{365^n}$$

而 n 颗球落到 365 个盒里,至少有两颗球在一个盒子里的概率为:$P_B = 1 - P_A = 1 - \frac{A_{365}^n}{365^n}$.

试想一下,若把生日视为"球",把一年中 365 天视为 365 个"盒子"的话,那么生日问题不正是与上面问题类似么? 这就是说:

n 个人中,至少有两人生日一样的概率是

$$P_n = 1 - \frac{A_{365}^n}{365^n} = \frac{1 = 365 \times 364 \times \cdots \times (365 - n + 1)}{365^n}$$

对于一些 n 值(人数)有人计算得(表 1):

表 1

n	5	10	15	20	25	30	40	50	55
P_n	0.03	0.12	0.25	0.41	0.57	0.71	0.89	0.97	0.99

表上的数字告诉我们:40 人中有两人生日一样的可能已有 0.89,可能性已经很大了.

难怪前面的 36 位总统中竟会有两人生日一样(当然对于它们死的日期分析与上道理同).

这个结果也许会使你感到意外和吃惊,但这是千真万确的事,倘若你还不肯相信且又有兴趣的话,你不妨作个调查去检验一下吧! 更细腻和准确的解释,读者可从概率论的专门著作中去寻找了.

当然下面的事实听起来也许更"玄"了:你把信寄给你的朋友,让他再寄给他的熟人,然后再让这位熟人寄给他的朋友……如此下去,在无预先约定的情况下,直到此信寄到你认识的人为止,这期间的联系人个数你一定会以为很大很大,其实不然,这个数约为 5.

这些事也许使人想不通,但事实却正是如此,借助数学方法也可以严格去证明.

注　某些巧合事件发生的概率

1. n 个人每人带一件礼物然后混放在一起,每人再随机从中抽取一份,平均只有一人恰好取到自己的礼物(无论 n 多么大).

2. 美国麻省理工学院的伊西尔发现:

某人群中任选两人,他们有一个共同朋友的概率是他们彼此认识概率的 10^3 倍,且有 99% 的把握说:这两人之间可由一串熟人链联系起来.

3. 心理学家米尔格拉姆做了如下实验:

他任选一组发信人,对其中每人指定一个收信人(他居住遥远,且发信人不认识). 当发信人每人将一份信件先寄给他认识但并非深交的收信人后,如此做下去,直至信件落到指定收信人手里为止.

米格尔拉姆惊讶地发现:信件传到指定收信人手里,中间仅经过2~10个传递者,切其中位数是5.

4. 打把命中率为 0.001,当他连续射击 5 000 次其命中率几乎为 1,依概率知识有

$$p = 1 - (1 - 0.001)^{5\,000} \approx 1 - 0.006\,7 = 0.993\,3$$

5. 有 55 件物品,放入 365 个盒子里,每个盒子里仅有一件物品的概率约为 0.01.

6. 人们常有这种经历:你平时很少收到信件(或电话),若某一天你突然收到一封信件(或接到一通电话),不久你还会收到信件(或接到电话),对于家中来访者情况亦然.

其实这是小概率事件接连发生的情形,它发生的概率并不很小.

此即随机事件"结伴"出现的情形,它包含某种极大 – 极小原理(W. 费勒曾论证过).

7. 有人还给出了计算两人生日相同的可能性的近似公式.

$$P(n) \approx 1 - \exp\left(-\frac{0.489n^2}{365}\right)$$

$p(n)$ 即为 n 个人中有两人生日相同的概率.

§3 月历的数学

表 1 是 2016 年 7 月的月历:

我们任取相邻组成正方形四个数:你能发现:$18 + 26 = 25 + 19$. 即两条对角线上数和相等(图 1).

18	19
25	26

7	8	9
14	15	16
21	22	23

图 1

又你任取相邻组成正方形的 9 个数:

你也能发现:$7 + 15 + 23 = 21 + 15 + 9$,它们对角线上的数和也相等(表 1).

表 1

日	一	二	三	四	五	六
					1	2
3	4	5	6	7	8	9
10	11	12	13	14	15	16
17	18	19	20	21	22	23
24	25	26	27	28	29	30
31						

此外你还能发现:正方形内的九个数的和,恰好等于形内中心数 15 的 9 倍,即

$$(7 + 8 + 9) + (14 + 15 + 16) + (21 + 22 + 23) = 15 \times 9$$

道理何在? 我们观察一下长方形数表你会发现(表 2):

同一行相邻两数相差 1;同一列相邻两数相差 7.

这样若设 3×3 方格的中间数为 x,则上面正方形

内 9 个数可以写成:

表 2

$x-8$	$x-7$	$x-6$
$x-1$	x	$x+1$
$x+6$	$x+7$	$x+8$

这样你便不难明白前面我们所介绍的两个性质了(加加看).

显然,在月历中所框成的正方形最大的是 4×4 的,且这样的正方形中两条对角线上的数和是相等的.

我们设所框正方形为图 2(1),然后任意划去一行一列,将交叉处的数圈上(图(2));

然后在剩下的数中再划去一行一列,将交叉处的数也圈上(图(3));

如此下去我们可以圈得四个数(图(4)).

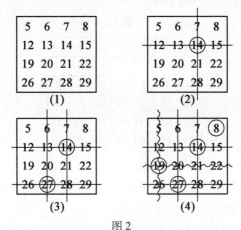

图 2

有趣的是:所圈四个数之和恰好等于正方形对角线上诸数之和

$$8 + 14 + 19 + 27 = 5 + 13 + 21 + 29$$

248

如果您懂得行列式知识,你还会发现图中每个:
2×2 正方形(准确的讲是 2×2 矩阵)组成的行列式值
为 -7,而每个 3×3 正方形(3×3 矩阵)组成的行列式
值为 0,比如

$$\begin{vmatrix} 18 & 19 \\ 25 & 26 \end{vmatrix} = -7, \quad \begin{vmatrix} 7 & 8 & 9 \\ 14 & 15 & 16 \\ 21 & 22 & 23 \end{vmatrix} = 0$$

至于 4×4 正方形组成的行列式值是多少? 这留
给有兴趣的读者考虑了.

(1) 周历的秘密

2015 年过去了,你想知道 2016 年的 $\times$ 月 $\times$ 日是
星期几吗? 好吧,这里告诉你一个方法.

(2) 一张卡片

图 3 是一张推算 2015 年某天是星期几的卡片,其
中大圆圈里面的数字代表 12 个月份,大圈外的数字代
表对应的推算修正值. 你若想推算 x 月 y 日是星期几,
可先从大圆圈里找到月份 x,再查出它所对应的修正
值 m,然后用 7 去除 $(y + m)$,所得的余数是几,那么 x
月 y 日便是星期几(余数是 0 时视为星期日).

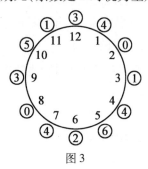

图 3

比如要推算 2015 年 5 月 4 日是星期几,从卡片上

可以查出 5 月份的修正值为 6,又由于
$$(6+4) \div 7 = 1 \cdots 3$$
知 2016 年 5 月 4 日是星期三.

再比如推算 2015 年 9 月 9 日是星期几,查得 9 月的修正值是 3,又由于
$$(9+3) \div 7 = 1 \cdots 5$$
知 2016 年 9 月 9 日是星期五.

看上去还蛮神呢!可它的道理在哪里?好,让我们简单地向你介绍一下.

(3)同余问题

先向大家介绍一个数学概念——同余,大家知道
$$9 \div 7 = 1 \cdots 2, 16 \div 7 = 2 \cdots 2$$
$$23 \div 7 = 3 \cdots 2, \cdots$$

9,16,23 除以 7,尽管商不同,但余数都是 2,我们就称 9,16,23 对模 7 同余,且记为
$$9 \equiv 16 (\bmod\ 7), 16 \equiv 23 (\bmod\ 7), \cdots$$

这个记号是德国数学家高斯在 1800 年首先使用的,这类问题的研究也始于他.

同余式与等式有许多类似的性质,这一记号本身也暗示了它与通常代数运算的许多相似结果.下面仅略述一条与本文有关的性质:

若 $a \equiv b (\bmod\ m)$,则 $a+c \equiv b+c (\bmod\ m)$ 这里 a,b,c,m,均为正整数或 0.

用语言叙述则为:若 a,b 对 m 同余,则 $a+c$ 和 $b+c$ 也对 m 同余,证明从略.

(4)修正值的得出

以 2016 年 12 月为例,让我们来看看周历中的修

正值是怎样得出的.表 1 中每一纵列里的各个数对于 7 都是同余的,换句话说,表 1 中同一列的数被 7 除后的余数都一样.比如从左到右各列数被 7 除后的余数分别是 4,5,6,0,1,2,3;再看看这些数和星期几有何关系? 不难看出,它们分别加上 3 以后再用 7 去除所得的余数是几,正好是星期几(0 对应星期日),这可从表 4 中清楚地看到.

表 3

日	一	二	三	四	五	六
				1	2	3
4	5	6	7	8	9	10
11	12	13	14	15	16	17
18	19	20	21	22	23	24
25	26	27	28	29	30	31

表 4

星　　期	日(0)	一	二	三	四	五	六
每列被7除后的余数	4	5	6	0	1	2	3
加修正值3再被7除后余数	0	1	2	3	4	5	6

试想,这个"3",不正是 10 月的修正值吗?

同样地,我们不难算出 1,2,3,…,11,12 诸月的修正值分别是 4,0,1,…,1,3,它们正是前面的推算卡片上月份旁的数字.

(5)造一个"万年"周历

懂得了上面的道理,你便不难造一个 2017,2018,… 诸年的推算×月×日是星期几的卡片了.当然,只要知道一年(平年)为 365 天,365 ÷ 7 = 52……1,闰年为

366 天,你是不难造一个"万年"周历的.下面就是一个"万年"周历.

1983~1999 年的表 5 上半部数字代表年份,下半部分数字代表日期;表 6 上面的 3 行数字代表月份,底下一行表示星期几.

在表 5 中间虚线处各切一道口(宽度与表 6 相同),将表 6 插入.

表 5

	83					
89	88		87	86	85	84
95	94	93	(92)		91	90
	99	98	97	(96)		

(2000)

1	2	3	4	5	6	7
8	9	10	11	12	13	14
15	16	17	18	19	20	21
22	23	24	25	26	27	28
29	30	31				

表 6

1	(2)	2	6	(1)
	5	8	3		9	4
10			11		12	7
一 二 三 四 五 六 日	一 二 三 四 五 六 日	一 二 三 四 五

使用时,抽动表 6 卡片,先将要查的月份与年代上下对齐,再看底下的日期,它所对的下面一行数字是几就是星期几.闰年时,1,2 月份要用被括起来的数字.

明白了它的道理,2000 年之后的万年周历,你也会毫不费力地制出来.

§4 植树的数学

植树,绿化的意义自不待说:可以净化空气,调节气候,美化城市,维护生态(平衡)……

这里我们想谈谈植树的另外一个问题——植树的数学.

笔直的马路两旁,栽的树木歪歪扭扭,当然不美;绿化带各种树木搭配要以做到合理通风,采光为妙——这些都要用到数学. 就连栽树的位置也有有趣的数学问题:同样多的树,不同的栽法,会有不同的效果. 最简单的问题如:

栽 10 棵树,要求每行栽 4 棵最多能栽几行?

两行半? 不对. 告诉你,最多可以栽五行. 乍一听你会以为不可能,可是看了图 1(图中黑点表示树的位置,下同)后,你会恍然大悟! (注意这里仅给出一种解,它的解法很多)

图 1

下面的问题出自英国大科学家牛顿.

9 棵树栽 9 行,每行栽 3 棵. 如何栽?

它的答案也很多,这儿仅给出其中的一种(图 2).

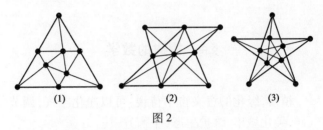

图 2

牛顿还给出了 9 棵树栽 10 行的方法(图 2(2)).
其实再多栽一棵树仍可栽 10 行(见图 2(3)).

其实 10 棵树每行栽 3 棵栽 10 行的方法还有(图 3).

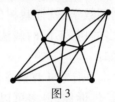

图 3

当然 14 棵树栽 9 行每行 4 棵的栽法如图 4:

图 4

19 世纪的业余数学家山姆·劳埃德花了好长时间研究下面的问题:

栽 20 棵树,每行栽 4 棵,最多可栽几行?

他给出一个栽 18 行的在当时最好的解法(图 5(1)).由于电子计算机的出现而产生的一门新的几何学分支——计算几何的诞生,也使栽树问题的解法有了进展,两位学者在计算机帮助下给出一个栽 20 行的最佳方案(图 5(2)).

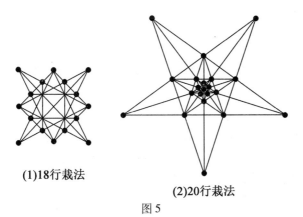

(1)18行栽法

(2)20行栽法

图 5

据报载,新近有人给出 21 行栽法(见下图 6).

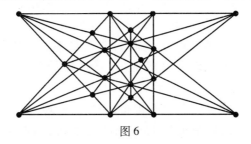

图 6

现在,有些问题远没有解决,比如人们在研究 20 棵树每行 4 棵的栽法时,最多的行数是几? 等等.

栽树之余,考虑一下与它有关的数学问题,不能不说是一种乐趣.

§5 自然选择中的数学

水滴到荷叶上会呈球形,因为这样表面张力最小;天冷时动物总是把身体缩一团,这是在减少表面热量的散发,不少植物的果实或种子也呈现球形……

在表面积一定的几何体中,球的体积最大,在体积一定的几何体中,球的表面积最小.

这一切不禁使我们想到:在亿万年生物进化中,大自然给生物选择了那些最优的技术方案:抓到手中的潮虫,会把身子团成球形"装死";穿山甲逃避猎人时,会把身子卷成球形后沿山坡下滚;某些蜘蛛遇到天敌后便伸开众脚,形成圆形,像轮辐一样滚去……这些动物逃避天敌时所习惯改变的形状,从数学角度看都是最佳的.

据说蚂蚁只有长宽的平面感觉,而无高的主体形象,它在球面上从一点爬到另一点时,选择的是过球面上这两点的球大圆的一段劣弧,从数学上讲,它最短.

蜜蜂建造的蜂房,在材料节省方面使最优秀的建筑师也为之惊叹.(底是三个同样的其中一角为 $109°28'$ 的菱形,详见后文)

植物叶子在茎上的排布,匀称而合理,在通风,采光方面,无疑是最佳的.(三叶轮生者,两叶夹角为 $137°28'$,详见后文)

大雁迁徙时排成人字形一边与飞行方向成 $54°44'8''$,此时雁群前进中所受阻力最小(据空气动力学理论),金刚石晶体角度也为 $54°44'8''$.

牵牛花围着圆柱攀绕时,它选择了最短的路径——螺线.

在人体中,这种自然选择的最佳方案也屡见不鲜:比如人的粗细血管直径之比总是 $\sqrt[3]{2}:1 \approx 1.26:1$,这种比值的分支导流系统在输液时能量消耗的最少.

自然界也都在给人们以启示,研究它,模仿它,应

用它为人类造福.

§6　蜂房的故事

（1）一次海难

1743 年冬,英国商船"维纳斯"号触礁了. 在赶来援救的船只到达出事点时,那艘撞坏的商船全被海水淹没了. 救援人员只在出事海域发现一只浮在水上的木箱,里面装着船长的航海日记和一本巴黎出版的纳皮尔对数表. 日记的最后记载是:

12 月 14 日,晴. 西北风 3—4 级.

天气晴和,能见度良好. 船按预定航向行驶正常. 8 时 30 分,船的位置在……,航向是东经 $70°32'$……

消息传来,人们议论纷纷:这样经验丰富的船长,这样好的气候条件,船是不应该出事的. 从海难现场的勘测和航海日记中记载的观测数据,以及船长的计算丝毫没有错,只是日记的航向却与海图中航线差了 $2'$.

（2）也是差了 $2'$

大自然赋予生物的本能,是最奇妙而令人感慨的. 人们认真地观察过各种生物,从中学到了不少本领,揭开了不少奥秘,也领悟了许多真谛. 因而这种观测从很早就已开始.

公元前三世纪,古埃及亚历山大城的数学家巴普士就曾细心地观察过蜜蜂蜂房的构造,他发现这小小蜂房的奇妙构造后,便推测蜂房的形状可能是使用材料最为经济的(图1).

图1

蜂房,乍看上去是由一些正六棱柱拼合而成,然而再仔细观察,就会发现:每个棱柱的底面不是平面,而是由三个全等的菱形搭起的(图2).

事过两千年后,法国著名天文学家开普勒(他也是一位生物数学家)也观测到了同样的事实. 与此同时,法国另一位学者马拉尔第经过仔细测量发现:

蜂房底面的每个菱形钝角都是 $109°28'$,锐角都是 $70°32'$. (图3)

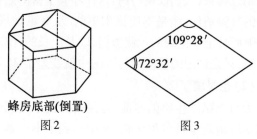

蜂房底部(倒置)

图2   图3

消息传到法国自然哲学家列厄木那里,引起了他的思索:这些菱形的钝角为什么不是 $100°$ 或 $110°$ 而偏偏是 $109°28'$ 呢? 这仅仅是一种数字上的偶然,还是另有他故? 哲学家的敏感使他猜想到:用这个角度建造的蜂房,可能是用同样多的材料所能建造的容积最大的一种.

哲学家把问题交给了当时著名的瑞士数学家寇尼

希,经数学家精心地推演,准确地计算,完全证实了列厄木的猜想,然而计算的结果与实际测量值却有 2′ 之差,即算得菱形的钝角应 $109°26′$,锐角为 $70°34′$.

(3)对数表错了

人们对于数学家的计算当然不去怀疑,大家只是认为:小小的蜜蜂,由于不甚精心,在建造巢穴时计算出了点小毛病,而使结果仅差了 2′. 而 2′ 这对蜜蜂来讲是完全可以原谅的.

细心的数学家们却并不这样认为——否则,粗心的蜜蜂为何只仅仅差了 2′?

1743 年,英国数学家麦克劳林又重新研究蜂房的构造,他用新方法从另外的角度进行探讨,经过一番演算,结果却使他大大吃惊! 的确,错误不在蜜蜂,而在那位数学家! 他的结果竟与观测值完全一致!

奇怪,寇尼希的计算错在哪儿呢?

1744 年初,当那场海难事故调查公布于世的时候,这也为寇尼希洗去了冤情.

商船的触礁是因为航向偏离了 2′,而这 2′ 之差竟出自那本对数表!

当年,数学家寇尼希所用的也恰恰是那本对数表,这就导致他的结果也有 2′ 之差. 然而寇尼希的计算完全是正确的.

(4)尾　声

人们经历了近几个世纪对蜂房构造的研究中,也发现了蜂房的不少可贵的性能,找到了它的不少奇妙的用途. 这种结构已被广泛用于建筑、航空、航海、航天等许多领域中,如建筑上隔音材料的造型,航空上飞机发动机的进气孔设计都从蜂房构造中得到了启示.

§7 生小兔问题引起的数列问题

13 世纪,正是欧洲文艺复兴时间. 意大利一个名叫伦纳多(绰名叫斐波那契)的商人出版了一本《算盘全书》(这里的算盘非我国算盘,而是指用来计算的沙盘),书中提出一个有趣的兔子繁殖问题:

假如小兔出生后两个月便能生小兔,且每月生一次,一次生一对.试问有初生小兔一对,一年后可繁殖小兔多少对?

我们用笨法子来推推看:第一个月,仅有初生小兔一对;第二个月,仍是只有一对兔子;第三个月,这对兔子生了一对小兔,此时已有两对兔子;第四个月,原来的兔子再生一对,这时共有三对兔子;第五个月,原来的兔子又生一对,加上第三个月出生的兔子也生一对,这时共有五对;……

如此推下去,我们不难列出表 1:

表 1

月份	一	二	三	四	五	六	七	八	九	十	十一	十二	…
兔子数	1	1	2	3	5	8	13	21	34	55	89	144	…

表上面的这一列数,有许多许多有趣的性质,为了纪念问题的提出者,人们把它称为斐波那契数列.

上面的推法,实际上是很麻烦的. 在问题提出大约四百年之后,有人发现:这个数列的每一项(从第三项起),均等于它前面相邻两项之和. 我们若用 F_n 表示数列的第 n 项,则上面的关系即

$$F_{n+1} = F_{n-1} + F_n \quad (n \geqslant 2)$$

260

这一点并不难推想,因为当月的兔子数恰好等于上月的兔子数加上本月新生的兔子数,而新生兔子数恰好等于前一个月的兔子数(前一个月的兔子在当月均能生殖).

有了这个式子,我们不难算出一年,两年甚至多年之后的兔子数.

这一发现引起了人们极大的兴趣,进而又发现它的许多其他性质,如:

① $F_1 + F_2 + \cdots + F_n = F_{n+2} - 1$;

② $F_n^2 + (F_{n+1})^2 = F_{2n+1}$;

③ $F_1 + F_3 + F_5 + \cdots + F_{2n-1} = F_{2n}$;

④ $F_2 + F_4 + F_6 + \cdots + F_{2n} = F_{2n+1} - 1$.

法国数学家比内还给出一个用无理数的式子表示数列通项

$$F_n = \frac{1}{\sqrt{5}} \left[\left(\frac{1+\sqrt{5}}{2} \right)^n - \left(\frac{1-\sqrt{5}}{2} \right)^n \right]$$

更为奇妙的是:斐波那契数列前后两项之比,随 n 的增大越来越接近于黄金数(比)$0.618\cdots$

除此之外,生活中,自然界还有许多现象与斐波那契数列有关:

上楼梯,若每次只许跨一阶或两阶,那么当楼梯阶数是 $1,2,3,\cdots$ 时,上楼的方式数即为斐波那契数列(图1):

楼梯数　1　　2　　　3　　　　4
上楼方式 1　　2　　　3　　　　5

图1

更为奇妙的是:斐波那契数列与某些生命现象也

有关系. 17 世纪法国学者开普勒在研究叶序(植物叶子在茎上排列顺序)问题时,也曾独立地发现了数列 $1,1,2,3,5,\cdots$

再比如花的瓣数,通常都是 $2,3,5,8,13,\cdots$这也都是斐波那契数列中的项.

有人还从雄蜂家系的考察中,发现也与斐波那契数列有关. 蜂王产的卵,若受精后则孵化为雌蜂(工蜂或蜂王),未受精者则孵化为雄蜂. 若追溯一只雄蜂的祖先,则其 n 代的祖先数恰为斐波那契数列中的第 n 项(图2).

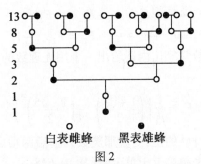

白表雌蜂　　黑表雄蜂

图2

你也许不曾理会到,图中最上面一行的图式与钢琴琴键中十三个半音阶相比(图3),又何其相似! (可见音乐也与斐波那契数列有关)

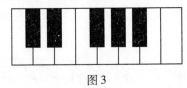

图3

也许更难使人想到,这个数列在新近发展起来的一门学科"优选法"中也有应用,在那里称为斐波那契数列法.

人们对于斐波那契数列的认识远没有终止,它的许多新性质不断被发现,它的许多新用途不断被找到,难怪国外已有专门杂志《斐波那契季刊》研究它.

如果数列首项不是从 1 开始,但满足通项递推

$$L_{n+1} = L_n + L_{n-1}(n \geqslant 2)$$

的数列称为鲁卡斯数列.

此外人们还给出了所谓 Podovan 数列

$$2,2,3,4,5,6,7,9,12,16,21,\cdots$$

它的通项公式为 $P_{n+3} = P_n + P_{n+1}(n \geqslant 1)$.

有人问道:除了 2,3,5 和 21 之外,数列 $\{P_n\}$ 与 $\{F_n\}$ 还有无其他相同的数项? 答案似乎是否定的.

§8　植物叶序与黄金分割

自然界的植物种类不计其数,其形状也是千姿百态,你也许不曾想到:植物叶子在茎上的排列顺序(称为叶序),竟有不少学问呢!

几何课上学过"黄金分割". 即把长度为 l 的线段 AB 分成 x 和 $l-x$ 两段(图 1),使它们的比满足

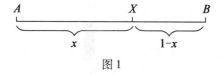

图 1

$$x:l = (l-x):x$$

所谓"黄金分割",这是中世纪意大利著名学者兼画家达·芬奇对此的美称. 意指这种分割有着黄金般的价值. 其中分点 X 称为黄金分割点.

上式可化成方程 $x^2 + lx - l^2 = 0$,由此不难解得:

$x = \dfrac{-l \pm \sqrt{5}\, l}{2}$,舍去负值得 $x = \dfrac{\sqrt{5}-1}{2}l$.

数 $\dfrac{\sqrt{5}-1}{2} = 0.618\cdots\cdots \approx 0.618$ 便称为"黄金比值"或"黄金数"(常用 ω)表示.

在建筑和艺术上,无不可找到黄金分割的痕迹;埃及的金字塔,古希腊巴特农神庙,印度的泰姬陵,巴黎的埃菲尔铁塔,……,处处可找到它的身影,世界上不为艺术珍品、名画雕塑中,皆有 0.618…的影子. 就连我们常见的五角星中也蕴藏着这个比值(在图 2 中 $BJ: BE = BF: BJ = \omega$).

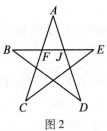

图 2

更令人感到神奇的是:大自然中植物的叶序,也遵循"黄金分割"!

请看,植物叶子在芽上的排布是呈螺旋状的,细心观察便会发现:尽管叶子形状随种而异,但其排布却甚有规律. 如三叶轮状排布的植物(图 3),相邻两个叶片在与茎垂直的平面上投影夹角是 137°28′(图 4). 植物学家计算表明:这个角度对叶子的通风,采光都是最佳的. 然而,这个角度正是把圆周分为 1:0.618 的两条半径的夹角(图 5).

264

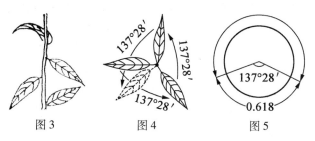

图 3　　　　　　图 4　　　　　　图 5

德国天文学家开普勒在研究叶序问题时还发现：叶子在茎上绕的圈数和它们绕一个周期时叶子数之比 ω 随植物不同而异，他观察一些树木叶序之后算得它们的 ω 值（表1）：

表 1

树名	榆树	夹竹桃	樱桃	梨	柳	⋯
ω 值	$\dfrac{1}{2}$	$\dfrac{1}{3}$	$\dfrac{2}{5}$	$\dfrac{3}{8}$	$\dfrac{5}{13}$	⋯

乍看上去也许没有什么规律，但你若注意到 ω 值的分子，分母分别是：

分子：1，1，2，3，5，⋯

分母：2，3，5，8，13，⋯

这恰是两列斐波那契数列，前文已述，这种数列的特点是：从第三项起，每一项均为它前面两项之和. 有人也从花的瓣数中找到了这个数列[①]（花瓣个数通常是 2，3，5，8，⋯，1993 年，法国两位科学家杜阿迪和库代提出植物生长动力学理论，且用计算机模拟和实验

————————

　① 百合花、蝴蝶花 3 瓣，金凤、飞燕、毛茛花 5 瓣，翠莓花 8 瓣，金盏花 13 瓣，紫菀、翠菊花 21 瓣，雏菊 34，55 或 89 瓣.

　据载，斐波那契曾发现月季花有 21 瓣；达尔文发现波斯菊有 144 个花瓣（其中 55 瓣卷曲向内，89 瓣平展舒放向外）.

证明这一理论所阐明的斐波那契模式. 同时还指出它与生命螺线有关,而它们在生物活动中呈现即叶片夹角为 $\phi = 137.28°$,这种排布可使植物生长过程中新的枝芽、籽最密集地排布在一起)这与黄金数有关吗?有,你不妨计算一下每个数列的前后两项的比值,就会发现,它们越来越接近黄金数 $0.618\cdots$(精确地讲即

$$\lim_{n \to \infty}\frac{f_n}{f_{n+1}} = 0.618\cdots)$$

难怪开普勒称黄金分割为几何中"两件瑰宝"之一(另一件为勾股定理),这正是他研究前面叶序问题后因感慨而说的.

§9 漫话螺线

(1) 数学家的墓碑

数学家们生前曾为数学而献身,在他们死后的墓碑上,仍系着与数学的不解之缘. 阿基米德、高斯、鲁道夫、伯努利、……均以不同形式的碑文,体现了他们对于数学的热爱.

伯努利生于瑞士巴塞尔的数学世家,其祖孙四代人中出现几十位著名数学家. 其中雅谷·伯努利对螺线进行了深刻的研究,死后遵照其遗嘱在他的墓碑上刻有一条对数螺线,旁边还写道(图1):

图 1

266

虽然改变了,我还是和原来一样!

这句幽默的话语,既体现了数学家对螺线的偏爱,也暗示了螺线的某些性质.

(2) 螺线

螺线,顾名思义是一种貌似螺壳的曲线. 早在两千多年以前,古希腊阿基米德就曾研究过它. 17 世纪解析几何的创立者笛卡儿首先给出螺线的解析式,可见图 2.

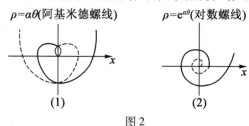

图 2

有趣的是:一些特殊形式的运动所产生的轨迹也是螺线;

一只蚂蚁以均匀的速度,在一个匀速旋转的唱片中心沿半径向外爬行,结果蚂蚁本身就描绘出一条螺线;

4 条狗 A,B,C,D 站在一个正方形的 4 个顶点上,它们以同样的速度开始跑动:A 始终朝着 B,B 始终朝着 C,C 始终朝着 D,D 始终朝着 A,最后它们相会于正方形的中心. 这 4 条狗的路径都是形状一样的螺线(图 3).

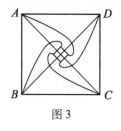

图 3

上面这些螺线都是平面的,螺线还有空间形式. 比如:

一个停在圆柱表面 A 处的蜘蛛,要捕食落在圆柱表面 B 处的一只苍蝇,蜘蛛所选择的最佳路径,便是圆柱上的一条螺线;

蝙蝠从高处下飞,却是按另一种空间螺线——锥形螺线路径飞行的(图4).

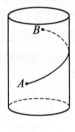

图 4

(3) 生命的曲线

英国科学家柯克在研究了螺线与某些生命现象的关系后,曾感慨地说:"螺线——生命的曲线." 这句话的道理在哪里?

蜗牛或一些螺类的壳,外形呈螺线状;

绵羊的角,蜘蛛的网呈螺线结构;

菠萝,松果的鳞片排列,向日葵子在果盘上的排列是螺线方式(图5);

绕在直立枝杆上爬附的蔓生植物(如牵牛、菜豆、藤类),其蔓茎在枝杆上是绕螺线爬行;

植物的叶在茎上排列,也呈螺线状(无疑这对采光和通风来讲,都是最佳的);

(图6,菠萝有8行鳞苞呈螺线状向左,13行呈螺线状向右;挪威云杉果3行鳞苞向左,5行向右亦呈螺线状)

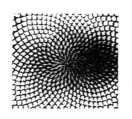

图 5　向日葵果盘

果实分布呈螺线状,切左旋 21 线,右旋 34 线

(21,34 皆为斐波那契数列中的项)

还有,人与动物的内耳耳轮,也有着螺线形状的结构(这从听觉系统传输角度讲是最优形状);

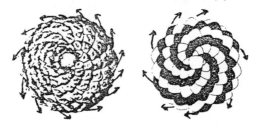

图 6　8 条右旋螺线和 13 条左旋螺线

生物学家还发现:生命基础的蛋白分子链的排列,也呈螺线形……

试想,从这些生命现象中总结一句"螺线是生命的曲线"的话语,至少不算过分吧!

(4)生命的曲线

螺线有许多有趣的性质:比如螺线上任一点处的切线与该点到螺线中心(极点)的连线夹角为定值.

再如,无论把螺线放大或缩小多少倍,其形状均不改变(正像把角放大或缩小多少倍,角的度数不会改变一样).这大概正是伯努利墓碑上那句耐人寻味的话语的含义.

你还可以做一个有趣的实验,把一张画有螺线的纸,绕螺线极点旋转,随着旋转方向的不同(顺或逆时针),可以看到螺线似乎在长大或缩小.

螺线也用于生活的各个角落,最常见的螺钉,上面的镗线不正是一条条螺线吗?机械上的螺杆,日常用品的螺扣……均刻有螺线(图7).

图 7

就是在航海上也有应用.比如要追逐海上逃跑的敌舰或缉捕偷渡走私船只,有时也要按照螺线路径追逐……

事物的发展规律不也常常以"螺线式"为比喻吗?

螺线不仅是生命的曲线,它也是生活的曲线!

§10　糊涂账里有学问

(1)时间都去哪儿了

维维是初中一年级的学生,平时虽然粗心,但却爱动脑筋.一天课余,他从杂志上看了一篇要科学安排时间的文章后,便心血来潮,也想计算一下自己一年中,到底有多少天用在学习上.于是他列了一张表:(表1)

270

表 1

每天睡眠八小时 $\left(\dfrac{1}{3}\text{天}\right)$	一年占去 4 个月
每天吃饭三小时 $\left(\dfrac{1}{8}\text{天}\right)$	一年占去 1.5 个月
每天课外活动两小时 $\left(\dfrac{1}{12}\text{天}\right)$	一年占去 1 个月
寒暑假期	一年占去 3 个月
一年中的星期天(52 天)(加上运动会,义务劳动)	一年占去 2 个月
节日(元旦,春节,五一,……)	一年占去 0.5 个月

这样,一年的学习时间为

$$12 - 4 - 1.5 - 1 - 3 - 2 - 0.5 = 0$$

显然,这是个笑话.看着,看着,维维自己也纳闷起来,可问题出在哪里呢? 在没有回答上面问题之前,我们首先来介绍一个概念.

(2) 集　合

集合是现代数学的一个重要概念.它和几何上的点、线、面一样无法准确定义,但通常可粗略地用"据有某种属性的事物的全体"去描述集合概念.比如男人、女人的全体分别可称之为男人集合,女人集合;书架上的所有书可称为书架上书的集合;在数学中如整数、有理数的全体称为整数集合和有理数集合,等等.

研究集合性质,运算等的学科——集合论,是德国数学家康托 1892 年在研究三角函数级数收敛问题时首先创立的.从那以后,集合论渗透到了数学的各个分支.它不仅可以简化论述语言,而且许多重要的近代数学分支如实变泛函、拓扑等都是建立在集合的基础之上.

也许你不会相信,上面那个问题,运用集合论观点会得到令人满意的解释.

如果我们用三个圆分别表示寒暑假、星期日、睡眠时间等集合(图1),那你就会发现它们是相交着的.

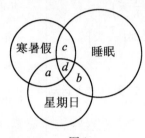

图 1

$a+d$　表示寒暑假中的星期日

$c+d$　表示寒暑假中的睡眠时间

$b+d$　表示星期日的睡眠时间

d　　表示寒暑假中的星期日的睡眠时间①

因而在计算它们时,不应单纯地把它们的时间相加(即三个整圆之"和"),而应去掉它们重复的那部分时间(图中的 a,b,c 和 $3d$ 所代表的时间).不然,就会闹出一年中的学习时间为 0 的笑话了.

如果你有兴趣,不妨根据表中的数据,结合图2,帮助维维计算一下,看他一年中究竟有多少时间用在学习上?

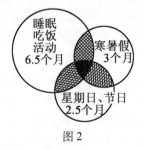

图 2

———————

① 假定节日时间均不在星期天之内.

272

§11　"百里挑一"的问题

(1) 从验血谈起

1941 年,第二次世界大战正紧张地进行着.

望着门口长长的等待验血的征兵队伍,美军军医道夫曼陷入了沉思.

这些小伙子看来都很健康,可是要吸收他们入伍,还必须验血检查一次,以防一种可怕的疾病带入军队中. 每个人都要化验一次,这要花多少时间啊!

本来这种病的发病率并不高,比如说只有百分之一. 为了一个人,就必须把一百个人的血逐个化验一遍,这样做太不值得了,能不能减少化验次数呢?

道夫曼想起那些重复性的化验操作:抽血,投入试剂,观察反应……如果是阴性,就算通过;如果是阳性,就表明带有病毒. 事情就是那么简单.

突然,一个念头闪过他的脑子:干嘛不把一群人的血液都放在一起,集体化验一下呢? 若是阴性,就一下子全部通过;若是阳性,就分成几群再试. 假定一百个人中只有一个病号,可把他们分为十群,每群十人. 先每群集体化验一次,必有一群应为阳性的,再将这群人的血一个个化验一遍,这样最多只需化验二十次就够了.

他的想法实际运用后,果然大大加快了验血速度. 后来,他把这种试验方法称之为"群试",且发表在一个数学杂志上.

(2)"一分为二"法

把验血问题抽象化,我们可以得出这样一种"数学模型"：

已知 N 个物体中含有 d 个坏物,如果从中取出一群物体来做试验,结果只有"好""坏"两种. 结果为好时,说明这群物体都是好的;结果为坏时,说明这群物体中至少包含有一个坏物. 问怎样才能以最少试验次数,把 d 个坏物全找出来.

显然,工厂产品检验等许多问题都是属于这一类. 所以群试法用途很广泛.

人们当然也发现,道夫曼并没有彻底利用群试思想,因为他在试第二遍时,还得一个个地去化验. 实际上他可以把群试思想贯彻到底. 当仅含一个坏物(即 $d=1$)时,更有效的方法是"一分为二"法,即每次都把含有坏物的那群物体一分为二,取其中任意一半作为下次被试验的一群物体.

还是假设一百个物体中含有一个坏物. 第一次任取五十个来试验. 若结果为坏,就在这群物体中取出二十五个来再试. 若结果为好呢? 这表明坏物含在没试过的剩下的五十个中. 因此可把剩下的五十个这一群一分为二,任取一半二十五个来试. 总之第二次只需试验由二十五个物体组成的群了. 这样不断边分边试,遇到一群物体的个数为奇数时,就分成大致相等的两半,像二十五个物体就可以分成十二个一群及十三个一群,最后,只需试验七次就可以了.

又如一根导线中间不知何处坏了,这时用"一分为二"法,即每次从导线中点至两端点测试,这样很快又找出问题点.

顺便说一句"运筹学"理论告诉我们,不取中点(一分为二)而取 0.618 处进行试验,效果最佳(0.618 法).

(3) 难题尚未解决

当只含一个坏物时,"一分为二"法是最优解法.如果含有两个坏物($d = 2$),情况就复杂了,人们至今都还未找到最优解法.

如今人们找到一种近似的最优解法,是由我国的数学研究者找到的. 如果所含坏物更多时,连近似的最优解法也还未找到.

如果所含坏物多到使得 $3d = N$ 呢? 著名数学家,现代电子计算机技术的奠基人之一冯·诺依曼曾猜测过:这时,群试思想已不再有利,还不如一个个测试为好,但这个猜测至今也还没有人能加以证明.

§12　"算"出来的行星

1985 年底至 1986 年初,哈雷彗星又来地球"访问". 消息早在几年前已经披露——当然这是靠数学的计算,这一点今天已不再会有人怀疑,因为当今人们不仅能准确地算出彗星哪年临近地球,甚至能算得它在哪月哪日在天空何方位出现,当然也能算出彗星离开地球的日期(1986 年 5 月底). 这要是在几百年前几乎是不能想象的. 由此亦可看出数学的功力(当然也包括天文观测手段).

早在 18 世纪,高斯利用数学计算找出太阳系的一颗新星(谷神星)的故事,在当时还是颇为振奋人心的.

1772 年,德国天文学家波德发现了求太阳与行星距离的法则——波德定律.

若设地球和太阳的距离为 10,则依此定律可算得当时已知各行星与太阳的距离分别为(表1)：

表1

星　名	水	金	地	火	木	土
与日距离	4	7	10	16	52	100

表1中各数各自减去4以后得下面一列数

　　0，　3，　6，　12，　48，　96

细心的读者也许已观察到了它们之间的一些规律：倘若在12和48之间再添上一个24的话，则从第三个数起，后面每个数均为其前面的两倍.

1781年，天王星被发现，人们又算得它与太阳的距离是192，这恰好是依照上面规律那一列数中96的下一个数(但它没有减4)。这一发现引起了人们的极大兴趣与关注，人们也在(从数字和谐角度)猜测：

在与日距离为28的地方应该有一颗行星.

几十年过去了，天文观察家们却一无收获. 而后德国数学家高斯利用数学公式终于计算出了这颗行星的轨道，1801年12月7日，人们按照数学家的计算，终于找到了这颗行星——谷神星，它与太阳的距离是27.7.

然而事情并没有结束，谷神星直径仅有770公里，为地球6%，木星的0.55%，在火星与木星之间，大小太不相称. 后来人们又在这些空隙里陆续发现许多小星——小行星，数目到目前为止已达两千多个.

§13　数学竞赛题与数字减影诊断

下面是一道1983年全苏中学生数学竞赛的试题：

有一张无边的方格网，你是否能在这张方格网的

每一个小方格中填上某一个整数,使得这张方格网上的每一个尺寸是 4×6 个方格的矩形里的所有小方格中填的数字之和是 1?

这道试题初看起来真有点唬人!因为这张方格网无边无际,要从上面任意位置上取下的 4×6 个方格矩形里的数字之和都要等于 1,确实有点难办. 但是,如果你先去考虑设计出两张比较容易构造的"样板",那么问题就会好办得多.

图 1 是一张无边的方格网,它是这样设计的:在相距 5 格的对角线的地方交替地写上 1 和 0,其余的方格也都填上 0,如此填满整个方格网.

1	0	0	0	0	0	1	0	0	0	0
0	0	0	0	0	0	0	0	0	0	0
0	0	1	0	0	0	0	0	1	0	0
0	0	0	0	0	0	0	0	0	0	0
0	0	0	0	1	0	0	0	0	0	1

图 1

你很容易会发现,从图 1 这张方格网中的任何地方取出的 4×6 方格矩形,其数字之和是 2.

图 2 是另一张无边的方格网,在相距是 3 格的对角线上也交替地填上 1 和 0,其余的地方均填的是 0. 同样可以看出,从图上这张方格网中任何地方取出的 4×6 方格矩形,其数字之和是 3.

0	1	0	0	0	1	0	0	0	1	0
0	0	0	0	0	0	0	0	0	0	0
0	0	0	1	0	0	0	1	0	0	0
0	0	0	0	0	0	0	0	0	0	0
0	1	0	0	0	1	0	0	0	1	0

图 2

现在来填写第三张网格.

把上面两表叠放在一起,将图 2 中每一个小方格中的数减去图 1 中对应方格中的数,填在第 3 张图的同样位置上.

例如,第一横行第一格 $0 - 1 = -1$,第二格是 $1 - 0 = 1$,第 3,4,5 格都是 $0 - 0 = 0$,第 6 格是 1,第 7 格是 -1,……依此类推,最后将方格网填满,得到一张新的方格网.

从这张新方格网中任何地方取下的 4×6 个方格的矩形,其中数字之和均为 $3 - 2 = 1$.

-1	1	0	0	0	1	-1	0	0	1	0
0	0	0	0	0	0	0	0	0	0	0
0	0	-1	1	0	0	1	-1	0	0	
0	0	0	0	0	0	0	0	0	0	0
0	1	0	0	-1	1	0	0	0	1	-1

图 3

不难发现,重叠的形式不同,就可以得出满足不同要求的各种方格表,图 3 就是其中之一. 这种解题思路给出了解决这类问题的一般方法,而这种方法的道理又是十分浅显易懂的.

然而,就是这个浅显的数学思想,却导致了一门世界尖端学科——数字减影诊断学的诞生.

1982 年 3 月,一位 57 岁的美国人,因患阵发性眩晕症去某医院就诊. 医生怀疑他的脑血管有病,于是给他的颈动脉注射一种造影剂,使血管能拍摄得更清楚,然后拍摄了 X 光片.

检查了 1 个小时,病人痛苦不堪,结果却令人失望!因为拍出来的片子上,脑血管影像与颅底骨影像相重叠,X 光片模糊不清,医生无法确诊.

两个月后,医生采用了一项新技术再次为病人检查,原先重叠在造影片上的颅底骨影像竟被奇迹般地消去了,片子上只留下清晰的脑血管影像,使医生做出了正确的诊断! 这项新技术就是数字减影血管显像技术(简称 DSA 技术).

这项技术和数学有什么关系呢?

原来,这项神奇的 DSA 技术的原理就是上面提到的解题思路.

医生在对病人注射造影剂的前后,分别对颈动脉拍了两张 X 光片,两张 X 光片上,一张颈动脉血管影像深,一张浅,将这两张底片划分成许多很小很小的小方格,于是画面就被看成是明暗不同的许多小点所组成. 然后根据每一个小方格明暗程度,用数字转换器转换成相应的数字,得到两张有数字的方格网. 再将这两张方格网的数字送入电子计算机依次逐点相减,得到一张新的方格网. 把这张新的方格网还原成底片,于是就得到了一张没有骨骼组织干扰的异常清晰的血管影像!

数字减影诊断学是一门刚诞生的具有划时代意义的新学科! 而它依据的数学原理却如此简单. 朋友们,请千万不要轻视你现在所学习的数学知识与解题方法啊!

最后,给大家留一则思考题:

有一张无边的方格网,你是否能够在这张方格网的每一个小方格中填上一个整数,使得这张方格网上每一个尺寸是 1 949 × 1 989 的矩形里的所有方格中填的数字之和是 40.

§14 在精确和近似之外

(1)一个笑话

在某博物馆里,讲解员 A 指着一块化石对观众说:"这块化石距今已有 3 500 003 年 8 个月了"……听到这儿观众不禁愣住了(年、月何从如此精确),这位讲解员接着解释道:"我刚来这里时馆长告诉我,这块化石是 350 万年前的动物化石,现在我在这儿已工作了 3 年 8 个月……"

读者看到这儿也许不禁哑然失笑,这位讲解员似乎有些"二",原因是无法且不必精确的东西他给精确化了.

再比如你讲一个人的身高是一米八分米三厘米四毫米五……别人会说你啰唆,身高无须如此精确.

当然并非都是如此,有些事情还要求精确的,比如火车时刻表,不仅精确到小时,还要精确到分甚至到秒. 对于火射、飞船的发射角度,还要精确到小数点后多少位了,否则会,"差之毫厘,谬之千里."

(2)计算机与人

计算机都胜于人吗?如果你去火车站接一位从未见过面的客人,只要告诉你这个人的某些特征:中年男人,高个子,不太胖,留分头,戴眼镜……你就可以把这个人找到. 可目前这件事让计算机来干,未免无能为力,尽管计算机可从几十万个指纹中很快地把某种指纹区分出来.

当你穿过车辆拥挤在街市,你会躲过每一辆车,可要让计算机来处理它却望尘莫及(如今已有人工智能

机器人,但仍显笨拙),尽管它可以极精确地把某些很微小的元件焊到电路板的指定位置.

一般人,甚至一个孩子也能很容易地区分中国人和外国人,可你让电子计算机去完成它会感到束手无策,尽管计算机可从卫星上把地面上的小目标分辨开.

这么说电子计算机不如人?也不尽然.一些复杂的计算,人根本无法完成,比如圆周率 π 的计算,有人花去毕生的精力才算到小数点后几十位,但据报道,2015 年两位日本计算机专家已用电子计算机算出 π 的小数点后十万亿位."四色定理"借助计算机获得了证明的事实,也是它"高人一筹"的典例.

那么究竟哪些方面计算机不如人?是否计算机过于精确?倘若如此,能否用"近似"去取代?

(3) 模糊现象

生活中有些概念是精确的,比如男人、女人、灯的亮与熄……可有些现象就不是那样了,比如大人,小孩;高个子、不太胖;灯光有些暗……这些概念是难以精确刻画的,或者说它是"模糊"的,其实生活中的多数现象都是如此:炼钢工人操纵炉温,高级厨师掌握火候;中医师切脉诊治;艺术家的灵感,科学家的创造……

从前面的例子我们可以看到,计算机正是处理这些模糊现象时才表现的无能为力,而人比较粗犷、灵活,能整体地平衡思考.

为了使计算机能吸收人脑识别,判断的优点而更加"聪明",有人探索如何使计算机更加接近人脑功能去处理一些模糊事物,或者使计算机的"电脑"能像人脑一样,只要根据一些少量的模糊信息,便能进行推理,思维和判断,这正是"模糊数学"产生的背景.

(4)模糊数学并不"模糊"

传统数学只是研究一些精确的现象(即使不能精确也是用"近似"概念去取代),而对自然界大量存在的模糊概念(信息)往往被忽视. 起初,人们只是用"近似"来描述模糊现象的,事实证明这是远远不够的. 在"精确"与"近似"之外,还应有另外一种方法去描述模糊现象.

1965 年,美国控制论专家柴德用"模糊集合"去表现和刻画模糊事物的数学模型,从而建立了一门新的数学分支——模糊数学.

前文已述集合是现代数学的一个重要概念,通常把"具有某些属性的事物全体做叫作集合". 比如男人集合,女人集合,小孩集合……分别表示所有的男人、女人、小孩……的全体. 集合中的事物叫作元素.

传统数学在集合演算中把"是"与"非"作为基础,从而只能描述精确概念,比如男人(或女人)是个精确概念,在这类集合中,一个人或是属于或是不属于这个集合,而不会有似是而非的现象,这用数学符号是容易刻画他(或她)从属某种集合的程度(资格)的,比如如果"是"则用"1' 表示,如果"不是"则记作"0".

但诸如"高个人"这类概念本身就不是界限分明的,一个人属不属于"高个子集合",就不好简单地用"0"或"1"去刻画了.

模糊数学不同于传统数学的主要区别是:它是用 $0 \sim 1$ 之间任何数值去刻画事物从属这个集合的程度(隶属性). 比如我们可用下面的身高表去刻化高个子这个模糊概念(表1):

表1

身　　高	1.8m 以上	1.76m	1.70m	1.68m	1.64m	1.6m 以下
从属资格（程度）	1	0.8	0.5	0.3	0.1	0

再比如"胖子"的概念可用表2(常人身高时)去刻画：

表2

体　　重	90 kg 以上	80 kg	75 kg	70 kg	60 kg	50 kg 以下
从属资格（程度）	1	0.8	0.5	0.3	0.2	0

这样若知道：

甲：身高 1.80 m，体重 65 kg；

乙：身高 1.68 m，体重 75 kg；

丙：身高 1.76 m，体重 70 kg.

那么这样一来

说"三个人中的高个子"甲最有资格；

说"三个人中的胖子"，乙最有资格；

说"三个人中高个胖子"，丙最有资格.

因此，计算机便可以根据上面的数据去处理"高个子""胖子"等一类模糊现象了.

这样看来模糊数学并不模糊.

(5)使电脑更聪明

"模糊数学"是 20 世纪 70 年代数学发展中的一个重大突破(它研究模糊现象,可它本身是精确而系统的),虽然它诞生仅有几十个年头,但发展却十分迅速,目前它在信息论,图像识别和自动控制中已取得显著成效.

国外有人把炼钢工人的经验建立了数学模型,编制了"模糊"程序输入计算机去代替人工操作,我国上海也有模拟老中医经验可为病人诊病开药的计算机出现,国外还有人用模糊数学研究脑电波与心电图分类,对诊治疾病带来了方便.

当今不少高端家电(电视、空调、洗衣机等)皆用上了"模糊数学". 因而其性能更为优越.

模糊数学是仅仅处于萌芽状态的一门新兴学科,但它一诞生便展现了广阔的前景,它的研究将使得日益发展的计算机越来越"聪明""完善"(人工智能研究正属此类).

§15　数字与形象

数学家华罗庚说过:"原子之微,宇宙之大,无不可用数表达. "

数字虽然确切,但有时并不形象. 比如提到原子,人们都会觉得它小,从数据上讲它的直径约为10^{-10}m,这看上去很抽象,它到底有多小? 如果作个比方:"一个原子与一滴水之比",就如"一滴水与整个地球之比"一样,你就会觉得形象了.

有些数字看来也许并不起眼,然而它表示的数据几乎让人难以想象……

(1)联合国文件

一位联合国卸任的官员曾说过:1980 年在纽约和日内瓦举行联合国会议期间,仅 9 月至 12 月,共印刷

2 亿 3 千 5 百万页文件,而全年共印刷大约 18 亿页文件. 如果把这些文件首尾粘起来,将长达 27 万公里.

照此速度印发文件,两年内文件总长可辅至月球.

看来无纸化办公是大势所趋,也是未来发展方向.

(2) 一指之力不可小瞧

多米诺骨牌是西方人喜欢玩,且列为竞技项目的游戏:它是将一些骨牌立着摆好,推倒第一张,其余的便会依次倒下. 据计算,一张多米诺骨牌倒下时能推倒下一张尺寸为 1.5 倍的骨牌.

这样如果按照 1:1.5 的尺寸作一套 13 张的骨牌,若最小者为 $9.53 \times 4.76 \times 1.19 (\mathrm{mm}^3)$,则第 13 张尺寸为 $61 \times 30.5 \times 7.6 (\mathrm{cm}^3)$,推倒第一张骨牌仅须 0.024 微焦耳的能量,而第 13 张骨牌倒下时却放出 51 焦耳的能量,即它被放大 20 多亿倍.

若按此比例,第 32 张多米诺骨牌将高达 415 米,它已是纽约帝国大厦高度的两倍,此时它倒下时,释放的能量已达 1.24×10^{15} 焦耳.

真是一指之力,可以推倒摩天大厦!

(3) 不起眼的苍蝇卵

苍蝇是四害之一,然而它的繁殖速度却是惊人的.

苍蝇大约在每年 4 月中旬开始产卵,卵 20 天可成蝇,这样到每年 9 月一只苍蝇大约可繁蕴 7 代. 如果一只苍蝇每次可产卵 120 个(若雌雄各半共 60 对),一年中一只苍蝇可繁殖(如果不死的话)

$$2 \times (60 + 60^2 + 60^3 + \cdots + 60^6) = 355\,923\,200\,000\,000 (只)$$

这些苍蝇可排成大约 25 亿公里长,它等于地球到太阳距离的 18 倍.

(4)国王的奖赏

传说西塔发明了国际象棋(它距今至少有 1 500 年历史①)而使国王十分开心,他决定重赏西塔.

"我不要您的重赏,陛下."西塔接着说:"我只要您能在我的棋盘上赏些麦子:在第 1 格放 1 粒,第 2 格放 2 粒,第 3 格放 4 粒,以后每格放的麦粒都比前面 1 格多 1 倍,我只求能放满 64 格就行."(图1)

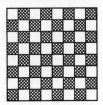

图1

"区区小数,几粒麦子,这有何难,来人……"国王命令道.

图2

然而一动手放起来,国王便傻眼了:这些麦粒总数为

$$1 + 2 + 2^2 + \cdots + 2^{63}$$

---

① 1 500 多年以来,国际象棋从取悦于帝王的"皇家游戏",发展到文艺复兴时代的"骑士艺术",乃至进化为进入千家万户的"智力工具"和全球最受青睐的"室内竞技",根深叶茂,源远流长.

$$= 2^{64} - 1 = 18\ 446\ 744\ 073\ 709\ 551\ 615$$

这些麦子的体积有 $12 \times 10^{12}\,\mathrm{m}^3$，若把它们堆成高 4 m，宽 10 m 的"麦墙"，将有 3×108 km 长，这大约是地球到太阳距离的 80 倍多!

(5)"世界末日"

传说在世界中心贝拿勒斯的圣庙，安放一个黄铜板，上面插了三根长针．梵天创世时，在一根针上（自下到上）放了大小不同的 64 块金片称"梵塔"．而后，不论白天黑夜，总有一个值班僧侣把这些金片在三根针上移来移去，一次只许移动一片，且小片永远要在大片的上面．当 64 片金片都从梵天创世时的一根针上移到另一根针上时，便是"世界末日"（图3）.

图 3

乍一听有些吓人，故事的真伪姑且不管，我们算一算按照上面的规定金片移动的次数它恰好是

$$2^{64} - 1 = 18\ 446\ 744\ 073\ 709\ 551\ 615$$

（这与前面麦粒总数一样多）．若每秒钟可移动一片金片，这大约需 5 845 亿年．据科学推算，地球的寿命不会多于 200 亿年，这样未等"梵塔"移完，地球已不复存在了．

上面的结果是如何算出的? 注意到:假设三根长针分别为 A, B, C，且 A 上放置了几片金片．n 片金片从

A 到 B 设至少要移 U_n 次，但若要把第 n 号金片移走，先要将上面 $n-1$ 片金片移到 c，这样须移 U_{n-1} 次，再把 n 号金片移到 B. 又要移一次，然后将 C 上 $n-1$ 片移到 B 上要移 U_{n-1} 次，这样可有 $U_n = 2U_{n-1} + 1$，递推地

$$\begin{aligned}
U_n &= 2U_{n-1} + 1 = 2(2U_{n-2} + 1) + 1 \\
&= 4(2U_{n-3} + 1) + 2 + 1 \\
&= 2^3 U_{n-3} + 2^2 + 2 + 1 \\
&= 2^{n-1} + 2^{n-2} + \cdots + 2 + 1 \\
&= 2^n - 1
\end{aligned}$$

(6) 小道消息的传播

有些人爱打听和传播小道消息. 你也许不曾料到，小道消息传播的速度，将是惊人的.

一个人听了小道消息，三小时后他告诉了他的两位亲友，又过三小时，这两人各自又把这消息告诉了他们另外的两位亲友；再过三小时他们的朋友又告诉其他的亲友……如此下去，八天之后将有

$$1 + 2 + 2^2 + \cdots + 2^{63} = 2^{64} - 1$$

的人知道这一消息（这也正是前面提到的麦粒总数），这个数字恐怕比全世界所有人口数还要大得多的多……

当然小道消息传播到某些人那儿便会中止，（不是所有人都喜欢打听，传播小道消息的），这正是并非所有人都能知道某些小道消息的原因.

(7) 水·π·魔方及其他

有些数字是惊人的大，这从前面的故事已经看到. 下面我们再给出一些数字.

一滴水中有 33 万亿亿个（即 33×10^{20} 个）原子，倘若你每秒数一个，这要数 100 万亿年.

　　圆周率 π 现在已计算到小数点后 10 万亿位,你每秒钟数一个数字,日夜兼程也要数上 300 万年. 这个数要打印出来,每厘米打 6 个数码,总共要打 1.674×10^7 km.

　　魔方变换花样约 $4\,325 \times 10^{16}$ 种,你每秒钟变换一种,一万亿年也变不完.

　　围棋总的布局(图案)数有 $3^{361} \approx 1.7 \times 10^{172}$ 种,这是一个大的无法想象的数.

　　人体约有 $60 \sim 70$ 万亿个细胞,约 60 万亿亿个蛋白质血红素分子,每秒钟约有 400 万亿个分子破坏,同时另造 400 万亿分子……

　　以原子单位度量宇宙年龄约 7×10^{39} 单位;以质子质量单位表示宇宙总质量约为 1.2×10^{73} 单位……

　　看完这些,你会有哪些想法呢?

附记　"焚塔"问题的一个新解法

　　文中提到的"焚塔"游戏,若将 64 块金片(每次只移动一片,且小金片必须压在较大的金片上面)全部移动另一根针上,须经

$$2^{64} - 1 = 18\,446\,744\,073\,709\,551\,615$$

次(每秒一次,须 5 845 亿年).

　　不久前两位美国学者对此游戏解法提出一种出人意料简单的方法,只需循下面两步操作:

　　1. 第一片金片(最小的)永远按固定方向移动;

　　2. 其余的金片只需移到它允许移动的位置.

　　比如三片金片的情形,最小的一片永远按照 $A, B, C, A, B,$ $C\cdots$ 方向顺序移动,其余的只需移到它允许移动的位置即可(图 4).

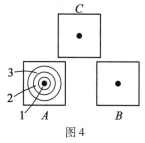

图 4

这一发现,使数学家,人工智能专家和机器人工程师都目瞪口呆了!

§16 包装、砝码、年龄卡及其他

数学是从生活中抽象出来的,因而它揭示着生活的各个侧面. 那些看上去是风马牛不相及的事情,有时却蕴含着同一数学道理……

(1)包　装

商品的包装自有其商业上的价值,可仅从数学上讲它也有着十分有趣的学问.

比如,买某一品种水果糖,你若想事先包装好,顾客来买时既不用拆包,又能满足顾客的不同需要,这要包多少种? 又怎样包法才能最合理,更有效呢?

也许你不信,你若用 1 kg, 2 kg, 4 kg, 8 kg, 16 kg 包等五种包装,便可以满足买 $1 \sim 31$ kg 整千克数糖的顾客需要,而且一种千克数的包装只拿一包便可. (读者可以算算看)

推广一下,若用 1 kg, 2 kg, 4 kg, 8 kg, $\cdots$, 2^n kg 数的包装,可满足顾客买 $(1 \sim 2^{n+1} - 1)$ kg 的需要(注意一种千克数的包装,只需拿一包).

可以证明:这是既可满足顾客的不同需要,又是分包挡数最少的分法.

(2)砝　码

一架天平需要配备多少种砝码最经济? 这便是所谓"砝码问题".

容易验算得, 有 $1\,g, 2\,g, 2^2\,g, \cdots, 2^n\,g$ 重的砝码, 只允许它们放在天平的一端, 则用它们可以称得 $1 \sim 2^{n+1} - 1$ 之间任何整数克重的物体.

比如利用 $1\,g, 2\,g, 4\,g, 8\,g$ 重的砝码, 可以称得(注意只允许它们放在天平一端) $15\,g$ 以下整数克重的物体

$$1, 2, 3 = 1 + 2, 4, 5 = 4 + 1, 6 = 2 + 4$$
$$7 = 1 + 2 + 4, 8, 9 = 1 + 8, 10 = 2 + 8$$
$$11 = 1 + 2 + 8, 12 = 4 + 8, 13 = 1 + 4 + 8$$
$$14 = 2 + 4 + 8, 15 = 1 + 2 + 4 + 8$$

要是允许砝码放在天平两端, 则可以证明:

有 $1\,g, 3\,g, 3^2\,g, 3^3\,g, \cdots, 3^n\,g$ 重的砝码, 允许砝码放在天平两端, 则利用它们可以称出 $1 \sim \dfrac{1}{2}(3^{n+1} - 1)$ 之间任何整数克重的物体.

比如有 $1\,g, 3\,g, 9\,g$ 砝码各一枚, 物品放在天平右端盘中, 若砝码放在左端盘中符号记为 " $+$ ", 放在右端盘子中符号记为 " $-$ ", 显然由

$$1, 2 = 3 - 1, 3, 4 = 1 + 3, 5 = 9 - 1 - 3$$
$$6 = 9 - 3, 7 = 9 + 1 - 3, 8 = 9 - 1, 9, 10 = 9 + 1$$
$$11 = 9 + 3 - 1, 12 = 9 + 3, 13 = 1 + 3 + 9$$

知利用它们可以称为 $1 \sim 13$ 之间任何整数克重的物体.

这个问题最先去考虑的人是数学大师欧拉.

我们还想指出:

若允许将砝码放入天平两端问题, 实际可视为 "三进制" 问题, 任何整数皆可用仅有数码 $0, 1, 2$ 的三进制表示.

当然出现数码 2 的情形应视为天平右端放 3 左端放 1.

（3）猜年龄卡片

图 1 是一套很流行的可以用来猜年龄的游戏卡片（可猜 1~31 岁不同年龄）. 玩法是这样的:你让同伴从下面 5 张卡片中找出有他年龄数的那几张卡片,那么你只需将这几张卡片左上角的第一个数加起来便是他的年龄数(你注意到没有,它们正是 $1, 2^1, 2^2, 2^3, 2^4$）. 比如有人年龄在图(1),(3),(5)3 张卡片上有,那么他的岁数便是 $1 + 4 + 16 = 21$ 岁.

1	3	5	7
9	11	13	15
17	19	21	23
25	27	29	31

(1)

2	3	6	7
10	11	14	15
18	19	21	23
26	27	30	31

(2)

4	5	6	7
12	13	14	15
20	21	22	23
28	29	30	31

(3)

8	9	10	11
12	13	14	15
24	25	26	27
28	29	30	31

(4)

16	17	18	19
20	21	22	23
24	25	26	27
28	29	30	31

(5)

看上去也许有些"神图",其实它的道理和前面包糖果是一样的.

（4）二进制

上面几项内容看上去也许联系不大,但数学家们则认为它们同属一类,抽象出来便是所谓"二进制"问题.

人们习惯的进制是十进制,它是一种"逢十进一"的进制(试想人的一双手不正好有十个指头? 这种进制对以"屈指计数"的人来讲则是自然的了). 二进制

则是一种"逢二进一"的进制.

十进制要用 $0,1,2,\cdots,9$ 这十个符号表示数,而二进制仅需 $0,1$ 这两个符号就行了.

为此,电子计算机对它十分感兴趣(这两个符号可正好对应着电脉冲的"关"和"开"两种状态).

二进制大家或许比较熟悉了,这里只需指出一点:包装、砝码、年龄卡片问题都是用二进制表示十进制问题,只是提法不同,形式上有些类似罢了.

(5) 火柴游戏

火柴游戏源于我国,不过最初是用筷子来玩的(火柴没有出现以前),所以又称"筷子游戏",它的玩法很多,这儿介绍两种.

一是有数目相等的两堆火柴,两人玩耍,每人可轮流在其中一堆里取几根,但不能同时在两堆取,也不允许一根不取,规定取最后一根者为胜.

若后取者知道其中奥妙,则他可以稳操胜券,他只要遵循"在对手没有取的那一堆中,取对手刚刚所取的同样数目的火柴"这一规则就行.

两堆火柴,根数不一,情况如何? 又如,限制每次取火柴的根数,情况又如何?

这些都留给读者去考虑.

下面谈一个与二进制有关的火柴游戏问题:

火柴有若干堆,每堆根数不一,两人轮流在某一堆中取的火柴数也不限(但不能不取),仍规定取最后一根者为胜. 你看,怎样才能获胜?

这若用二进制去考虑,你不会输的. 至于"秘诀"到底如何,也请读者思考.

(6)省刻度的尺子

前文已述有重量是 $1,2,2^2,2^3,2^4$ g 重的砝码,利用一架天平便可以称出 $1\sim31$(即 2^5-1)之间任何整数克重的物品,比如

$$10=2+2^3,20=2^2+2^4$$
$$30=2+2^2+2^3+2^4,\cdots$$

这其实和二进制有关.

要是允许砝码放在天平两端,只要有重量是 $1,3,3^2,3^3$ g 重的砝码,利用一架天平便可称出 $1\sim\frac{1}{2}(3^4-1)$ 之间任何整数 g 重的物品,比如:

称25 g 重物品时:一端放砝码 1 和 3^3,另一端放物品和砝码3,注意到

$$1+3^3=28=25+3 \quad 即 \quad 25=28-3$$

至于其他情形请读者自行验算. 与前文所述这其实与数的三进制也有关.

上面的问题都是利用最少的砝码称出最多档次物品问题(它们的结论均可以推广到一般的情形). 与之类似的问题是尺子刻度问题,即尺子能否省些刻度?换句话说:

能否用最少刻度的尺子量出最多尺寸的(物品)长度.

比如一根 6 cm 的尺子,只需在尺子,1 cm 和 4 cm 处刻上刻度(图2),便可量出 $1\sim6$ cm 的任何整数厘米长的物品. 我们用 $a\to b$ 表示从 a 量到 b,那么有

$$1(0\to1),2(4\to6),3(1\to4)$$
$$4(0\to4),5(1\to6),6(0\to6)$$

1	4

图 2

这种省刻度的尺子又称格拉姆尺.

一根的尺子只需在 $1,4,5,11$ （或 $1,6,9,11$）cm 四处刻上刻度（图 3），便可量出 $1 \sim 13$ 之间任何整数厘米长的物品来：这个问题为英国学者杜德尼（1857—1931）所发现（请你具体写出它们的量法）.

图 3

同时杜德尼还指出：

一根 22 cm 长的尺子,只需六个刻度（两种方案）：

① $1,2,3,8,13,18$；

② $1,4,5,12,14,20$.

便可量出 $1 \sim 22$ 之间任何整数厘米长的物品.

据载日本的藤村幸三郎新近指出：一根 23 cm 长的尺子,也只需六个刻度：$1,4,10,16,18$ 和 21,便可量出 $1 \sim 23$ 之间任何整数厘米长的物品来.

那么 24 cm 长的尺子最少需要几个刻度（刻在什么地方）？ $26,27,\cdots$,一般地 n cm 长的尺子最少需要几个刻度（且刻在什么地方）便可量出 $1 \sim n$ 之间任何整数厘米长的物品来？（刻上 $1,3,6,13,20,27,31,35$ 这八个刻度的 36 cm 长的尺子,可量出 $1 \sim 36$ cm 的物品；刻上 $1,2,3,4,10,17,24,29,35$ 这 9 个刻度的 40 cm 长的尺子,可量出 $1 \sim 40$ cm 的物品）这些你若有兴趣,无妨研究一下.

这个问题虽与砝码问题类似,但它们却又不同（砝码可以随意组合,而刻度只能在相邻之间测算）. 情况到底如何？ 那就请您去总结,推广了.

注1 一根 n cm 尺子除去刻度 0 和 n 外, 实际仅有 $n-2$ 个刻度, 这样 n 个刻度(包括尺子两端的刻度)最多可以量出范围为 $0 \sim \frac{1}{2}n(n+1)$ 长度(表1).

表1

尺子刻度数	4	5	6	7	8	9
实际刻度数	2	3	4	5	6	7
理想度量范围	6	10	15	21	28	⋯
实际度量范围	6	9	13	?	24	⋯

注2 该问题还与所谓完美标号(见前文)问题有关.

比如 13 cm 省刻度尺子(注意刻度 0 和 13 未计入)对应的完美标号如图4:

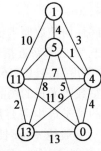

图 4

(7) 排队的数学

排队在人们生活中司空见惯, 你上街买东西人多了要排队, 等公共汽车要排队, ⋯⋯不仅人、事、物也有排队问题: 你有许多事情要处理, 这些事情在你那儿要排队, 一台机器加工几种零件, 这些零件要排队; 火车进站, 飞机降落, 轮船停泊也要排队⋯⋯

排队也有数学问题? 有, 我们举几个小例子谈谈.

(8) 修理机器

一个维修工负责 10 台机器维修. 一次有 3 台机器

同时出了故障,经检查发现如修好它们分别需要 1,2,3 小时. 请问你如何安排修理它们的顺序,而使总的停机时间最少?

我们设 3 台待修机器为 A,B,C,修好它们各需 1,2,3 小时. 显然修理它们的次序很多,比如 $A-B-C$,$A-C-B,C-A-B,\cdots$,稍稍计算你会发现:修理顺序为 $A-B-C$ 最好,我们只需看一下表 2 的数字(注意某台机器时,其他待修机器也停在那儿等着修理):

表 2

修理顺序		$A-B-C$			$C-B-A$			$\cdots$
A	等待时间				3	2		$\cdots$
	修理时间	1					1	$\cdots$
B	等待时间	1			3			$\cdots$
	修理时间		2			2		$\cdots$
C	等待时间	1	2					$\cdots$
	修理时间			3	3			$\cdots$
总　　计			10			14		$\cdots$

这里给出两种不同修理方案所费时间不一,列举了全部情形之后你会发现,修理顺序为 $A-B-C$ 最好(即"先易后难"原则).

当然有时还会遇到一些更复杂的例子,比如:

有①～⑤这 5 个工件,要经过两道工序,先在机床 A 上加工,再在机床 B 上加工,加工所花时间见表 3.

为了尽量不窝工即减少机床 B 等活的时间,可循下面原则:

表3

机床 \ 时间 \ 工作	①	②	③	④	⑤
A	3	7	4	5	7
B	6	2	7	3	4

①求全部加工时间中的最小数,设为 x ,相应工件记为 k ;

②若 x 位于表中第一行(机床 A 加工 k 所需时间),则将工件 k 放在机床 A 加工顺序的首位;

若 x 位于表中第二行(机床 B 加工 k 所需时间),则将工件 k 放在机床 B 加工顺序的最后;

③重复上面手续.

最后可得加工工件的最优顺序.

比如该例顺序为①→③→⑤→④→②.

(9) 不愁找零钱

20 个小孩(男,女各半)排成一个圆圈在做游戏,一个卖冰棒的走来,他们都想买.已知男孩每人手中有一张一角币,女孩每人手中有一枚五分币.若卖冰棒者手中无零钱(冰棒每支 5 分币),他能否从某一个小孩起,依次出售冰棒,却不会因找不开零钱而发愁?

问题答案是肯定的.为了讨论方便,我们把持五分币看作是" $+1$ ",持一角币看作是" -1 "(需要找五分币),再把这些孩子依次编上号 $1,2,3,\cdots$,他们手中的钱相应地记为 $a_1,a_2,a_3,\cdots$ (用 ± 1 表示)然后算一下(图 5)

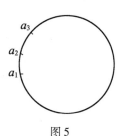

图 5

a_1, $a_1 + a_2$, $a_1 + a_2 + a_3$, $\cdots$, $a_1 + a_2 + \cdots + a_{20}$

从中找出最小的那个值,比如它是 $a_1 + a_2 + \cdots + a_k$,这时只需从第 $k+1$ 个人起,按依顺时针方向(与小孩编号同向)依次卖,便可顺利地使这些孩子都买到冰棒,且不会因找不开零钱而遇到麻烦.

要是这些孩子排成一字长队,问题便不一定有解了.

(10)烧开水泡茶喝

这是我国已故著名数学家华罗庚讲的一个例子:

想泡茶喝,当时的情况是:火已生好,凉水和茶叶现成,开水没有,水壶要洗,茶壶要洗,茶杯要洗. 怎么办?

办法甲:洗开水壶,灌水,烧水,等水开的过程洗茶壶,茶杯,拿茶叶,等水开了即可泡茶;

办法乙:洗开水壶,洗茶壶,茶杯,拿茶叶,一切就绪,灌水烧水,坐待水开泡茶;

办法丙:洗开水壶,灌水,烧水,坐待水开后,再拿茶叶,洗茶壶,茶杯,泡茶.

三种办法哪种省时间? 一眼就能看出:办法甲最好,因为后两种都"窝了工".

(11)虫子排队

生物学者为实现"以虫治虫"生物治虫的目的,他们捉来三种虫子,经实验后发现:其中任何两种虫子放在一起,总有一种可吃掉另一种.这样他们便可将这三种虫子排成一队,使前面一种虫子可以吃掉后面一种.

问题如果推广一下:有 n 种虫子,其中任何两种虫子放在一起时,总有一种可以吃掉另外一种.那么,我们可将这 n 种虫子排成一队,使前面一种总可以吃掉后面一种(这个问题前文已有述).

这个问题还与前文所述"哈密顿回路"有关.

§17 买秋菜的决策

田忌和齐王赛马(其以下、上、中马,对齐王上、中,下马而失一局胜两局)是一个靠计策以弱胜强的典型例子.这也是数学的一个分支"对策论"所研究的一个内容.

生活中也会遇到类似的问题,如北方地区的家庭冬季都要贮存一些秋菜,秋菜买多少合适?这里面也有个学问.买少了,冬天还要再买,但那时菜的价格会很贵;买多了,吃不了会烂掉,又是一种浪费.

对于某个单位来说,正常冬季需要 750 kg 菜,若冬天较暖,春菜上市较早则仅需 500 kg;若天气较冷,则需要 1 000 kg.

初冬时秋菜每 200 元/500 kg,冬天里若遇暖冬,菜的价格为 450 元/500 kg,正常气温菜的价格 500 元/500 kg,遇上寒冬,菜的价格为 550 元/500 kg.

根据上面的数据,你能否判断一下买多少秋菜最

为合适？我们来分析一下：

比如你打算只买 500 kg 菜，花去 200 元. 对于暖冬来讲菜已够吃了；但对正常年景你还应再买 250 kg，而这时冬菜价格为 500 元/500 kg，故还要花 250 元，共花 450 元；若遇严冬，你还要再买 500 kg，再花 550 元，共花 750 元.

至于你买 750 kg 或 1 000 kg 秋菜，遇到各种气候情况的花费款数可见表 1：

表 1

总款数 气候 买秋菜	暖 冬	正 常	严 冬
500 kg	200	450	750
750 kg	300	300	575
1 000 kg	400	400	400

从表 1 我们可以看出：若你买了 500 kg 菜，遇到暖冬尚可，若是遇上严冬要花 750 元，即使是正常冬天也要花 450 元；可你要选择买 1 000 kg 菜的方案，花去 400 元，即使遇上最冷的冬天，也只需花这些钱就够了，看来这是一个可取的方案.

表 2

总款数 气候 买秋菜	暖 冬	正 常	严 冬	行的最大数
500 kg	200	450	750	750
750 kg	300	300	575	575
1 000 kg	400	400	400	400

至于具体计算，数学已为我们提供了方法，我们先

将上表1中各横行最大的数写于上表2后.

然后从这些最大的数中选择最小的一个就可以，显然是400（即买1 000 kg秋菜的钱数）.

当然还可以把各列（竖行）中最小的数写在表下面，然后从这些最小的数中选择最大的一个就可以了，这些都是能够用数学去严格证明的.

§18　如何公平分配

再过去的几十年，数学家们一直在研究"公平分配"问题.

最简单的例子是两人分饼. 办法是一人分（用刀一分为二），另一人（先）挑.

若是饼由三人来分，问题就有些复杂了. 首要任务是先切去饼的1/3来.

比如饼由甲、乙、丙三人来分. 可循下面步骤：

①甲将饼分成两份 X, W，其中 X 为饼的1/3，W 为饼的2/3.

②乙把 W 分成两份 Y, Z，每份为 W 的1/2.

③丙从三份中先排一份，甲从剩下两份中挑一份，最后一份留给乙.

20 世纪60 年代有人提出用"移动的刀"来分，刀再饼上平稳地，缓缓地移动，当移到某处 A，有人喊停，则它可拿走他认为是饼1/3 的那份，剩下的部分化为"二人分饼"问题（图1）.

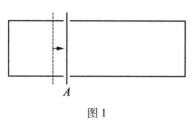

A

图 1

这一方法可以推广到 n 人分饼问题.

当然还有其他分饼方法.

分饼也许是小问题,无须大动干戈. 然而对有些问题来讲,则须费费脑筋了,比如美国各州议员名额分配. 我们把问题换成戏票,看看"按比例分配"的弊端.

某厂工会搞来 20 张剧票,该厂有三个车间甲、乙、丙,各有人数:103,63 和 34. 工会依人数比例欲将票发至各车间,计算结果如表 1.

表 1　剧票分配表

车间	人数	车间人数占全厂人数比例	剧票分配比例
甲	103	51.5%	10.3
乙	63	31.5%	6.3
丙	34	17.0%	3.4

按常规甲、乙、丙三车间各分得剧票 10,6 和 4 张(它们方案的尾数中丙车间最大,按整数分配后的剩余一张理当给该车间).

当听说工会委员又淘来一张剧票时,人们只好重新计算,结果如表 2.

表 2　剧票分配表

车间	人数	车间人数占全厂人数比例	剧票分配比例
甲	103	51.5%	10.8
乙	63	31.5%	6.6
丙	34	17.0%	3.5

仍按常规分法,这时三车间各得到剧票 11,7 和 3 张. 这一下问题来了:

20 张剧票时,丙车间可分得剧票 4 张;而 21 张剧票时,丙车间反而只得到 3 张. 如此分法显然不合理:

为此数学家们不得不重新审视传统的分配方法,譬如有人提出:合理的分配应使分配方案中票数与人数比例差额之和应尽量小者为佳.

例如按 11,7,3 分配剧票,上述"差和"为

$$\left|\frac{11}{103}-\frac{7}{63}\right|+\left|\frac{7}{63}-\frac{3}{34}\right|+\left|\frac{11}{103}-\frac{3}{34}\right|\approx 0.045\ 8$$

而若按 11,6,4 分配剧票,上述"差和"为

$$\left|\frac{11}{103}-\frac{6}{63}\right|+\left|\frac{6}{63}-\frac{4}{34}\right|+\left|\frac{11}{103}-\frac{4}{34}\right|\approx 0.044\ 8$$

后者小于前者,相比较而言后者分配方案似更合理些(这时当然不会再有前述"怪异"现象产生).

此例有其深刻的历史背景——它源于美国国会议员席位分配方法 1790 年美国财政部长哈密顿(A. Hamilton)给出方法. 这类问题数学家们已有更深入的讨论与对策.

人们在规定了一系列条件后发现:所谓的"绝对公平、合理分配"根本不存在,它是在 1974 年由巴林

斯基(L. Balingski)等人证明的.

§19　波斯特问题

在数学中,命题有真有假,一个几何命题的证明总是从定义、公理或前面已证明的定理出发,经过逻辑推演而得出的.

在数学中有无不可证明的定理呢(不是指初等几何)?

著名的美籍奥地利学者歌德尔给出了明确的回答:有.这便是 20 世纪 30 年代他给出的"歌德尔不完全性定理"(粗略地讲,这个定理是说在任何系统中,总有一个命题是不能证明的).

类似于歌德尔构造的不能判定是真是假的命题,称为不可判定的命题. 20 世纪 40 年代,美国数学家波斯特(Post)提出一个与字有关的问题,并证明了使用"万能的"计算机(与抽象的计算机等价),也不能解决它. 问题是这样的:

有两组由字母 α,β 组成的字表

$$\alpha_1,\alpha_2,\alpha_3,\cdots,\alpha_k$$
$$\beta_1,\beta_2,\beta_3,\cdots,\beta_k$$

我们试依据情况给出打印:

$\alpha_1 = \beta_1$? 如成立,打出序号 1;

$\alpha_2 = \beta_2$? 如成立,打出序号 2;

$$\vdots$$

$\alpha_k = \beta_k$？如成立，打出序号 k.

继而，判定：

$\alpha_i \alpha_j = \beta_i \beta_j$？如成立，打出序号 ij；

$$\vdots$$

$\alpha_{i1} \alpha_{i2} \cdots \alpha_{is} = \beta_{i1} \beta_{i2} \cdots \beta_{is}$？如成立，打出序号 $i_1 i_2 \cdots i_s$；

$$\vdots$$

如此无限地试验下去. 试问：任意给定的两组字的序列，你能否判定会不会出现这样的对应等式？只需回答：是或否. 但波斯特证明了：即不能回答是，也不能回答否，从而是不可判定的.

当然，波斯特问题的一般性不可判断的结论，并不排除某些具体问题的可解性.

例如若 $\{\alpha_1, \alpha_2\} = \{ab, ab\}$，$\{\beta_1, \beta_2\} = \{bab, a\}$ 容易看出：

$\alpha_2 \alpha_1 = \beta_2 \beta_1$ 即 ab　$ab = a$　bab，则打印序号 21，故波斯特问题有解.

又如 $\{\alpha_1, \alpha_2, \alpha_3\} = \{ab, b, b\}$，$\{\beta_1, \beta_2, \beta_3\} = \{abb, ba, bb\}$，这个波斯特问题无解，因为每个 $\alpha_i(i = 1, 2, 3)$ 的字长都比 β_i 字长少，故不可能产生等式.

再如 $\{\alpha_1, \alpha_2, \alpha_3, \alpha_4\} = \{ab, bbba, a, bb\}$，$\{\beta_1, \beta_2, \beta_3, \beta_4\} = \{abb, bba, ab, b\}$，可以找到等式

$$\alpha_3 \alpha_2 \alpha_1 \alpha_4 = \beta_3 \beta_2 \beta_1 \beta_4$$

即

$$a \quad bbba \quad ab \quad bb = ab \quad bba \quad abbb$$

故打印 3214，此说该波斯特问题有解.

如此看来，批定一个给定的波斯特问题有无解也

不是一件轻松的事,借助电子计算机则可帮助我们寻找这个问题的答案.

§20　在"无穷"的王国里

不同的无穷集合之间元素个数是否也有数量上的差异呢? 如何计较? 比如数学家会告诉你,偶数和奇数一样多,但偶数也和全体自然数一样多,你会觉得有些诧异. 看上去偶数好像只有自然数一半那么多.

要弄清楚这个问题,我们先来看一个概念——"一一对应". 有两堆东西,或者说有两个集合 A 和 B,若 A 中的每个元都可以在 B 中找到一个元素与它对应,即使得

(i)B 中的每个元都是 A 中元的对应元,

(ii)A 中的每个元只能在 B 中找一个对应元,则我们称集合 A 和 B 的元之间一一对应.

两个集合间若存在一一对应,则称两个集合的元素数一样多.

依据这一原则我们来证明自然数与偶数一样多.

让每个自然数 n 和偶数 $2n$ 对应起来

$$
\begin{matrix}
1 & 2 & 3 & 4 & \cdots & n \\
\updownarrow & \updownarrow & \updownarrow & \updownarrow & & \updownarrow \\
2 & 4 & 6 & 8 & & 2n
\end{matrix}
$$

其实,任何一个无穷集合,只要它的元素可以排成一排 $a_1, a_2, a_3, \cdots$,就都可以和自然数一一对应起来

$$\begin{matrix} 1 & 2 & 3 & 4 & & n \\ \updownarrow & \updownarrow & \updownarrow & \updownarrow & \cdots\cdots & \updownarrow \\ a_1 & a_2 & a_3 & a_4 & & a_n \end{matrix}$$

又全体整数的集合可以排成 $0,1,-1,2,-2,\cdots$

全体素数的集合: $2,3,5,7,11,\cdots$

甚至全体有理数也可以排成一排

$$0,1,-1,\frac{1}{2},-\frac{1}{2},\frac{1}{3},-\frac{1}{3},\frac{2}{3},-\frac{2}{3},\cdots$$

因此可以说,整数,素数,以至有理数都和自然数个数一样多.

整数在实数轴上的分布是零散的,相互间保持着一定的距离,有理数则不然:

任给两个实数 a 和 $b(a<b)$,必定存在一个有理数 $\frac{p}{q}$,使得 $a<\frac{p}{q}<b$.

换句话说,实轴上任意两点之间有无穷多个有理点. 这样可将有理数与自然数一一对应起来.

自然数集合是衡量无穷集合元素多少的第一把尺子,我们干脆称可以和自然数全体一一对应的集合是"可数的",称之有 $\aleph_0$ 个元素.

当然并不是每个无穷集合都可以和自然数集合一一对应起来的,这样的集合称为是不可数的. 比如可以证明实数集合是不可数的. 实数集合是计量无穷集合元素个数的第二把尺子,一个集合若可以和实数集合一一对应,就称这一集合具有 $\aleph_1$ 个元. 千万别小看了这个 $\aleph_1$ 小至任意一节线段,比如 $[0,1]$,大至整个平面,以至整个空间,点的个数都是 $\aleph_1$.

　　康托曾经造出一个十分奇特的集合,称为"三分集".这个集合几乎挖掉了区间[0,1]中的所有点,但可以证明它依然有 ℵ 个点.三分集的做法如下:

　　将区间[0,1]三等分,然后挖去中间的一段 $\left(\frac{1}{3}, \frac{2}{3}\right)$,剩下的两段各自继续三等分后再挖掉中间的一份,如图 1 排列下去……

图 1

　　最后剩下来的点,比如 $0, \frac{1}{3}, \frac{2}{3}, \cdots$,组成的集合便是三分集.挖掉的小区间共长

$$\frac{1}{3} \times \left[1 + \left(\frac{2}{3}\right) + \left(\frac{2}{3}\right)^2 + \cdots\right] = \frac{1}{3} \times \frac{1}{1 - \frac{2}{3}} = 1$$

换句话说,几乎挖去了区间[0,1]中的所有点.然而即使这个"长度"为零的集合,点的个数依然是 $ℵ_1$ 小至长度为零的点集,整条直线乃至整个平面上都有同样多的点.

(3)连续统假设与策墨罗公理系

　　有没有一种集合,它的元素比自然数多,又比实数少? 这是集合论创立以来的一个最大的难题. 这个问题我们前文已有述. 康托猜想这样的集合是不存在的,后人就把这一猜测称之为"连续统假设".

对于"连续统假设",最初康托把这个问题看得过于简单. 他曾几次在文章中许愿不久将给出证明,却一次次食言. 1882 年他甚至宣布已经做出了证明,结果还是不见下文. 而他自己却因不断地辛劳和世人的诽谤,患了精神抑郁症,在数学蓬勃发展的二十世纪初,忧郁地死在精神病院中. 正是"冠盖满京华,斯人独憔悴."

1900 年,数学大师希尔伯特把"连续统假设"列为他提出的 23 个数学问题中的第一个,号召人们为之奋斗. 1925 年他本人也在"论无限"一文中宣布找到了解决"连续统假设"的方法. 但人们很快发现希尔伯特使用了一个错误的命题,证明无效.

两位大师的失败令人深思. 1938 年,哥德尔试图否定这个猜想,却意外地发现:

在集合论的 ZFC 公理(类似于几何学中的欧几里得公理)中不能推出猜想的否定式.

1963 年,科恩又惊人地证出:在 ZFC 公理中也不能推出猜想的肯定式.

结论是,在现行的公理体系中,连续统假设是不可判定的,正如人们仅用圆规和直尺不能三等分任意角一样.

人们知道,要想三等分任意角,需要引用新的工具. 现在看来,要想解决"康托猜想"只有构造新的数学体系了. 至今它仍是一大数学难题.

　　数学上一条命题的证明总要依据若干已经证明或已经公认为真的命题,这样反推上去,终归有一些最简单然而也是最基本的命题是不能证明的,这些命题称为公理.

　　集合论也是这样,它可以从几条公理出发推演出一系列结果. 目前大家公认的公理系统称为策墨罗公理系. 这套公理计有九条,比如有一条说:两个集合若由同样的元素组成,则两个集合相同. 这显然是人人都能接受的. 可惜的是这个公理系统还不够完备,后来又有人加入了一条引起许多争议的"选择公理".

　　柯恩的功绩在于证明了:连续统假设在策墨罗公理系统里是不可能证明的. 柯恩和另一位数学家哥德尔的结果加在一起表明:无论把连续统假设,还是把与连续统假设相反的结论加入到策墨罗公理系统里,都不会引出矛盾.

　　这一结果与非欧几何的发展史十分类似:把第五公设肯定与否会产生出两套不同的几何理论来.

　　康托指出给定任何一个无穷集合都可以造出一个元素更多的集合来. 康托还证明任意两个集合的元素个数总可以相互比较.

　　康托还证明有无限多个超限数,且没有最大的超限数.

表 1

超限数	图　　　示	说　　　明
$\aleph_0$	$1,2,3,4,5,6\cdots$	自然数的个数
$\aleph_1$		实数或线、面、体上的几何点的个数
$\aleph_2$		各类曲线及定义在某区间上的函数基数

希尔伯特曾经赞美"集合论"是一个数学史上的重要发现. 的确,无穷的王国里充满着许多引人入胜的奥秘,然而,通往这些奥秘的路是漫长而曲折.

§21　谈谈数学中的猜想

数学中有许多猜想,它们都是那么有趣,那么奥妙,耐人寻味. 然而,你若不正确了解与对待,有时也会陷入困境. 因而这些猜想有的貌似平常(简单),但其中却蕴含着深刻的、引人入胜的奥妙.

1842 年卡特兰猜想;8 和 9 是仅有的连续的都是正整数幂的自然数($8 = 2^3$, $q = 3^2$).

100 多年后直至 1962 年该猜想才由我国数学家柯名征得,他还证明了,不存在 3 个及 3 个以上连续自然数皆为某些正整数幂.

(1)"猜想"毕竟只是"猜想"

我们知道:数学中的猜想多来自不完全归纳法,而不完全归纳往往是不完整的,它不足以论断命题的真

伪,历史上有过不少"猜想"被推翻的事例.数学家费马(法国人,他一生作了不少著名猜想)在验证了当 $n = 0,1,2,3,4$ 时,$F_n = 2^{2^n} + 1$ 是素数后便宣称:

n 是任何自然数时 F_n 都是素数.

几十年后,欧拉指出 $F_5 = 641 \times 6\,700\,417$,它已不再是素数.

到目前为止,F_n 仅当 n 为上述五个整数时才是素数.正是这位指出别人毛病的数学大师欧拉,也提出过错误的猜想.

普鲁士国腓特烈大帝在一次阅兵时想到:

有 6 个兵种,每个兵种有 6 个官衔的军官共 36 人,能否把他们排成一个 6×6 的方阵,使每行每列既有 6 种不同的兵种,又有 6 个不同官衔的军官?

欧拉经过长期思索而不得其解时,便从 2×2 的这种方阵不能成立(这一点很容易证明)的事实中猜想:对于 $(4n+2) \times (4n+2)$ 的上述方阵问题无解.

二百年后,当这种方阵(它被称为欧拉方阵或正交拉丁方)开始找到用途(在试验设计中)时,它又唤起了人们的兴趣.

然而就在 1959 年,数学家玻色和史里克汉德造出了 10×10(即 $n = 2$ 时)的正交拉丁方(图详见后文"拉丁方阵的猜想"),随即除了 $n = 0,1$ 外,对于 n 为其他自然数的情形,上述拉丁方皆可造出.至此,历时二百余年的欧拉猜想也被推翻.

德国数学家莱布尼兹发现:$3 \mid n^3 - n, 5 \mid n^5 - n, 7 \mid n^7 - n$($n$ 为奇数),于是猜测对于奇数 k,总有 $k \mid n^k - n$,但 $q \nmid 2^9 - 2\,(=510)$.

苏联的格拉维(Grave)猜测:若 p 为素数,则 $p^2 \nmid$

$2^{p-1} - 1$. 这个结论对于 $p < 1\,000$ 皆真,但 $1\,093^2 \mid 2^{1\,093-1} - 1$ ($= 2^{1\,092} - 1$)欧拉还提出另一猜想(下面是其特例情形)

$$x^5 + y^5 + z^5 + w^5 = t^5$$

无整数得.

但 1960 年美国数学家给出 $27^5 + 84^5 + 110^5 + 133^5 = 144^5$.

再如,苏联数学家契巴塔廖夫(Н. Г. Чеботарев)发现

$$x - 1 = x - 1$$
$$x^2 - 1 = (x - 1)(x + 1)$$
$$x^3 - 1 = (x - 1)(x^2 + x + 1)$$
$$x^4 - 1 = (x - 1)(x + 1)(x^2 + 1)$$
$$x^5 - 1 = (x - 1)(x^4 + x^3 + x^2 + x + 1)$$
$$x^6 - 1 = (x - 1)(x + 1)(x^2 + x + 1)(x^2 - x + 1)$$
$$\vdots$$

于是他猜测: $x^n - 1$ 分解为不可再分解的且具有整系数的因式之后,各系数的绝对值均不超过 1.

没想到,伊万诺夫(В. Иванов)却得到了反例:当 $x^{105} - 1$ 时它有质因式

$$x^{48} + x^{47} + x^{46} - x^{43} - x^{42} - 2x^{41} - x^{40} - x^{39} + x^{36} + x^{35} + x^{34} +$$
$$x^{33} + x^{32} + x^{31} - x^{28} - x^{26} - x^{24} - x^{22} - x^{20} + x^{17} + x^{18} + x^{15} +$$
$$x^{14} + x^{13} + x^{12} - x^9 - x^8 - 2x^7 - x^6 - x^5 + x^2 + x + 1$$

其中 x^{41} 和 x^7 的系数均为 -2,其绝对值大于 1.

猜想被成功否定此解决的例子也不少,比如埃尔特希猜测:方程 $x^x y^y = z^z$,当 $x > 1, y > 1, z > 1$ 时无解.

这个猜想于 1940 年被解决. 比如 $(12^6, 6^8, 2^{11}3^7)$, $(224^{14}, 112^{16}, 2^{68}7^{15})$ 等即为方程解.

（2）**看上去也许简单**

有些猜想至今未能获解. 比如：

Rufus 认为 $1 + 2 = 3$，是 $1^n + 2^n + \cdots (m-1)^n = m^n$ 的仅有平凡解.

LeoMoser 验证 $m < 10^{106}$ 均成立：但一般情形未果.

Escott 猜测：方程 $x^n + (x+1)^n + \cdots + (x+k)^n = (x+k+1)^n$ 仅有 $1 + 2 = 3, 3^2 + 4^2 = 5^2, 3^3 + 4^3 + 5^3 = 6^3$ 三组解.

柯召等人证明当 $1 \leqslant n \leqslant 33$ 时结论真（同时解决了 n 为奇数的情形）.

著名猜想往往出自大数学家之手，虽然有些看上去很简单，但其中都蕴含着极为深刻的数学内容，这也正是不少貌似简单的著名猜想，长期以来未能被人证得的原因.

1621 年，法国数学家巴契特发现：每个自然数都可由不超过四个整数的平方和表示. 它是一个貌似简单的问题，然而却难倒了不少著名数学家，虽经数十年的光阴使问题得以解决，然而由此却又引出新的猜想——华林问题（详见后文"数学里的又一个猜想"），它至今尚未完全解决.

（3）**观察、总结、猜想**

猜想并不是"臆断"，它往往有着雄厚的基础. 猜想常来自观察、总结和思索，即使这样，猜想仍有可能不正确. 没有依据，漫天胡猜，更是站不住脚的. 著名的猜想，往往经过了数学家们的大量演证，也包含数学家对此问题的深思远虑.

先来看一个例子. 有人提出 $n \geqslant 1$ 时 $991n^+1$ 均不是完全平方数. 在不停地寻找证明或反倒，后来人们发

现 $n = 12\ 055\ 735\ 790\ 331\ 359\ 447\ 442\ 538\ 767$ 时，$991n^2 + 1$ 是完全平方数．

我们在中学数学中知道阶乘

$$n! = n \times (n-1) \times \cdots \times 2 \times 1$$

今考察

$3! - 2! + 1! = 5$

$4! - 3! + 2! - 1! = 19$

$5! - 4! + 3! - 2! + 1! = 101$

$6! - 5! + 4! - 3! + 2! - 1! = 619$

$7! - 6! + 5! - 4! + 3! - 2! + 1! = 4\ 421$

$8! - 7! + 6! - 5! + 4! - 3! + 2! - 1! = 35\ 899$

这些数左边有规律，右边恰好说明是素数．你也许据此会猜到它的普遍性，然而按此规律的下一个（它是从 $9!$ 开始）却是 $326\ 981 = 4\ 139 \times 79$ 它已不再是素数．

再如我们前面介绍过的"乌兰现象"，也是一种猜想．虽然没有能够证明它，但不少人却从中发现一些素数的奇妙性质．

数学猜想是迷人的，适当的猜想常常会促进数学的发展，这往往要待人们正确了解之后．

§22　再谈数学中的猜想

数学中的许多结论的发现，都是靠猜想（多依据不完全归纳法）得到的．

著名的哥德巴赫猜想，便是德国数学家哥德巴赫（C. Goldbach）在验算了

$$6 = 3 + 3, 8 = 3 + 5, 10 = 3 + 7, 12 = 5 + 7$$
$$14 = 3 + 11, 16 = 5 + 11, \cdots$$

之后,于 1742 年 6 月 7 日写信给欧拉问道:"任何大于 6 的偶数均可以表示为两个奇素数之和吗?"欧拉的回信是说他不能证明,但他对猜想的正确性并不怀疑.

19 世纪末到 20 纪初,不少人做了许多工作,但距问题的最终解决尚有差距. 尽管有人验算到 33×10^6 以内的偶数结论全对.

再如著名的"费马猜想":"当 n 是大于 2 的整数时,方程 $x^n + y^n = z^n$ 没有正整数解."

这个问题经历了大约三百个年头,然而仍未将它解决(新近在此问题研究上有了突破),尽管费马在一本他读的数学书的空白处曾写道:"我得到了这个问题的惊人的证明,但这页书边太窄,不容我把证明写出来."

(1983 年西德一位青年数学家 G. 法尔丁斯证明了"莫德尔猜想"的一个结果,且由此证明了:

若 $x^n + y^n = z^n (n \geqslant 3)$ 有整数解,则对每个 n 来讲,解是有限的.

它被视为"费马猜想"证明的突破进展. 1988 年初,报载日本东京大学的宫冈誉市教授已证得"费马猜想",但这个证明仍待数学家们鉴评.)

1995 年,《数学年刊》上刊载了怀尔斯的"椭圆曲线与费马大定理"的文章,宣告困扰人们的费马大定理终于或解(详见后文).

我们已经说过:猜想并非每个都成立. 尽管如此,猜想对数学的发展起着十分重要的推动作用. 下面是数论中三个有趣的猜想,它们有的至今仍未获证.

（1）孪生素数猜想

相差是 2 的两个素数叫孪生素数. 比如:3,5;5,7;11,13;17,19;29,31;41,43;59,61;71,73;…

从上可看出:随着数字增大,这种数对越来越稀. 但它有无尽头?

人们提出猜测:"在自然数中有无穷多对孪生素数". 这便是孪生素数猜想.

数目越大,验算起来越困难,这使得寻找孪生素数问题变得艰巨,但电子计算机总可以帮助人们去工作.

1978 年,有人发现了一对 303 位的孪生素数,

1979 年,人们发现了两对有 703 位的孪生素数,它们分别是

$$694\ 503\ 810 \cdot 2^{2\ 304} \pm 1$$
$$1\ 159\ 142\ 985 \cdot 2^{2\ 304} \pm 1$$

1993 年,杜布内尔发现一个 4 030 位的孪生素数

$$3 \cdot 2^{4\ 025} \cdot 5^{4\ 020} \cdot 7 \cdot 11 \cdot 13 \cdot 79 \cdot 223 \pm 1$$

即

$$1\ 692\ 923\ 232 \cdot 10^{4\ 020} \pm 1$$

至 2006 年底人们找到的最大孪生素数是

$$4\ 648\ 619\ 711\ 505 \cdot 2^{60\ 000} \pm 1$$

2013 年,旅美的我国数学家张益唐证明了"存在无穷多个其差小于 7 000 万的素数",这堪称是对孪生素数猜想证明的突破(至 2014 年初,这个 7 000 万间隔已给至 246).

（2）**富钦猜想**

英国人类学家富钦注意到一个奇妙的数字现象:

从最小的素数 2 开始,乘上一些相继的素数再加上 1,然后找出比这个数大的下一个素数,再从这个素

数中减去上述连乘积,而结果全部是素数. 比如:

2 + 1 = 3,下一个素数是 5;

(2·3) + 1 = 7,,下一个素数是 11;

(2·3·5) + 1 = 31,下一个素数是 37;

(2·3·5·7) + 1 = 211,下一个素数是 223;

(2·3·…·7·11) + 1 = 2 311,下一个素数是 2 333;

(2·3·…·11·13) + 1 = 30 031,下一个素数是 30 047;

(2·3·…·13·17) + 1 = 51 011,下一个素数是 510 529;

(2·3·…·17·19) + 1 = 9 699 691,下一个素数是 9 699 713;

接下来看下面诸算式:

5 − 2 = 3,11 − (2·3) = 5,37 − (2·3·5) = 7

223 − (2·3·5·7) = 13,2 333 − 2 310 = 23

30 047 − 30 030 = 17,510 529 − 510 510 = 19

9 699 713 − 9 699 690 = 23,…

富钦猜想:按照他的办法所得到的数都是素数.

(3)相差连续偶数和的素数列猜想

你注意下面的运算

41 + 2 = 43,43 + 4 = 47,47 + 6 = 53

53 + 8 = 61,61 + 10 = 71,71 + 12 = 83

83 + 14 = 97,97 + 16 = 113,113 + 18 = 131

⋮

即从 41 开始,加 2 后得到的数再加 4,得到的数再加 6,……如此下去直到第 41 个数之前得到的数全是素数.

从某数 a 开始按照这种规律得到的数,全部是素数的最大 a 是多少? 这便又是一个问题(猜想).

数学中还有许多许多有趣猜想(你也能发现几个吗?),有些貌似简单,但是要证明它们却远不是一件轻松的事,这也正是数学猜想有着无穷魅力的原因所在.

§23　ABC 猜想及柯拉柯斯基数列

对于互素整数 a,b,令 $c = a + b$,记数组 (a,b,c).

若 $q_1,q_2,\cdots,q_k$ 为 abc 的互素异因子,则 $c < \prod_{i=1}^{k} q_i$ 一般会成立. 当然也有例外. 比如 $(3,125,128)$,荷兰莱顿大学的数学家牵头的研究小组,在计算机上找到 2 380 万个反例(2006 年).

若记 $Q = \prod_{i=1}^{k} q_i$,则对于 $0 < \varepsilon < 1$,则 $c < Q^{_{H\varepsilon}}$ 的反例变得有限. Q 又记成 $rad(abc)$

有人提出如下猜想(人称 ABC 猜想)

1985 年奥斯达利(J. Oestrié)和马瑟(D. Masser)提出

对于 $\varepsilon > 0$,存在 $c_\varepsilon > 0$,使 $c < c_\varepsilon Q^{1+\varepsilon}$.

1996 年爱伦·贝克(I. Berk)对此作了改进,提出 $c < \varepsilon^{-\omega} Q$.

其中 ω 是 abc 的相异素因子个数.

2012 年,日本京都大学的望月新一在网上发帖(共有 502 页)声称证得猜想(不知有多少人能看得懂). 此前施皮罗(L. Szpiro)也曾声称证得猜想,不久

人们发现了其中的漏洞,从而证明失败.

该猜想与一大批数论中问题有关联,有人声称,若猜想证得,可使数论中一大批猜想包括费马猜想获解.

人们再一次看到:整数通过简单的 $+$, $\times$ 运算产生的复杂性是无穷的.

(1)柯拉柯斯基数列

数有许多许多奇妙的性质.只需经过简单的加加乘乘,便会生产出许多课题来,有些难度超乎想象.

下面是由柯拉柯斯基(Kolakoski)提出的仅由两个数字 1,2 组成的有趣数列

122 112 122 122 112 112 212 112 122 112…

看上去这个数列并无规律,也许没有什么稀奇.但当你看到下面它的性质.你便会惊叹不已.

我们把数列中每次出现相同的数字时称为一节,我们可将它分成若干节

$$\frac{1}{1}\frac{22}{2}\frac{11}{1}\frac{2}{1}\frac{1}{2}\frac{22}{1}\frac{1}{2}\frac{22}{2}\frac{11}{1}\frac{2}{2}\frac{11}{1}\frac{22}{2}\frac{1}{1}\frac{2}{1}\frac{11}{1}\frac{2}{1}$$

$$\frac{1}{1}\frac{22}{2}\frac{11}{2}\frac{2}{1}\cdots$$

而把它们每节中数字的个数依次写下来有

1 221 121 221 221 121 211 221…

请注意它恰好是上面数列的"克隆".

我们可以依照上述规律写下去(当然要小心).

也许你会发现,并不容易.它到底还有哪些性质?

C. Kimberling 教授提出下面问题:

①该数列通项如何表达?有否?

②数列中任一片断是否会在数列其他地方出现?

③某片断实施置换 $1\rightarrow2$ 且 $2\rightarrow1$ 后,能否在数列

中出现？

④某片断的逆序是否仍在数列中出现？

⑤数字 1 在数列中出现频率是否为 0.5？

人们认为上述五个问题中一个获解，其余问题便可解决.

关于问题⑤，有人声称证得 1 的频率小于 0.50084，这一点待人们考查，验证.

§24　整数表为方幂和

数学家陈景润在中学时代听老师讲了"哥德巴赫猜想"，后来，他真的成了去摘取数学皇冠上的明珠的学者. 现在，我们来讲另一个猜想（这个问题其实我们前文有述）.

(1) 笛卡儿说："它实在太难了"

我们先来讲猜想的来历. 大家知道，许多整数可以表示为两个整数的平方和

$1 = 1^2 + 0^2$, $2 = 1^2 + 1^2$, $5 = 1^2 + 2^2$, $8 = 2^2 + 2^2$, $\cdots$

但并不是所有的整数都能这样做，比如 $3, 6, 7\cdots$ 就不行.

法国数学家费马借助："除 2 以外的任何素数均可以表示为 $4k + 1$ 或 $4k + 3$ 形状（k 是 0 或自然数）"的事实，证明了：

任何 $4k + 1$ 型的素数，均可以表示成两个整数平方和.

那么，不能表示为两个整数平方和的数，能不能用三个整数平方和表示呢？

有的可以,比如:$3 = 1^2 + 1^2 + 1^2$,$6 = 2^2 + 1^2 + 1^2 \cdots$

但是 7 还不行. 7 要用四个整数平方和来表示

$$7 = 2^2 + 1^2 + 1^2 + 1^2$$

因此有人猜想:用四个整数平方和可以表示所有的正整数.

这就是本文要讲的猜想. 这个猜想能不能成立呢? 它引起了许多数学家的兴趣.

1621 年,法国数学家巴契特从 1 算到 325,验证这个猜想是正确的. 但是数是无穷无尽的,1 ~ 325 只是整数中微不足道的一小部分. 人们希望找到一个完美的证明.

这件事传到法国大数学家笛卡儿(他发明了解析几何学)那里,他经过一番思考和探讨后,感叹道:"它实在太难了,以至我不敢动手去作."

(2) 欧拉想了十三年

1730 年,数学大师欧拉开始研究这个问题,可是他研究了许多年,几乎毫无进展. 到了第十三年,他终于找到了一个等式,使这个猜想的证明前进了一步.

他是从哪儿入手的呢? 先看一个有趣的事实.

人们发现,凡是能用两个整数平方和表示的数,它们中两个的乘积也能用两个整数平方和表示.

文章一开头,我们就讲到,有些整数,比如 2,5,8…都可以用两个整数的平方和表示,那么它们之中任两数的乘积也可以用两个整数平方和表示

$$2 \times 5 = 10 = 3^2 + 1^2$$
$$2 \times 8 = 16 = 4^2 + 0^2$$
$$5 \times 8 = 40 = 6^2 + 2^2$$
$$\vdots$$

这非巧合,而是可以证明的. 设

$$m = a^2 + b^2, n = c^2 + d^2$$

注意到

$$
\begin{aligned}
mn &= (a^2 + b^2) (c^2 + d^2) \\
&= a^2c^2 + a^2d^2 + b^2c^2 + b^2d^2 + 2abcd - 2abcd \\
&= (ac + bd)^2 + (ad - bc)^2
\end{aligned}
$$

结论得到证明.

欧拉想,既然能用两个整数平方和表示的数的乘积,仍可以用两个整数平方和表示,那么,能用四个整数平方和表示的数的乘积,可不可以用四个整数平方和表示呢?

欧拉昼思夜想,终于证明了自己的猜测. 设

$$m = a^2 + b^2 + c^2 + d^2, n = r^2 + s^2 + t^2 + u^2$$

那么

$$
\begin{aligned}
mn &= (a^2 + b^2 + c^2 + d^2) (r^2 + s^2 + t^2 + u^2) \\
&= (ar + bs + ct + du)^2 + (as - br + cu - dt)^2 + \\
&\quad (at - bu - cr + ds)^2 + (au + bt - cs - dr)^2
\end{aligned}
$$

要验算这个等式并不难,只要将等式两边展开比较一下就行. 那么,这个等式与前面的猜想有什么关系呢?

(3)问题并没有完

这个等式的发现,给猜想的证明带来了希望. 人们知道,任何整数要么是素数,要么可以分解成两个或两个以上质因数的乘积. 如 2,3 是素数,$4 = 2 \times 2, 5$ 是素数,$6 = 2 \times 3, 7$ 是素数,$8 = 2 \times 2 \times 2, 9 = 3 \times 3 \cdots$这样,我们就可以把上面的猜想变一变样子.

原来的猜想是这样的:所有的正整数都可以用四个整数的平方和表示.

　　根据欧拉的等式:能用四个整数平方和表示的数,其中任何两个数相乘的积,都可以用四个整数平方和表示.这样,原来的猜想就转(简)化为这样的问题:

　　每个素数都可以用四个整数平方和表示.

　　比如要证明 2 109 可以表示为四个整数平方之和,注意到 2 109 $= 57 \times 37$,只需考虑 57 和 37 能否用四个整数平方和表示就行.

　　由
$$37 = 6^2 + 1^2 + 0^2 + 0^2, 57 = 7^2 + 2^2 + 2^2 + 0^2$$
根据欧拉的公式,可以写为
$$2\ 109 = 44^2 + 5^2 + 12^2 + 2^2$$

　　但这个问题仍是一个猜想,因为素数也是无限的.要证明这个问题,也不是轻而易举的.不过,素数毕竟要比正整数少得多,所以证明大大前进了一步.

　　又过了二十多年,到 1770 年,数学家拉格朗日利用了欧拉的等式,终于证明了"任何正整数可以表示为四个整数平方和"的猜想.

　　1773 年,欧拉 66 岁了,虽然他已经年迈,又双目失明,他还是以顽强的毅力,为猜想做出一个更为简洁的证明.这已经是他发现那个等式以后的三十年了.

　　但是,问题并没有完.上述表示中平方和没有限制"不同的平方和",如果加上此限制,问题又如何?

　　Bohman 等人指出:$n > 188$ 时,自然数可表为 5 个两两互素的数的平方和,但 124 和 188 除外(它们须用 6 个不同的平方和表示).

　　有人又在猜想,正整数既然可以表示为四个整数平方和,那它还能由几个整数立方和,四次方和,五次方和,……表示吗? 如果能够的话,至少需要几个整数呢?

这是数学里又一个著名的猜想,叫华林问题. 这个猜想至今还没有解决. 未来的数学家们,愿你将来能攻克它!

  注 类似的,还有自然数表为棱锥数$\frac{1}{6}n(n-1)(n+1)$和的问题.

  1928 年,杨武之证明最少要用 9 个这类数.

  1952 年,Watson 证明最少要用 8 个.

  1968 年,Salzer 用计算机核验,当 $a \leqslant 452\ 479\ 659$ 时,除 261 之外仅需 5 个棱锥数即可.

  1993 年,邓越凡等将 a 的上界推至 $a \leqslant 10^9$ 的情形.

§25 数学中的巧合、联系与统一

  数学中有许多现象是奇妙的,有的甚至不可思议.

  美国数学家,《科学美国人》专栏撰稿人马丁·加德纳曾提出下面一个有趣的事实:

  $e^{\pi\sqrt{163}}$ (这里 e 是自然对数的底 2. 71…) 是一个与 18 位整数 262 537 412 640 768 743 仅有 10^{-12} 误差的数,也就是说它与这个十八位整数仅在小数点后第 12 位上有不足 1 的误差 (事实上 $e^{\pi\sqrt{163}}$ 不可能是一个整数,它是一个超越数).

  有人还在考察了圆周率 π 和 e 的小数点后的数字构成时发现:

  它们在第 13,17,18,21 位上的数字分别都是 9,2,3,6.

  于是有人便猜测:π 和 e 小数点后的数字每隔十位将会有一次数码相同. 当然它并没有为人们所证得.

  上述现象也许只是某些巧合,然而巧合中有时也

蕴含着某些规律,因而它当然会引起敏感的数学家们去注意它. 除此之外,他们还对另外一种现象感兴趣,即联系和统一.

数学家希尔伯特曾指出:"数学的理论越是发展,其结构越是协调和一致,而且在迄今隔离的科学分支之间显露出意想不到的联系. 凭着数学的发展,它的有机联系不是减少,而是显得更加清晰. "

从康托的"集合论"观点来看:现代几何研究的是具有某种关系的集合构成的空间;现代分析研究的是满足某些运算规律的集合,即具有各种性质对象的集合. 在集合的意义下使数学经历了曲折复杂的发展之后又趋于统一.

希尔伯特提出的著名的 23 个问题中的第 6 问题便是:物理学的公理化问题,即用数学中的公理化方法去推演出物理学的全部内容.

1933 年,苏联数学家柯尔莫哥洛夫曾将概率公理化,后来公理化在量子力学和量子场方面也取得巨大成功,但物理学能否全盘公理化,这一点至今仍未能解决.

这些例子我们姑且不论,下面的几个事实也许你是熟知的,但不知它们是否会引起了你的注意,更不知它们是否使你产生了兴趣.

著名的欧拉公式

$$e^{i\theta} = \cos\theta + i\sin\theta$$

把指数与三角函数联系起来了,更为有趣的是,当 $\theta = \pi$ 时

$$e^{i\pi} + 1 = 0$$

它是把 $1, 0, i, \pi, e$(这些数分别来自代数、数论、几何和分析)这五个最重要的数统一在一个式子里.

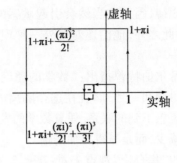

图 1 $e^{\pi i} = 1 + \pi i + \dfrac{(\pi i)^2}{2!} + \dfrac{(\pi i)^3}{3!} + \cdots\cdots$

如图所示，$e^{\pi i}$ 展开式在复平面逐点描出后，形成一个螺旋绕向 $\cos \pi + i\sin\pi = -1$.

下面的是古希腊人早在两千多年前就知道的事实：

如图 2，全部二次曲线：椭圆、抛物线、双曲线都统一在圆锥里——即它们都可以通过不同平面去截圆锥面而得到（这也正是圆锥曲线名称的来历）.

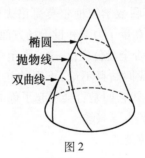

椭圆 →
抛物线 →
双曲线 →

图 2

当然人们不会忘记圆锥曲线的极坐标下的方程

$$\rho = \frac{ep}{1 - e\cos \theta}$$

其中参数 $e < 1$ 表示椭圆；$e = 1$ 表示抛物线；$e > 1$ 表示双曲线.

奇妙的是：圆锥曲线与物理或航天学中的三个宇

328

宙速度问题也有联系:当物体运动分别达到该速度时,它们的轨道便是相应的圆锥曲线(表1):

表 1

速度	第一宇宙速	第二宇宙速	第三宇宙速
轨道	椭圆	抛物线	双曲线

　　提到数学的联系,我们还可以举出许多许多的例子,就拿所谓"黎曼猜想"来说,它属于现代分析问题,但这个问题却与"数论"的许多问题都有联系:它的成立可以改进许多"数论"中的成果.

　　读者也许熟悉"黄金比值"$\omega = 0.618\cdots$,杨辉三角形和斐波那契数列 $\{f_n\}$:1,1,2,3,5,8,$\cdots$(它的特点是以1,1打头,且从第三项起每一项总等于它前面相邻两项之和,见前文),这些看上去是风马牛不相及的东西,却有着耐人寻味的联系:

　　斐波那契数列前后两项之比的极限(随项数的增加)是 ω,即 $\lim\limits_{n\to\infty}\dfrac{f_n}{f_{n+1}}=\omega$.

　　将杨辉三角形改写成下图3形状,然后再让它沿图中斜线(虚线)相加之和记到竖线左端,它们分别是1,1,2,3,5,8,$\cdots$即斐波那契数列.

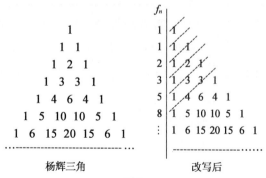

杨辉三角　　　　　改写后

图 3

斐波那契数列和黄金数都有许多奇妙的性质和应用(在优选法中等).

提起不等式你会想到很多很多:算术－几何平均值不等式,柯西不等式,三角形不等式,幂平均不等式,……其实它们也都可统一在一个更强的,结论更普遍的不等式——琴生不等式中(表2):

表2

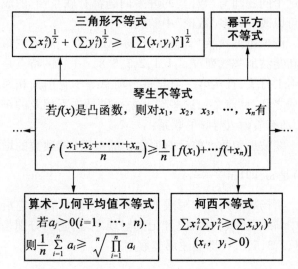

数学菲尔兹奖获得者阿提雅(M. F. Atiyah)1976年在伦敦数学会上的一次讲演提到

①环 $Z[-\sqrt{5}]$(即右 $a+b\sqrt{-5}$ 形式构成的数环,a,b 为整数);

②麦比乌斯带的性质;

③线性微分、积分方程

$$f'(x) + \int a(x,y)$$

$$f(y)\,\mathrm{d}y = 0$$

的解性质,这三个分别来自数论、几何、分析领域的例子间存在着奇妙的联系. 他同时给出了它们的联系. 在不断地分化,又不断地趋于统一. 分化,统一都体现了数学的进一步发展:分化产生了数学新的学科,统一则是提出更一般的概念和方法.

妙哉! 数学中的巧合,联系与统一.

§26　国际数学家大会和菲尔兹奖

闻名于世的诺贝尔奖被视为科学上的最高荣誉和奖赏,可诺贝尔奖中却唯独没有数学奖.

1924 年加拿大数学家菲尔兹(J. C. Fields)在多伦多市发起和组织国际数学家会议上,倡议将学术会议剩余经费作为基金,设立世界性的数学科学奖. 这个倡议得到与会的各国数学家们的一致拥护.

1932 年菲尔兹病故. 同年在苏黎世召开的一次国际数学家会议上作出决议:国际数学联盟(IMU)每四年举行一次国际数学家会议(ICM),每次会议颁发以菲尔兹命名的世界数学最高奖——菲尔兹奖.

根据菲尔兹生前的遗愿,该项奖不仅要奖励那些已获得的成果,而且还要鼓励获奖者进一步努力以取得新成就. 于是该奖授予那些有杰出成就但年龄不超过 40 岁的人. 这也是该奖与诺贝尔奖不同所在.

第一次菲尔兹奖是在 1936 年奥斯陆国际数学家大会上颁发的. 由于二次世界大战, 第二次颁奖延迟到 1950 年 (在美国), 以后每四年如期颁发一次. 最近的两次颁奖分别在 1983 年和 1986 年.

1983 年 8 月 (原应在 1982 年召开, 因波兰国内动乱而延期) 在华沙举行的国际数学家大会上将本届菲尔兹奖授予: 法国的康奈斯, 美国的休斯敦和旅美华人丘成桐 (1949 年出生在广东省).

1986 年 8 月 3 日到 8 月 11 日, 在美国加州大学的伯克利分校召开 1986 年度的 (20 届) 国际数学家大会, 共 3 400 名代表出席, 中国派代表 30 人. 会上并向三名年轻的数学家颁发 1986 年第 20 届的菲尔兹奖 (图 1). 他们是美国加州大学的 35 岁的 M. H. 费里曼, 英国牛津大学 29 岁的 K. 唐纳德 (他们均研究四维流形, 但方法不同, 前者用几何, 代数结合方法, 后者用理论物理方法) 和美国普林斯顿大学 32 岁的 J. 伐尔丁斯 (他证明了莫德尔猜想).

图 1　菲尔兹奖奖牌

到 2006 年止,华人获菲尔奖者有两位:丘成桐
(美籍),陶哲轩(澳大利亚籍).

以后诸届大会情况见表 1.

表 1　1990～2014 年世界数学家大会情况

届数	年份	分开地点
21	1990	日本京都
22	1994	瑞士苏黎世
23	1998	德国柏林
24	2002	中国北京
25	2006	西班牙马德里
26	2010	印度海德拉巴
27	2014	韩国首尔
28	2018	巴西里约热内卢

§27　高斯墓碑上的趣谜

人们知道,许多数学家死后,都喜欢把他一生中最
得意的数学成就刻于墓碑上,以慰平生. 例如,古希腊
大数学家丢番图在他的墓碑上刻着一道谜语式的代数
方程,请人们解方程求他的存世年龄. 瑞士数学家雅各
布·伯努利的墓碑上刻着一反一正两条对数螺线,并
附以颂词:"我虽然变了,但却和原来一样." 等.

许多年来,还流传着这样一个故事:德国哥廷根大
学是大数学家高斯的母校. 按照高斯的遗嘱,校内耸立
的高斯雕像的底座建成了一个正十七边形. 其原因是

由高斯早年的一段学习生涯引起的:

那是在 1796 年,19 岁的高斯正在德国哥廷根大学读书.他勤奋好学.聪颖过人,在拉丁文,数学等许多领域都有较深的造诣,他正处在选择学科的"十字路口".

一天,他研究几何作图问题时惊奇地发现,在欧几里得时期,人们就用圆规和直尺完成了正三边形,正四边形,正五边形以及由此推演出的正六边形,正八边形,正十边形等的作图法.但是,两千多年过去了,竟然没有一个人能用规尺做出正七边形,正九边形和正十一边形等图形.这是为什么?

经过反复的研究高斯发现:当时人们已做出的正多边形的边数 3 和 5 都是 $2^{2^n}+1$ 形式的素数,它们叫作费马素数.于是高斯猜测,以"费马素数"为边数的正多边形是可以用规尺完成的.他力于以下一个"费马素数"$(2^{2^2}+1=17)$ 为边数的正十七边形的几何作图.经过努力,高斯用圆规和直尺完成了正十七边形的作图.进而,他又天才地把几何问题同代数问题结合起来,用降次法解出了方程:$x^{17}-1=0$.从而完成了正十七边形作图的第一个证明.

正十七边形作图的成功,坚定了高斯从事数学研究的决心.他进而推断:

一个正多边形可以用尺规作图的充分必要条件是:该正多边形边数为

$$2^t \cdot p_1 \cdot p_2 \cdot \cdots \cdot p_l$$

这里 $p_1,p_2,\cdots,p_l$ 是形如 $2^{2^k}+1$ 的不同素数,t 为任意正整数或零.

高斯完成了这个推断的充分性的证明;而它的必

要性却一直到 1837 年才由另一位叫作温泽尔的数学家完成. 因此, 它被称作"高斯—温泽尔定理."

这个定理在当时几何学作图问题中是一个重要的突破, 填补了几何学中的一大空白, 也引起了许多人的好奇. 有人不厌其烦地用尺规做了正 257 边形 ($257 = 2^{2^3} + 1$, 它是第四个"费马素数"); 更有趣的是一位叫作哈尔梅斯 (O. Hermece) 的德国人竟花费了 10 年时间画出了正 65 537 边形 ($65\ 537 = 2^{2^4} + 1$, 它是迄今已知的五个"费马素数"中最大的一个), 他的图纸装了整整一大箱子, 被存放在哥廷根大学的博物馆中.

为了纪念这位数学大师, 人们在高斯的出生地布鲁斯维克的一座高斯纪念碑的底座上, 是一个正十七棱柱形 (也有人说没有此底座).

§28　监狱里的数学研究

法国的彭色列 (Poncelet) 是近世射影几何的奠基者之一. 他在巴黎理工科大学期间, 受教于数学家蒙日.

1812 年从军, 随拿破仑侵略军远征莫斯科, 在一次战役中, 被当作死尸弃在冰冻的战场上. 一队俄国的搜索兵发现他穿着工兵军官的制服, 还有一丝呼吸, 便把他抓了去. 后来被命令和其他俘虏一起在冰天雪地里步行了四个月. 严寒使寒暑表的水银凝固, 褴褛的衣裳和很少的黑面包仅能维持他的生命. 很多俘虏死在途中, 强壮的身体使他勉强到达了目的地.

1813 年 3 月,彭色列被投进伏尔加河畔萨拉托夫的监狱. 4 月的太阳恢复了他的活力,彭色列开始追忆过去在大学里所学的数学. 在狱中没有书籍和纸笔,起先,他藏起一些取暖的木炭,在墙上作图,后来才找到一些纸张.

他潜心研究图形经过投影后不变的性质,进而开辟了新的几何领域.

1814 年 6 月,他被释放. 9 月回到法国,他立即着手整理狱中的研究心得. 又经过几年的努力,他便终于完成了《图形的射影性质》一书,它内容丰富,奠定了射影几何的基础. 其中详论交比,射影对应,对合变换等,并引入极有价值的连续原理.

顺便说一句,平面几何中的笛沙格定理(见前文)为射影几何的诞生立下了功劳.

彭色列被囚禁在监狱里,前途命运掌握在敌人手中,甚至连生命也没有保障. 以世俗的眼光去看,也许以为他是疯子. 可是历史上这一类献身于科学的"疯子"却给我们留下许多宝贵的文化遗产.

§29　描述人体脏器的数学方程

中医学以阴阳为基础,认为人体气血津液和天地运行有昼夜节律. 这在我国很早的医学书《黄帝内经》中已有记载.

"生物钟"概念的提出(人体的某些活动存在着周期性的节律变化,有每日、每月、每季甚至每年的规律),暗示了人体内阴阳消长与高级调节中枢有着十

分密切的关系,为了较精确地描述它们,人们动用了数学这个工具,无疑这也为电子计算机在医学上的应用开辟了途径.

（1）月亮、潮汐、人

地球表面约 80％为水域,由于月亮围绕地球周期地(大约为 28 天)旋转,在万有引力作用下产生了潮汐.潮汐的变化昼夜有别,且随月的圆缺而异.

人体 80％也是由水组成的,因而人的某些现象也如地球上海水的潮汐,竟与月亮运动规律有关:

人的体温午夜最低,脉搏清晨(四时左右)最慢,血压上午九时前后最低……

德国一位医生曾发现,人的体力,情绪以及智力都是周期地变化着:23 天——人体的体力周期,28 天——情绪周期,33 天——智力周期,且它们均服从正弦曲线变化(图 1).

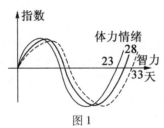

图 1

你稍稍细心便会发现,在某些日子里,你办事的效率很高,可在另一些日子里,你办事的效率极低——这正是人体的"潮汐现象"在作怪.

倘若你掌握了自己的某些规律,你也许会创造最佳的成果.

（2）阴阳、药物、方程

有人应用线性控制论分析人体内阴阳消长与外界

影响(比如药物)的关系,给出一个描述人体脏器的数学模型,它是一个微分方程组

$$\begin{cases} \dot{x} = Ax + Bu \\ y = D(x) \end{cases}$$

这里 x 表示阴阳之气,$\dot{x}$(表示 x 对参变量求导)表示阴阳变化,A 表示人体内阴阳消长的关系,Bu 表示药物对体内阴阳的调节,y 表示体外观察指标,$D(x)$ 表示体内外的联系.

这是一个普遍适应的模型,对不同脏器,只要给出不同的参数,赋予特殊的内容即可.

方程的建立,对医学上疾病的诊断及药物作用研究的机器化处理,提供了某些方便和可能.

附录 1   时间与医学

世间万物都按自己的节律在不停地运动. 人的生理功能也随着朝去暮来,四季交替,按照周期性的节律活动着.

如人的体温每日凌晨 1~6 时最低,18 时最高;血压每天 15~18 时最高,体重每天 19~20 时最重.

另外,人的痛觉,嗅觉和对噪音以及药物的敏感性,甚至患病和死亡也有时间周期. 患者病痛呻吟多见于每日 20~23 时,青霉素上午 7~11 时注射反应最小,23 时注射反应最大,心肌梗死多发于每年的 11 月至翌年的 2 月份,慢性肾炎则在头年的 11 月至翌年 3 月,以及春分、秋分、冬至、夏至气节交替时死亡最多.

人的体力、情绪、智能均有周期性节律.

利用生物节律,不仅可以合理地安排工作时间,提高效率,避免伤亡病痛,还可以帮助诊断疑难病症,合理用药,提高疗效.

附录 2   月亮和人类健康

众所周知,物体之间都相互有吸引力,地球和月亮之间也同样如此. 月球对于地球引力的后果,不仅在地球上产生海洋

潮汐(即液体潮),固体潮和大气潮,还产生生物潮.

在农历每月初一和十五时,月球除了对人的行为产生较强烈的影响外,还可以使某些人精神反复无常,甚至导致精神病患者增加;并且患病者的脾气,行为受到扰乱也明显增加.当太阳、月球和地球在同一条直线上时,上述现象更为显著.

有人认为,月球、太阳和其他天体引起人类疾病主要是以影响人的激素,体液以及兴奋神经的电解质平衡为机制的.由于这种平衡主要受到月球(其次是太阳)所产生的强大引力或电磁力的破坏,而导致人的精神紊乱.

国外已有人根据太阳、月球和地球的位置关系以及它们和地球的距离变化,来提醒精神病院或急诊室以及其他一些部门,适时做好采取应急措施的准备.

附录 3　生物节律与生命周期

科学家研究发现,人体有三大生物节律,即体力节律,情绪节律,智力节律.它们的周期分别为 28 天、33 天、23 天,其变化时刻影响着人的体力、情绪和智力.当三大节律处于高潮时,人就精力充沛,情绪高昂,智力活跃,这期间也最容易出成果.反之,处于低潮或临界日就浑身无力,情绪低落,智力迟钝.有时会莫明其妙地出现烦躁、悲哀、厌世等情绪.这期间最容易发生事故、患病、吵架等现象.

美国人体生物节律专家安德森对美国 300 起工业事故调查表明,78% 的事故发生在责任人的临界日.他说即使有经验的老工人在临界日里也很难发挥才能.

早在 2 300 年前,古希腊哲学家,医学家希波克拉底就发现,人的健康与自己的生日有关.凡经过他治疗的病人都能很快恢复健康.

我国人体生物节律专家对 1 044 名病人进行测试证实,85% 的病人在体力临界期发病.

除了生物节律,人还有一定的生命周期.据古医史载,6 000 年前的埃及人有"七日神力"学说,认为生命过程所展现的盛衰有七天的重复性.

现代医学认为,手术后伤口愈合就体现着七日周期. 多数伤口愈合拆线的最佳时间是术后七天. 在器官移植中,排异现象也发生在术后第 7,14,28 天.

苏联科学家沙波什尼克夫夫妇最近将他们有关人体节律的研究成果公布于众. 他们研究的结果也是大多数人七年为一个周期. 在每一周期内,人的健康,精力和才智都要经历从旺盛到衰减的过程,可分为"健康稳定年龄"和"健康衰减年龄"两个阶段,其衰减年龄分别为

1,7,14,28,35,42,49,56,63,70,77,84,91…

即七的倍数. 经过研究,他们还发现处于"健康衰减年龄"的人死亡率最高. 在这个阶段,心理和生理负担急剧加重,特别是 30 岁到 50 岁的人表现得比较明显.

中国的俗说:"73,84 阎王不叫自己去 ."是否也是一种统计规律?

§30　生物蚕食与数学方程

"生态"一词是 1866 年英国科学家海克尔首先使用的. 生态学是现代生物学的一个分支,它是研究生物体与环境相互关系的一门学科. 它除了对自身的基础研究外,还包括对森林、水域、草原、农田、荒地等的合理使用与预测、环境保护、人口调节,对益、害动植物的利用与控制等.

过去,这门学科只是描述性的,由于没有使用数学工具而使得人们很难定量去研究它.

20 世纪 20 年代,意大利一位生物学家研究地中海里各鱼群的变化及彼此影响时发现.

鲨鱼及其他食鱼型大鱼比例在增加.

这一现象使他感到困惑,不得已他求教于意大利的一位数学家沃尔泰拉(V. Volterra),数学家便提出两个生物种群的扑食与被扑食的数学模型

$$\begin{cases} \dot{N}_1 = N_1(\alpha_1 - \gamma_1 N_2) \\ \dot{N}_2 = N_2(\alpha_2 - \gamma_2 N_1) \end{cases}$$

其中 $N_1(t), N_2(t)$ 分别表示两个种群在 t 时刻的数量;$\dot{N}_1, \dot{N}_2$ 为 N_1, N_2 对于 t 的导数:α_1, α_2;γ_1, γ_2 均为常数.

解此微分方程组得到

$$N_1 = \frac{1}{\lambda_2}(\alpha_2 + c), \ N_2 = \frac{1}{\lambda_1}(\alpha_1 - c)$$

其中,N_1, N_2 分别表示被食者和捕食者,c 为捕食量.

当 c 减少时,捕食者 N_2 增加,被食者 N_1 减少;

当 c 增大时,捕时者 N_2 减少,被食者 N_1 增加.

由于当时战争,使渔业萧条,捕鱼量减少,故鲨鱼等数量增加.这个解释实际上给了上述生态现象一个满意的答复.

这是一个一阶非线性微分方程组.但由于它的解不易求出,从而限制了人们对它的探讨,很长时间内一直未被人们重视.

电子计算机出现以后,打破了生态学难以使用数学工具的禁区.在这之前人们已经意识到:在生态学领域,没有数学的理论与方法,要洞察生态关系,达到预测与控制,是根本不可能的.

由于电子计算机可以进行大量复杂的运算,这给人们用数学方法研究生态问题带来了方便与可能,随着许多数学分支陆续渗入到生态学这门学科中去,为它的研究和发展起了重要作用.

20 世纪 20 年代提出的上面那个方程组,经过人们的改进与完善,已被用在田间生物防治的实践中去,并取得了显著效果.

人们意识到:如果说化学、物理学与生物学的结合,打开了生物微观世界大门的话,那么数学与生物学的结合,将揭开生物宏观世界的奥秘.

§31 人口模型的数学表达及其他

在生态学中,研究动植物群种与周围环境(自然界和社会)的相互作用十分重要. 自然界中的单一种群几乎不存在,种群的数量决定于食物来源,竞争者,捕食者等许多因素,为此人们建立了许多种模型.

1788 年,马尔萨斯(T. R. Malthus)在其名作《人口论》中曾建立过"人口总数按指数(几何级数)规律增长"的理论,这可以用数学中线性差分方程

$$N_{n+1} = (1 + r)N_n \tag{1}$$

表示,其中 N_n 表示第 n 代人口数,N_{n+1} 表示下一代人口数,又

$$r = \frac{N_{n+1} - N_n}{N_n}$$

为人口增长率. 利用 $e^r \approx 1 + r (r \ll 1)$ 关系,方程(1)可写成

$$N_{n+1} = e^r N_n \tag{2}$$

这样若起始人口为 N_0,则第 n 代人口总数为

$$N_n = e^{nr} N.$$

342

在人口总数不大的情形,如 1700～1961 年间,上面公式相当准确. 在此期间,世界人口大约每 35 年翻一番,而从式(2)所得结果为 34.6 年人口增长一倍.

当人口总数很大时,再用此模型就会出问题,比如按此模型推算,到 2510 年,世界总人口将为 2×10^{14},到 2635 年将达 1.8×10^{15}. 按地球总面积(包括海洋在内)来平均,每人仅有 0.1 平方米,仅够立足,这显然不合理. 原因是多方面的,战争、瘟疫、自然灾害、……又比如人口很大时,衣食住行将会出现困难.

1945 年,荷兰生物学家威赫尔斯特(Verhulst)提出一个人口模型的修正方程(Logistic 方程)
$$N_{n+1} = N_n(a - bN_n) \qquad (3)$$
其中 $a = 1 + r$,又 $-bN_n$ 是反映竞争的非线性项.

当人口较少时(N_n 较小),竞争项与线性项相比可以忽略,方程即变为马尔萨斯模型.

令变量代换 $X = \dfrac{bN}{a}$,方程(3)变为
$$X_{n+1} = aX_n(1 - X_n) = F(X_n) \qquad (4)$$
这是一个准迭代方程,$F(X_n)$ 是非线性函数.

上述迭代方程(4)实际上是一个反馈过程. 这个方程的 x 值要求在 $(0,1)$ 内,且其为单峰函数(峰值为 $\dfrac{a}{4}$,且位于 $X_n = \dfrac{1}{2}$ 处).

此外,这类方程还有许多新奇的性质.

若从 $x = x_0$ 开始按照公式 $x_{k+1} = f(x_k)$ 迭代 n 次后,回到原来的地方,但迭代次数小于 n 的时候都不回到原来的地方,则 x_0 叫 $f(x)$ 的一个 n - 周期点.

1973 年美国马里兰大学约克(J. A. Yorke)教授的研究生李天岩发现:

如果区间到区间自身的函数 $f(x)$ 连续,且有一个 3 – 周期点,则对任何正整数 n, 函数 $f(x)$ 有 n – 周期点. (这个现象称为"混沌",当然它还有更广泛的含义)

美国康奈尔大学的物理学家菲根鲍姆(M. Feigenbaum)还发现:

若 $x_{n+1} = f(x_n)$ 是 $[0,1]$ 到 $[0,1]$ 的一个迭代,参数 $\lambda > 0$ 乘以 $f(x_n)$ 迭代变成 $x_{n+1} = \lambda f(x_n)$,这时:

随 λ 增大,只有周期 – 1 有定常解;

当 λ 增大到 λ_1 时,周期 – 1 定常解分叉为两个周期 – 2 定常解(λ_1 为某个常数,下面 λ_k 亦然);

当 λ 增大到 λ_2 时,周期 – 2 定常解分叉为四个周期 – 4 定常解;

......

当 λ 增大到 λ_m 时,周期 – 2^{m-1} 的定常解分叉为 2^m 个周期 – 2^m 的定常解......

如此下去,最终出现"混沌". 此称为周期倍化分叉现象(图 1).

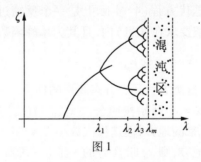

图 1

菲根鲍姆发现:不管 $f(x)$ 是怎样的迭代函数,当 $n \to +\infty$ 时,周期倍化分叉中的间距比值

344

$$\frac{\lambda_m - \lambda_{m-1}}{\lambda_{m+1} - \lambda_m}$$

总趋于一个确定的值 4. 669 201 609…它是自然界中一个普适常数(像 π, e,…一样),人们称为菲根鲍姆常数,它表明一个系统在趋向于混沌时周期倍增的精确速度.

这一点于 1981 年由比尔 – 希尔 – 伊韦特高级研究所的奥斯卡·兰福特借助电子计算机证得.

人们期待着对混沌理论的研究将有助于揭开宇宙的许多奥秘.

§32　密码与因子分解

因子分解这是任何一个学过乘法的孩子都会的,比如 12,可以分解成 $2 \times 2 \times 3$. 但是直到现在还有为数众多的数学家仍孜孜不倦地利用高速电子计算机在进行着这种工作. 美国马尼托巴大学的数学家维利斯不时思考着他的一连串的 1 031 个 1.

1984 年,在他发表于《数学报道者》6 卷 3 期上的文章"计算机因子分解"中,他要求读者寻找 $10^{1\,031} + 1$ 这个数的所有因子,以帮助他证明 $\frac{1}{9}(10^{1\,031} - 1)$ 是一个素数. 他已经知道其中的一些因子:

102,860,539,11,1,237,44,092,859 和 984,335,009.

原数除此之外,留下来的是一个难以攻破的 75 位数.

为了赢得这个挑战,两位数学家采用一种需 220 分钟计算时间的专用因子分解方法,终于找到了其余的 3 个素数因子. 现在,维利斯原始问题的解答实际上已经伸手可及了.

图 1

随着计算技术的发展,人们在分解质因数进而在破译密码上有了长足进展. 1994 年一群志愿者破译了一个 128 位的数字密码(十七年来悬而未解).

如果人们有兴趣,查一查这些热衷于因子分解的数学家所发表的全部论文的话,就会发现:这些数学家几乎又都是密码破译学者. 这是因为密码体系的安全性有很大一部分依赖于因子分解的困难性. 由于信息传播速度的神速发展,现代科学技术也越来越多地使用密码,从而使密码学的进展加快. 同密码息息相关的因子分解的实用价值也就更大了. 当然,也无怪乎更多的人进入这一领域.

附录 利用素数编密码简介

利用素数编密码是借助计算机来完成的.

先选择充分大的 r,且选两个至少有 $2r+1$ 位的素数 p_1 和 p_2,令 $q = p_1 p_2$.

再找 s 使其与 $\varphi(q)$ 互素,这里 $\varphi(q)$ 是表示小于 q 且与 q

互素的自然数的个数. 由"数论"知识可有:
$\varphi(q) = (p_1 - 1)(p_2 - 1)$.

在编制密码时,先将电文分节,每节 r 个字母作为一个"词".

再将电文每个字母转换成二位数组,则 26 个英文字母 a, $b, \cdots, x, y, z$ 分别对应于 $01, 02, \cdots, 24, 25, 26$,空格对应 00. 这样每一个"词"转换成一个 $2r$ 位的数.

设 w 为这些 $2r$ 位数之一,求出 w' 关于模 q 的剩余 z,即 $w' \equiv z(\bmod q)$, $z < q$,则 z 就是用于发送的代数.

若收电人知道 $\varphi(q)$,他便能从方程
$$st \equiv 1(\bmod \varphi(q))$$
中解出 t(注意到 s 与 $\varphi(q)$ 互素),要将电文译出,只需将所收电码 z 作 t 次方再求出关于模 q 的剩余 w',即电报原文代码.

因 w 与 q 互素时有 $w^{\varphi(q)} \equiv 1(\bmod q)$ 所以 $w' \equiv z' \equiv (w^s)^t \equiv w(\bmod q)$,又 w 和 w' 均小于 q,故 $w = w'$.

要选择 p_1, p_2 不少于 $2r + 1$ 位,是为了保证 p_1, p_2 和 q 将大于每一个"词",从而与每一个词的代码互素.

如果敌方想破译该电文,甚至他还知道,这个密码转换中的 q 和 s,他要做的工作是分解 q,求出 $\varphi(q)$,解 $st \equiv 1(\bmod \varphi(q))$.

当 r 足够大时,q 的分解是相当困难的.

比如 $r = 50$,q 是两个 101 位的素数 p_1, p_2,要是不知道 p_1, p_2 的话,寻找它们即使用最高速的电子计算机,也须算上几亿年.

§33 谈可靠性

"千里之堤,溃于蚁穴."据专家分析,美国航天飞机"挑战者号"在起飞后一分多种突然爆炸,使价值 12 亿美元的航天飞机顷刻焚毁,七名宇航员(包括一名

女教师)全部遇难.是由于右侧固体燃料火箭助推器尾部外壳的节间连接处密封垫失效而导致的.

仅仅由于一个垫圈而酿成一场大悲剧,可见每一个元件的质量,即元件的可靠性对于大的设备和系统来讲是何等重要!

可靠性是指一个设备在给定时间内,在预期应用中能正常工作的概率(即可能性大小).研究可靠性是一门新兴的科学,20世纪50年代起人们才开始定量地去计算它.人们认识到,一个元件失效,不仅损坏失效元件的本身,也常常损坏使用这些元件的更大设备或整个系统.某些元件损坏,可使一部电视机或收录机无法正常收看或收听.开关装置失灵或遥控系统不工作,可使人造卫星完全失效(无用);从人身安全方面考虑,可靠性更显重要.

一辆自行车或一部缝纫机,均是由近百个零件组成(即 10^2 数量级),那么元件的可靠性,说得通俗些合格率至少应在99%以上,即每抽验100个零件,次品件不多于1个,否则用这样的零件装配成的自行车或缝纫机个个不合格,因为每辆车,每部缝纫机上差不多都会摊上一个次品件.

当然对于自行车,缝纫机来讲,问题还不大,或许不会影响使用(如果次品件不是关键部件的话),即使受到影响,也只需换下那个次品件便可以了;然而对于航天飞机来讲,却不那么简单了,因为小小的失误会酿成大的无法挽救的事故.

航天飞机上约有一百万个零件(10^6 数量级),为

使飞机正常飞行,要求飞机上每个零件(至少是关键部分的零件)都要可靠.这很容易想通:这些元件的可靠性起码要达到 99.999 9%(即使每个元件可靠性达到此要求,也不一定能保证整个系统即飞机正常升空).这就是说每检验一百万个这种零件,不合格的最多只能出一个.否则,一架航天飞机上则至少会出现一个不可靠元件,其后果将不堪设想.

当然,影响设备可靠性的因素很多:比如产品设计,元器件功能质量,制造加工工艺,设备使用和维修状况等,此外可靠性不会是绝对的,它只能提出相对的要求,比如要使航天飞机升天的可靠性达 99.999 9%,则它要求元件可靠性要达到 99.999 999 999 9%.粗略地说:要是抽验一百亿个这种零件,不可靠的至多只出现一个.如此看来,它的要求是何等精细啊!

计算表明:即使航天飞机上的每个元件可靠性均达到 99.999 9% 而航天飞机升空的可靠性也只有 37%——显然这远远达不到人们期待的数字.

§34　囚徒悖论与纳什均衡

在对等论(又称博弈论)中有一个著名的"囚徒问题",问题是这样的.

两个共犯 A, B 被抓后,法官将对他们的认罪情况(坦白或不坦白)做出不同裁决,具体获刑情况见表 1:

表 1

B A	坦白	不坦白
坦白	(8,8)	(0,10)
不坦白	(10,0)	(1,1)

其表 1 中的括号里的数学为对应 A, B 两人坦白与否而获刑刑期(年).

请问,他们应如何选择坦白与否?

乍一看你会以为两人都不坦白,每人只获刑一年,似乎是他们的最优策略.

可监狱里不允许犯人之间串供(非合作),因而会出现,你不坦白,他坦白,这样坦白者从轻发落(刑期为 0,即当场释放),而不坦白者将获重罚(刑期为 10 年).

这样两人最优策略是什么? 我们来分析一下. 对于犯人 A 来讲:

若 B 坦白,他也坦白,此时获刑 8 年;他若不坦白,将获刑 10 年,因而他应选择坦白;

若 B 不坦白,他坦白获刑为 0;而他不坦白,获刑 1 年,因而他还是应选择坦白.

综上所述,无论 B 坦白与否,A 都应选择坦白为最佳.

同样对于犯人 B 来讲,他的最佳选择也是坦白.

这样两人的最佳选择是(坦白,坦白). 这也是博弈问题的最佳均衡点,被称为纳什均衡. 它在经济研究中,意义颇为重要.

§35　奇妙的联系

在世界上的许多事物之间,存在着千奇百怪的联系.谁能想到数学王国里,那些相隔十几世纪,属于不同学科的黄金分割,斐波那契数列和杨辉三角之间竟存在着一种微妙的联系.

(1)美与黄金分割

长方形是人们在日常生活中常常遇到的图形.可是,你是否注意过什么样的长方形看上去最美,最和谐? 这个问题,早在两千多年以前古希腊的学者们就研究过,结论是:当长:宽 = (长 + 宽):长时,这个图形最美(图1).这个比值约为 0,618⋯,它被称为黄金比(这是意大利著名画家达·芬奇给它的美称).

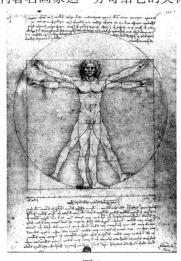

图1

黄金分割在很长一段历史里,一直统治着西方建筑美学. 保留至今的古希腊巴特农神庙,从外形上看它的高和宽的比恰好为 0.618…,还有如巴黎圣母院,印度泰姬陵从外形以至门窗宽长比例也都为 0.618. 人们发现:这样的设计可使人除去视觉上的凌乱,加强建筑体的和谐与统一.

在雕塑、绘画和音乐等方面,黄金比也有着重要应用.

但令人不解的是:自然界中,植物叶子在茎上的排列也服从黄金比.

近年来,还有人从人脑的思维活动,甚至人脑结构和脑电波中去探索黄金分割的应用呢.

(2)有趣的杨辉三角

杨辉三角是指下面形状的图 2:此表曾刊于我国宋代杨辉所著《详解九章算法》一书中(书中讲到它最早源于贾宪,故国内又有人称之为贾宪三角). 在国外,有人称它为帕斯卡三角,其实帕斯卡的发现比我国至少要晚三百余年呢.

$$
\begin{array}{ccccccccccccc}
 & & & & & & 1 & & & & & & \\
 & & & & & 1 & & 1 & & & & & \\
 & & & & 1 & & 2 & & 1 & & & & \\
 & & & 1 & & 3 & & 3 & & 1 & & & \\
 & & 1 & & 4 & & 6 & & 4 & & 1 & & \\
 & 1 & & 5 & & 10 & & 10 & & 5 & & 1 & \\
1 & & 6 & & 15 & & 20 & & 15 & & 6 & & 1 \\
\end{array}
$$

....

图 2

这个表很奇特:表中的每个数都是它肩上的两数之和. 象 $6 = 3 + 3, 15 = 10 + 5, \cdots$

杨辉三角的性质使它在一些数学计算中很有用途. 例如计算 11 的方幂

$$11^0 = 1, \quad 11^1 = 11, \quad 11^2 = 121$$
$$11^3 = 1\ 331, \quad 11^4 = 14\ 641, \quad \cdots$$

你会发现这些结果恰好是杨辉三角中的第一、二、三、四……行中数字组成的数.

再比如,你把杨辉三角中每行所有的数字加起来

$$1, 1 + 1 = 2, 1 + 2 + 1 = 4, 1 + 3 + 3 + 1 = 8$$
$$1 + 4 + 6 + 4 + 1 = 16, \cdots$$

这些和恰好分别是 $2^0, 2^1, 2^2, 2^3, 2^4, \cdots$ 此外,它在二项式展开的系数计算上也有用途.

这里顺便讲一句,数学的一个新的分支——组合数学,正是以研究表中的数(组合数)的性质为基础的.

(3) 神奇的联系

上面的两个例子,以及前面"兔子生殖与植物叶序"中提到的兔子繁殖问题,看上去是风马牛不相及的事:一个是美与几何,一个是兔子繁殖,一个是数表计算,它们之间会有联系? 有! 请看:

把杨辉三角形状改变一下(这个问题我们前文已有叙述),然后按图 3 中斜虚线求和,若将结果写于竖线左侧,你会发现:这些数 1, 1, 2, 3, 5, 8, … 不正是斐波那契数列(关于这个数列请见前文"兔子生殖与植物叶序"中的项吗? 杨辉三角与斐波那契数列有如此巧妙的联系,那么,它们与黄金分隔的关系是怎样的?

我们来计算一下斐波那契数列前后两项之比:

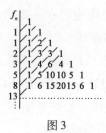

图 3

$$\frac{1}{1} = 1, \ \frac{1}{2} = 0.5, \frac{2}{3} = 0.66\cdots, \frac{3}{5} = 0.6$$

$$\frac{5}{8} = 0.625, \frac{8}{13} = 0.615\cdots, \frac{13}{21} = 0.613\cdots, \cdots$$

它们越来越接近黄金比值 $0.618\cdots$（说得精确些，它们的比值的极限恰好是黄金数），这一点我们前文已有述且不难证明（用数列通项表达式计算）.

写到这里，我们不禁为数学王国里那些有着千丝万缕联系的分支啧啧称奇.

是的，数学中还有许多奥秘等待我们去揭示，还有许多神奇的联系等待我们去发掘.

§36 分数维几何学

人们在中学里学到的几何学称为初等几何或欧几里得几何（简称欧氏几何），这是两千多年前古希腊学者欧几里得创建的. 18 世纪，由于对其中的平行线公理的认知不同（开始试图证明它，后来发现不可能），便产生了非欧几何，这里面包括罗巴契夫斯基几何，黎曼几何等. 与之同时发展起来的还有解析几何，微分几

何,射影几何等.

　　随着科学进步和人们对世界认识的深化,又产生了许多新的几何,比如计算几何,算法几何,整体几何,分数维几何等.

　　下面先来谈谈分数维几何. 众所周知,欧几里得几何研究对象是点、线、面、体,这些图形都是规则的,但自然界大量存在的却是不规则的物体:参差的海岸,起伏的山峦,弯曲的河流,变幻的浮云……要描绘它们,初等几何,解析几何,微分几何都无能为力了,只有靠 20 世纪 70 年代产生的几何学——分数维几何学去完成了.

　　分数维几何(也称自然几何)是几十年前加拿大计算机专家曼德布罗特首先提出的.

　　在经典几何中,点是零维的,直线是一维的,平面是二维的,……,这些维数均为整数,分数维几何的维数不再是整数.

　　曾在前文谈到了雪花图案. 雪花在结晶过程中是一种十分复杂的分子现象,产生许多漂亮的形状,但它们均呈六角形. 我国汉文字家韩婴就说过:"凡草木花多五出,雪花独六出".

　　1904 年,瑞典数学家科赫指出:"描绘它的过程不能是有限的",同时科赫还给出一种雪花描述的方法:

　　他以一个正三角形为基准,然后依次在其上叠加. 即把为原来正三角形边长三分之一的小正三角形迭放在原三角形三条边上,得一个六角星,再将此六角星缩至三分之一放在原六角形每个角上)如此下去便如图 1:

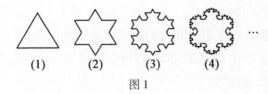

图 1

这种曲线的长可变得无穷大,但曲线所围面积却是有限的(因为它的几何维数不再是整数,而是分数).

分数维几何研究的对象和方法正是如此. 分数维几何已在宇宙学、生物学、语言学、经济学、气象学等许多领域内展现了广阔的前景,在大地形貌,空气湍流,星象分布,晶体构造,断裂分析等许多领域的研究中均有应用,利用它的原理由计算机还可描绘一些有趣的自然景象呢.

§37 算法几何学

算法几何是研究几何对象算法问题的一门学科,也是计算机科学同几何学相结合的边缘学科,它还是初等几何中一个极富有生命力的研究方向.

1975 年,M. I. Shamos 提出"算法几何学"概念至今,短短十几年中,在一些计算机专家和数学家的共同努力和研究下,使得它蓬勃发展起来.

欧氏几何研究的内容是为数不多(有限)的几何对象间相当复杂(包括位置,数量)的关系,随着科学技术的发现,要求人们去处理大量分布于时空的几何

对象,而它们的信息量之多,以致使古典几何学研究的手段无法胜任,分析学应运而生了——它是利用连续模型对离散现象作近似描述:然而人们有时要对大规模系统中某一个别对象的研究达到必要的精度,这只有在大型电子计算机出现之后才有可能,这便是计算几何研究的内容,这里面往往涉及某些对象的简单几何性质,但它已与传统的研究方法大不相同了.

算法几何研究的问题大致有下面几种:

①某些几何对象的数值描述(构造问题);

②某些几何对象的计数(计数问题);

③某些几何关系的判断(判断问题);

④某些几何量的计算(计量问题)等.

算法几何研究的目的是找出运算次数最少的算法. 比如给出平面上 9 点,在讨论它们共圆问题时,若对其中每 4 点均作判断,则需考虑 C_n^4 次,计算量达 n^4 量级;但算法几何却有一种巧妙的方法使该问题的计算量为 n^3 量级.

又如,有人利用算法几何给出"栽树问题"(由 19 世纪业余数学家山姆·劳埃德提出)的新纪录:

20 棵树栽成若干行,每行要有 4 棵. 问如何栽才能使行数最多? (当时答案是 18 行,见下图 1(1))

答案是 20 行(见图 1(2),图中的黑点代表树):

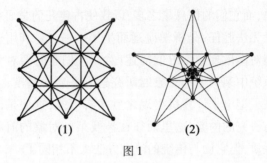

(1)   (2)

图 1

显然,算法几何与某些应用科学如数学规划等有密切关系. 无论在实际工作中还是在理论研究上,人们都会遇到许多算法几何问题,这也正是这门学科赖以迅速发展的根由.

§38　计算几何学

计算几何学,是研究曲线或曲面等几何图形,如何在计算机辅助下,给以表示(包括数控描绘,屏幕显示等),并分析图形性质,控制图形形状等问题的数学分支. 它是在 1969 年由 Minshy 和 Papert 率先提出,A. R. Forrest 于 1973 年正式定义的:

对几何外形信息的计算机表示,分析和综合. 它是由微分几何数,值分析,函数逼近和计算机科学等组合而成的一门边缘学科.

在造船、航空、汽车制造工业中,经常遇到几何外形设计问题,而这些在过去主要靠人工完成(包括放样、切割、开模等). 计算机出现之后,情况发生了变

358

化:人们依据这些几何形体外形的某些数据(信息),做出数学模型(如曲线,曲面方程),再通过计算机运算求得足够的信息(如曲线上的某些点),然后对其分析,综合(如判断曲线上的二重点、拐点、尖点情况),从而完成外形设计,这是计算几何学研究问题的过程.显然,这样一来,可使得某些设计工作周期大大缩短,精度显著提高.

计算几何所使用的方法是 20 世纪 70 年代发展起来的贝齐尔方法和 **B 样条方法**——一把对于复杂曲线的描绘转化为用简单多边形去描绘.当然由此产生一系列理论探讨,其中至关重要的是一套几何不变量理论.

当今在国内外,计算几何已在造船、航空、汽车制造等行业发挥了巨大的作用.随着这门学科的兴起,它将在上述行业的外形设计问题上展现出广阔的前景.

§39　《几何原本》与《数学原理》

公元前 7 世纪,古埃及和古希腊(当时称巴比伦)间已有频繁的商业、文化交往,希腊人从埃及人那儿学习了许多几何知识.

欧几里得是古希腊著名的数学家,他生于公元前 365 年,约在公元前 330 年写成《几何原本》,全书共分 13 卷.其层次分明,结构严谨,证明清晰,因而能在世上流传两千余载,其中不少内容仍出现在今日中学教科书中(图 1).

 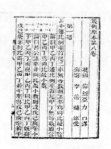

《几何原本》希文　　　　《几何原本》李
拉丁文对照本　　　　　　善兰译本

图 1

《几何原本》是 16 世纪传入我国的,当时经徐光启和利玛窦合译前 6 卷出版;到 1856 年,李善兰与伟烈亚力合译后 7 卷.《几何原本》堪称数学史上一部不朽的名著. 人们也许不太了解,20 世纪也有一部可以和《几何原本》媲美的数学论著:《数学原理》.

大约在 20 世纪 30 年代,法国数坛上涌现出一批有为的年轻人,主要代表人物是 A. Weil. J. Dieudonne, H. Cartan 等. 他们想跳出数学研究上的传统框架,闯出一条新路.

他们建立了讨论班,共同合作研究,他们运用"公理化"方法,把一些数学分支中最基本,最重要的论证分离出来加以比较,形成所谓"结构"概念. 然后按"结构"性质分类,去囊括全部数学内容.

这些"结构"类中有三大基本(母)结构:

代数结构:在给定的集合中,其主要关系或运算是代数的;

顺序结构:在给定的集合中,能定义顺序化的关系;

拓扑结构：在给定的集合中，用适当方式引入极限、连续、邻域等概念（即说集合定义了拓扑）.

这些青年人在第一次聚会上便计划要花三年功夫写成一部全新观点的数学论著.

1939 年，《数学原理》第一卷问世了，作者署名是布尔巴基（Bourbaki），即这伙青年人的集体笔名（图 2）. 30 年过去了，直到 1971 年，《数学原理》共出版 36 卷，然而仍未写完. 可是在 1968 年冬，这位 Bourbaki 先生的"讣文"已在数学界流传开了. 这部书在全世界的数学界已产生了巨大影响，它也许堪称新世纪的"几何原本".

布尔巴基学派的学者们

图 2

§40　希尔伯特的 23 个问题

20 世纪上半叶德国最伟大的数学家之一大卫·希尔伯特的名字一直和他的 23 个问题联系着.

大卫 1862 年 1 月 24 日出生在哥尼斯堡，23 岁在哥尼斯堡大学（那个时代名声仅次于高斯的数学家雅可比曾就教于该大学）获哲学博士学位,30 岁被任命为该大学教授.

1900 年,在巴黎召开的国际数学家会议上,希尔伯特发表题为"数学问题"的著名演说,揭开了 20 世纪数学发展的序幕. 其主要部分讲了 23 个数学问题.

展望数学的发展,列出新世纪数学家们应当努力解决的问题,这是希尔伯特演讲的宗旨. 而他的问题选择标准是问题本身清晰、易懂;它是困难的,但又不是完全不可能解决而使人们白费力气的.

经过数学家的深思熟虑,提出的问题竟成了世界上最高水平的"征解题". 自问题提出以来一直激发着数学家们的浓厚兴趣,不论是谁,只要解决其中之一,就足以在数学界赢得声誉.

要想预先正确判断一个问题的价值是困难的,甚至是不可能的,因为最终的裁断是取决于科学从该问题中得到的收益. 正像约翰・伯努利在研究"最速降线"问题而产生新的数学分支——变分法,"费马大定理"的研究推动代数数论发展,庞加莱把"三体问题"用来解决天体力学从而使之面貌改观一样,重要的有价值的问题往往是推动科学发展的杠杆.

经过众多数学家们近百年的努力,希尔伯特的 23 个问题大部分已解决——随之也使得数学自身得以长足发展.

一位科学家能独自提出这么多有深刻影响的问题,在科学史上也不多见.

希尔伯特提出而尚未解决的问题,正期待着人们的努力,用希尔伯特当年演讲的结束语来描述,就是:

在我们中间常常听到这样的呼声,这里有一个数学问题,去找出它的答案.你能够通过思维找到它,因为在数学中没有不可知的!

注　2000 年 5 月 24 日,Clay 数学促进会在巴黎召开会议,会上公布了 7 个新千年数学问题,被誉为"千禧年问题",它们更深入,更专业的提出未来数学发展的框架.

附录　希尔伯特的 23 个数学问题

1. 连续统假设;

2. 算术公理无矛盾性;

3. 两等底等高四面体组成的相等;

4. 直线最短联结;

5. 连续群的解析性:

6. 物理学的公理化;

7. 某些数的超越性;

8. 素数问题中的猜想;

9. 任意数域中最一般互反律的证明;

10. 不定方程的可解性;

11. 系数为代数数的二次型;

12. 阿贝尔域上克朗涅克尔定理在任意代数有理域上的拓广;

13. 不可能用仅有两个变数的函数解一般的七次方程;

14. 相对整函数系的有限性;

15. 舒伯特计数演算的严格基础;

16. 代数曲线和曲面拓扑;

17. 正定形式的平方和表示;

18. 由全等多面体构造空间;

19. 正则变分问题的解是否一定解析?;

20. 一般边值问题;

21. 具有给定单值群的微分方程解的存在性;

22. 自守函数单值化；

23. 变分法的进一步发展.

§41　一个令人感叹的"规划"

1900 年,德国数学家希尔伯特提出了 23 个尚未解决的数学问题,其中的第二个"算术公理无矛盾性",被后人誉为"数学史上的一个创举"！伴随着它的研究,数学家们付出了极大的辛劳.

人们知道,数学的内容是由大量的定理组成的. 它们通过逻辑推理逐一导出,达到浑然一体. 可是,如果逆流而上,寻找定理的根源,又会发现一些直接承认下来的内容被称为公理. 例如,欧几里得几何学中的"过两点仅有一条直线"等内容,就是该几何学中的公理. 这种由公理引出数学知识的方法,叫作**数学的公理化**. 它已产生和发展了两千多年,被人们珍视为"数学大厦的基础".

但是,"希尔伯特第二问题"却提出,要对下述问题给出证明:

在算术公理体系中,公理之间是否相互独立(独立性)？ 每一个定理是否都可由它们推出(完备性)？根据它们推理会不会引出矛盾的结果(相容性)？

这个问题的提出曾引起许多人的非议. 因为严格的数学结构就是建立在公理化体系之上的,所以有人认为这个问题没有价值;也有人认为解决它易如反掌.

在希尔伯特发言后的讨论会上,数学家皮亚诺就声称,他的一位同人已解决了这个问题,就连希尔伯特

本人也认为,只要用一些熟知的逻辑方法就可以得到结论.然而,此稿的审阅者,数学家闵可夫斯基却认为,这是一个具有独创性的问题,并非如想象的那样简单,这要准备一场与哲学家的战斗,事实不幸被他言中了.

两年之后,数学家罗素发现的悖论说明了逻辑的缺陷,进而也说明仅用传统的方法去解决这个问题是不可能的.但是究竟用什么方法呢?希尔伯特为此苦思不已,并且整整沉默了十几年.

1922 年,希尔伯特面对众多学派的挑战,毅然提出一个气势宏伟的"希尔伯特规划".在这个规划中,他为解决公理相容性问题,创立了一个崭新的数学理论——元数学(即超出数学的理论).在希尔伯特的后半生中,他辛勤地致力于元数学的完善工作.他满怀着乐观主义精神,一次次宣称规划即将实现,解决"第二问题"已指日可待!

但是,就在希尔伯特退休的那一年(1930 年),人们告诉他一个不幸的消息:一位 25 岁的青年哥德尔天才地证明了,用元数学解决不了"第二问题",希尔伯特规划宣告失败.

直到今天,"希尔伯特第二问题"仍未解决.但是,人们在感叹之余,依然看到,元数学虽然没能按希尔伯特的愿望解决"第二问题",却为数学领域打开了一扇窗子,一条渠道引导人们实现数学的发展,展望其未来和方向.

§42　希尔伯特第七问题与"哥廷根精神"

20 世纪初, 大数学家希尔伯特在第二届巴黎国际数学家大会上提出了著名的 23 个数学问题. 其中的第七问题是关于"某些数的超越性证明". 这一问题是按两部分提出的, 前半部分是说:

如果在一个等腰三角形中, 底角与顶角之比是代数数但非有理数, 则底与腰之比恒为超越数.

后半部分是说:

对于底数 α 无理代数指数 β, 表达式 α^{β} (例如数 $2^{\sqrt{2}}$ 或 $e^{x} = i^{-2i}$) 表示一个超越数或至少是一个无理数.

代数数是指系数为有理数的代数方程

$$f(x) = a_0 x^n + a_1 x^{n-1} + \cdots + a_n = 0$$

根的数. 非代数数叫作**超越数**. 显然, 代数数中包含有理数, 也包含部分无理数. 最早发现并证明超越数的是林德曼(希尔伯特的老师)和埃尔米特, 他们中的前者证明了 π 是超越数(由此彻底否定了规尺"化圆为方"的可能性), 后者证明了 e 是超越数. 希尔伯特就是在上述两位数学家工作的基础上, 提出了第七问题.

希尔伯特提出的 23 个问题在以后的几十年中, 受到了全世界数学家的瞩目. 而第七问题的突破是在问题提出 30 多年后, 由希尔伯特的学生西格尔做出的.

西格尔生于 20 世纪初, 早年因拒服兵役被关进精神病院. 在那里他因祸得福, 结识了大数学家兰道(因

为兰道的父亲是医生,他的诊所与精神病院仅有一墙之隔).

1919 年,西格尔进入哥廷根大学,有幸听到希尔伯特的一次讲演. 在这次讲演中,希尔伯特举出了一些数论问题,其中包括黎曼猜想,费马定理和 $2^{\sqrt{2}}$ 的超越性问题(即希尔伯特第七问题)等. 他试图以此说明数论问题的艰深.

他在最后的评论中说:"大概在我有生之年可以见到黎曼猜想的解决,在座的最年轻的人也许可以见到费马定理的解决. 至于 $2^{\sqrt{2}}$ 的超越性证明,恐怕在座的诸位中没有人能见到. "

这段话深深地铭刻在西格尔的心中. 1934 年,西格尔发现:一位苏联数学家盖尔方德证明了 $2^{\sqrt{-2}}$ 是一个超越数. 在此基础上,西格尔很快地证明了 $2^{\sqrt{2}}$ 的超越性. 西格尔把自己的证明寄给希尔伯特,并且提到 1920 年希尔伯特的那段讲演. 同时,还提到并赞扬了盖尔方德的工作.

见到此信,希尔伯特立即写了一封热情洋溢的回信,高度赞扬了西格尔的工作,决定发表他的成果. 但后来却无消息.

1966 年,数学家博克等人又推广并发展了上述工作. 但是,直至今日人们确定的超越数仍然不多. 有趣的是人们却证明了:

超越数比代数数要多得多.

§43　浅谈黎曼猜想

学过微积分的人都知道:以欧拉命名的级数(又称为调和级数)

$$1 + \frac{1}{2} + \frac{1}{3} + \cdots + \frac{1}{n} + \cdots$$

发散(其和趋于无穷大). 人们还知道:级数

$$1 + \frac{1}{2^s} + \frac{1}{3^s} + \frac{1}{4^s} + \cdots \qquad (1)$$

当 $s > 1$ 时,收敛;当 $s \leqslant 1$ 时,发散.

以上这些都是在实数范围内讨论的. 数学家黎曼首先把级数(1)中分母指数 s 扩展到复数中去,这样便得到一个以 $s = a + bi$ 为变量的函数

$$\zeta(s) = 1 + \frac{1}{2^s} + \frac{1}{3^s} + \frac{1}{4^s} + \cdots$$

它称为黎曼函数(也称 Zeta 函数).

黎曼又研究了 $\zeta(s) = 0$ 的问题,他证明了:

s 的实部 $a > 1$ 时, $\zeta(s)$ 无零点;而当 $a < 0$ 时,除了 $s = -2, -4, \cdots$ (这种零点叫平凡零点)以外,也无零点.

1859 年黎曼进一步猜测: $\zeta(s)$ 的非平凡零点,全部在复平面上 $a = \frac{1}{2}$ 即 s 的实部 $\mathrm{Re}(s) = \frac{1}{2}$ 这条直线上. 这便是著名的黎曼猜想. 它至今仍未被人们所证得.

黎曼猜想在数学上是非常有价值的,数论中的不少

结果,可以在黎曼猜想成立的前提下加以证明并改进.

1927 年,数学家朗道的名著《数论讲义》中就有"在黎曼假设下"专门一章谈这个问题.

人们对于猜想的证明做了一些工作:

美国威德康星大学三位数学家用电子计算机验证了 $\zeta(s) = 0$ 的前 300 万个解都是如此,然而这对于超出计算范围的无穷多个解来说,是远远不够的.

有人从另外一方面考虑,得到了一些该猜想较弱的结果:

$\zeta(s) = 0$ 的一部分解位于 $\mathrm{Re}(s) = a = \dfrac{1}{2}$ 的直线上(图 1):

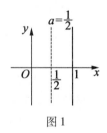

图 1

1924 年,塞尔伯格证明至少有 1% 的解位于该直线上;

1972 年,麻省理工学院的莱文森成功地证明了至少有 $\dfrac{1}{3}$ 的解,位于该直线上.

然而这距问题最终解决相去甚远,问题的证明的探讨却远没有结束.

顺便讲一句,这个问题也收入在著名的"希尔伯特问题"中,它又被称为"希尔伯特第八问题".

§44 数学中的"可知"与"不可知"

数学的本质是什么?数学家希尔伯特说,就是提出问题和解决问题.那么,凡是提出的数学问题都可以解决吗?希尔伯特又说:"在数学中没有不可知!"

这句充满乐观主义的名言久为后人传颂.然而,事与愿违,从20世纪30年代以来,人们却在数学中发现了一些"不可知"的问题,引起了极大轰动.例如,著名的"希尔伯特第十问题",正是一个"不可知"的问题.

这个问题是针对丢番图方程提出来的.所谓丢番图方程,是指具有有理整系数的方程,这里仅研究它的整数解.

例如,方程 $2x^2 - 4y = 3$,它没有整数解;而方程 $4x - y = 3$ 却有许多个整数解.

那么,对于许许多多的丢番图方程,究竟哪个有解,哪个无解呢?希尔伯特在第十问题中认为,可以建立方法来判定它们.

为了得到这个方法,数学家们整整奋斗了半个多世纪,仍然莫衷一是.直至1970年,一位年方22岁的苏联青年马蒂雅塞维惊人地证明了,希尔伯特所期望的"判定方法"是不存在的,即"第十问题"是不可解的.

说到"不可解",人们可能想到,大概是问题太难

了,解不出来;或者是因为条件限制才不可解. 例如,仅用圆规和直尺三等分任意角就是不可解的. 这是截然不同的两回事.“问题难”显然不影响它的可解性;而对于“三等分任意角”,只要取消对“工具”的限制就可解了. 但是,像“第十问题”那样的问题,是用人们掌握的方法都解决不了.

1936 年,英国 20 岁的青年图灵对此曾做出了开创性的研究. 他从理论上证明了“不可解问题”的存在性,并且建立了判定方法.

此后,人们陆续地发现了一些不可解问题,例如,不可解的字问题,停止问题,以及上述希尔伯特第十问题等. 这样,数学问题就划分为“可知”与“不可知”的两大类了.

不可解问题的出现表面看来似乎降低了数学计算的威力,其实不然. 实际上是人们计算了几千年之后,刚刚明确地认识到“计算”的真实含意. 另外,通过对上述问题的研究,图灵早在电子计算机产生之前,就在理论上证明了它的可能性和适用范围.

即凡是可计算的问题,在理论上都可以通过计算机解决;而不可解的问题. 就是计算机也无能为力.

附录 波斯特问题

20 世纪 30 年代,美籍奥地利学者哥德尔(Gödel)曾明确指出:

在数学中有无不可证明的定理(即有无既不真也不假的命题)? 有.

此被称为“哥德尔不完全性定理”.

20 世纪 40 年代,美国著名数学家波斯特(Post)给出一个不可判断其真假的命题(即使用"万能的"计算机也不能解决).

有两组字母表

$$\alpha_1,\alpha_2,\alpha_3,\cdots,\alpha_k$$
$$\beta_1,\beta_2,\beta_3,\cdots,\beta_k$$

其中 α_i,β_i 分别为 a 或 $b(i=1,2,\cdots,k)$.

试看(逐个字母比较):

$\alpha_1=\beta_1$? 成立则打印序号 1;

$\alpha_2=\beta_2$? 成立则打印序号 2;

$$\vdots$$

$\alpha_k=\beta_k$? 成立则打印序号 k;

继而再考两两字母:

$\alpha_i\alpha_j=\beta_i\beta_j$? 成立刚打印序号 ij;

如此试验下去:

$\alpha_{i1}\alpha_{i2}\cdots\alpha_{ik}=\beta_{i1}\beta_{i2}\cdots\beta_{ik}$? 若相等则打印 $i_1i_2\cdots i_k$;

······

试问对任意给定的两组字的序列,你能否判定会不会出现这样的对应等式?

波斯特证明:既不能回答"是",也不能回答"否",从而它是不可判定的.

§45 "费马猜想"获证

1640 年前后,法国数学家费马在丢番图(古希腊数学家)的一本著作《整数论》的空白处写道:"$n\geqslant 3$

时,方程 $x^n + y^n = 2^n$ 没有非零的整数解. 我找到了这个定理的奇妙的证明,可惜这儿太窄,无法把它写下."这段迷人的话语吸引了无数著名的数学家(图1).

带有费马批注的巴歇译《亚历山大的丢番图算术》的封面

图 1

然而 300 年过去了,人们至今未能找到它的证明,虽然数学大师欧拉于 1753 年对 $n = 3, 4$ 的情形,给出了猜想的证明;1825 年狄利克雷和勒让德分别给出了 $n = 5$ 时的证明;德国数学家库默 1848 年对某些更高次幂的情形下对猜想进行了证明.

利用库默的方法,借助于大型高速电子计算机,人们已证得 $n < 10^5$(包括它们的倍数)结论是成立的.

法国科学院曾于 1816 年和 1850 年两度以 3 000 法郎悬赏,德国也于 1908 年设 10 万马克的奖金(这笔基金是 Wolfskoel 博士于 1908 年遗赠的)但时至今日,仍无人问津(据说,当年的数论专家朗道,为了应付

"解答者",曾印了不少明信片,上面写道:"亲爱的先生或女士,你对费马猜想的证明已收到,现予退回,第一个错误出现在第____页第____行.")人们也在怀疑当年的费马是否真的找到了问题的证明.

1983 年西德一位年仅 29 岁的大学讲师法尔丁斯(Faltings),在证明这个猜想上取得了突破性的进展.他证明了:

$n \geq 4$ 时,$x^n + y^n = z^n$ 至多只有有限组正整数解.

说得详细些,他证明了与费马大定理有关的Mordell 猜想:

(u,v) 平面上任一亏格大于等于 2 的有理系数曲线 $F(u,v)=0$,即该曲线至少有两个"洞",其上最多只有有限个有理点.

而 $n \geq 4$ 时,费马曲线 $u^4 + v^4 = 1$ 的亏格 ≥ 2.

这一结果引起了国际数学界的震动. 人们认为这可能是"本世纪解决的最重要的数学问题,至少对数论来讲,已达到本世纪的顶峰."(为此他获得 1986 年度数学最高荣誉——菲尔兹奖).

它的结果也证明了 1922 年英国数学家莫德尔提出的关于二元有理系数多项式解的个数猜想.

而后,D. R. 希斯 - 布朗改进了法尔丁斯的方法,证明了:

当 n 很大时,使猜想成立的整数 n 占比趋于 100%.

当然,这距离费马猜想的完全解决,还有一段不小

的距离,然而这个突破也许可能导致问题的最后解决,这正是人们所期待的①.

数学家也正是综合地利用了前人的成果才取得这一突破的,正如其他的一些重大成果的获得一样.

令人振奋的时候终于到来了. 1993 年,数学家怀尔斯在英国剑桥大学作的三次学术报告展现了问题解决的前景.

一年后经过修补漏洞(与他的学生泰勒共同完成),文章终于在 1995 年 5 月的《数学年刊》上发表,从而宣布费马大定理彻底解决.

§46　费马素数与尺规作图

在 1796 年,年仅 19 岁的高斯用圆规和直尺做出了正十七边形,并证出:凡是以费马素数(即形如 $2^{2^n}+1$ 的素数)为边的正多边形都可用规尺作图.

这段脍炙人口的故事久为后人传颂. 然而,你知道吗? 在这个定理的证明中高斯使用了一种独特的论证方法,即"非构造性"的理论.

这类方法的大意是,对于某事物,即使无法直接找到它,只要利用间接推理确定它的存在,就是有效的证明. 高斯的证明正是这样.

---

① 据报载,1988 年初日本东京大学 38 岁的宫冈誉市教授已证得此猜想,论文正在由专家们评审之中.

人们至今才找到 5 个费马素数,即 3,5,17,257 和 65 537,还不知是否有更大的费马素数,并且高斯也没有给出更大的正多边形的做法,却巧妙地证明了费马素数的可作图性. 这正显示了非构造性理论的威力.

正如数学家韦尔所说:"这种方法的奥妙在于,它仅对人类宣布有某一个珍宝存在,但没泄露它在什么地方."

非构造性的思维方法非常有用,许多著名定理的证明都是非构造性的. 例如,欧几里得没有给出确定第 n 个素数的方法,却证出"素数是无穷多的";20 世纪初李默无力找出 $2^{257} - 1$ 的真因子,却肯定地证明了它是一个合数. 还有费马大定理证明,选择公理给出等都是非构造性的.

美国当代数学家里查兹说:"这种方法体现了数学家的创造力,也是他们与墨守成规的实践者的区别所在."

但是,19 世纪以来,一些直观主义者却怀疑非构造性理论在无限意义上的可靠性,因为许多非构造性的证明都是无法彻底验证的. 他们认为,间接推理的重要依据排中律(即肯定每一句有意义的话不是真的就是假的)在无穷集合上是不成立的. 对此著名数学家希尔伯特反驳说:"禁止数学家用排中律,就像禁止天文学用望远镜或拳师用拳一样."

直观主义者还想在有限范围内找出非构造性证明的错误. 例如,1832 年一位德国人黎西罗不畏辛劳地

用尺规做出了正257边形；继而赫姆斯用十年时间做出了 65 537 边形，仅手稿就有一大箱子，至今保存在德国哥廷根大学中. 对此类事，里查兹风趣地说："事实上，如果数目很大，那个'彻底搜查'是愚不可及的."数学家的"一览无遗"不是逐一列举，而是巧用新思.

§47　斯佩纳定理与不动点

一个圆铁环，当你把它翻转后（注意不得转动）仍放回原来的位置，那么铁环上至少有一点与原来位置重合.

一个球，当它绕球心作任一转动后，球面上也有一点与原来位置重合.

这两件事实并不难证明，这些点恰好分别是圆周和球面上的"不动点". 不动点是数学上一个重要而有趣的概念.

若 $f(x)$ 表示一点 x 在某种变换（映射）下的象点，称满足 $f(x)=x$ 的点为在此变换下的"不动点".

比如 $f(x)=x^2-x-1$ 表示一种映射，那么满足 $x^2-x+1=x$ 的点 $x=1$ 即为映射 x^2-x+1 下的不动点.

数学上常把一些方程求解问题化为映射的不动点来考虑，并用逐次逼近法来求不动点，这是代数方程，微分方程以及计算数学中一个十分重要的方法. 人们熟知的微分方程解的存在唯一性定理，正是用不动点方法（在那儿称为压缩映象原理）解决的.

关于不动点,布劳威尔(Brouwer)曾证明:n 维单形到它自己的连续变换(映射)至少有一个不动点.

不动点理论在力学上早有应用,18 世纪,达朗贝尔曾证明了:

刚体绕定点的任一运动,均可由它绕通过固定点的某轴线所作一个转动而得到.

关于它在数学上的应用,我们来看一个有趣的例子——斯佩纳(Sperner)定理.

把 $\triangle ABC$ 任意分割成许多小三角形,然后把 $\triangle ABC$ 三个顶点分别涂上红、黄、篮三种颜色;而后再把这些小三角形的顶点也涂上这三色之一,不过有个约定:若小三角形的顶点落在 $\triangle ABC$ 的某条边上,那么这个顶点只能着与该边两个端点之一的颜色;若小三角形的顶点落在 $\triangle ABC$ 内,则它可任着三色之一(图 1).

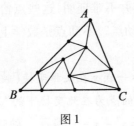

图 1

无论如何分割三角形,也无论如何着色,最后总可以得到一个小三角形,(说得确切些,是有奇数个小三角形)使它的三个顶点恰好分别着红、黄、蓝三色.

从不动点的观念来看,这个小三角形也是在"分割""着色"变换下的"不动点".

这个问题可以用赋值后"算两次"方法解决.

378

在证明了 Sperner 定理之后,便可以导出 Brouwer 不动点定理.

赫希(M. Hirsch)利用反证法证明了这个定理:球体到自身的连续映射 $f:B \to B$ 必有不定点,即在 B 中一定有一点 x 使得

$$f(x) = x$$

他证明大意是:假如没有不动点,即 $f(x)$ 与 x 总不重合,那么从 $f(x)$ 可以画唯一的射线经过 x,到达球体的边界 S 上的一点 $g(x)$,这样就得到从球体 B 到其边界 S 的一个连续映射 g

$$B \to S$$

但这是不可能的,因为人们已经证明了一个与几何直观相当吻合的事实:

球体 B 只要不撕裂,就不可以收缩为它的边界 S.

但连续映射是不允许撕裂的. 故与上矛盾.

从而 B 中必有一点 x 使 $f(x) = x$

§48 再谈不动点理论

我们在"斯佩纳不动点定理"中介绍了数学中十分有用的不动点理论,本文打算再谈几个关于它的有趣问题.

取两张同样大小的方格纸(最好一张是透明的),且以同样的方式给方格标号,再把透明的那张纸随意揉搓(但不得揉破)团成一个纸团,然后把它扔到另一张方

格纸上(注意要使纸团全部在另一张方格纸上),无论你怎样扔,揉皱的纸上总有某一标号的方格与未揉的那张纸上同样标号的方格,至少有一部分会重叠——这个方格便是方格纸在揉搓变换下的"不动点".

也许你不曾注意观察,比如一杯水当你用勺把它均匀搅动时,水在旋转,然而你也会看到,水上面总有一点"不动"——旋涡中心.

下面的例子也不难想象:一根橡皮绳子上打着无数结,当你把它均匀拉伸后对称地放在原来位置的下面,再把绳上相应的结用线连起来.这些线的方向不断地在改变,其中必有一条与橡皮绳垂直,那么连接这条线的结点便是橡皮绳在拉伸变换下的"不动点".一块橡皮圆盘,从四面八方均匀地拉伸,圆盘上也至少有一点"不动"(图1).

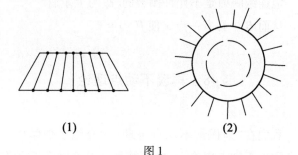

(1)　　　　　　　(2)

图1

两根长短不一,但都刻着同样测量范围(但它单位不等,比如 1～6 cm 和 1～6 寸(1 寸 = 3.333 3cm)等)的两把尺子,其中较短的一根无论放在较长尺子的任何部位,只要较短尺子全部落在较长尺子上,则两

根尺子总有某一刻度,它们的数值(注意是数值!)是相同的,这也是此种变换下的一个"不动点".

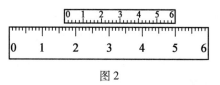

图 2

"不动点理论"(一个曲面在某种扭曲变形下,曲面上至少有一点保持"不动"),是数学家布劳维尔在 20 世纪 30 年代发现的,它不仅在数学上有用,在物理以至其他领域也都有应用. 这个看上去也许是简单的结论,用到物理学上却会得出深刻的结果. 就连人头皮上的发旋也能用"不动点"理论来解释.

从数学上讲,球面上不能有一个由切线组成的,无"不动点"的连续场. 因而贴头皮梳理好头发必定在头皮上形成一个旋涡,即"不动点".

对地球来说,这也意味着任何阵风不能吹遍地球的每一个角落,即地面上任何时刻总有一些地方风平浪静.

§49　高斯素数猜测获解

1983 年,联邦德国数学家采格尔(D. Zagier) 和美国数学家格罗斯经过艰苦努力,彻底解决了代数数论中的虚二次域类数问题,这个消息在数学界引起极大轰动.

这个问题是 1797 年高斯提出来的. 当时,他试图把整数的性质研究推广到复数中去,结果发现了许多重要的结论. 其中之一就是"唯一分解定理"的拓广.

早在公元前 300 多年,欧几里得已证明:每一个整数可唯一地分解为素数的乘积. 例如:$6 = 2 \times 3, 18 = 2 \times 3 \times 3$,等等.

高斯把这个定理应用到复整数 $a + bi$(a, b 为整数,$i = \sqrt{-1}$)上,他揣测,复整数是否也可以唯一地分解为"素数"的乘积.

当然,这个"素数"已与自然数中的素数不同了. 例如,5 在自然数中是素数,但是在复整数的意义上就不再是素数了. 因为

$$5 = (1 + 2i)(1 - 2i)$$

并且 $1 + 2i$ 与 $1 - 2i$ 都是复整数,所以 5 不是复数意义下的"素数".

高斯又考察了形如

$$a + b\sqrt{-D}(D \text{ 为正整数})$$

的复数,发现唯一分解定理不一定成立了. 就是说,有些复数可以分解成两种甚至多种"复素数"的乘积.

例如,当 $D = 5$ 时,取 $a = 21, b = 0$,则

$$a + b\sqrt{-D} = 21 = (4 + \sqrt{-5})(4 - \sqrt{-5})$$
$$= (1 + 2\sqrt{-5})(1 - 2\sqrt{-5})$$

这就是两种分解! 注意:这时的素数是指不能表示成 $a + b\sqrt{-5}$ 与 $c + d\sqrt{-5}$(a, b, c 和 d 是整数)等乘积

的数. 而 21 的上述四个因数

$$4 + \sqrt{-5}, 4 - \sqrt{-5}; 1 + 2\sqrt{-5}, 1 - 2\sqrt{-5}$$

在此意义上都是"素数"！所以, 21 的因数分解是不唯一的.

高斯推测: 当 D 为何值时, $a + b\sqrt{-D}$ 只有一种分解呢？进而, 当 D 取何值时, 它有两种, 三种[①], ⋯⋯ 分解呢？

对于只有一种分解的情况, 高斯天才地猜测: 仅当 $D = 1, 2, 3, 7, 11, 19, 43, 67$ 和 163 时, $a + b\sqrt{-D}$ 有唯一的素因数分解. 这就是所谓的"高斯猜测". 当时, 高斯并未给出证明, 仅把这个猜测记入《算术探索》书稿之中, 并于 1780 年寄给巴黎科学院.

也许是此书过于深奥或作者过于年轻 (那年高斯仅 23 岁), 科学院拒绝了这部论著, 但是高斯自己将它发表了.

由于这个问题直接涉及代数数论领域的许多重要概念的定义, 所以一直受到人们关注.

1934 年, 数学家海尔布伦和林富特奇怪地证出除高斯给出的九个数外, 最多还有一个数使 $a + b\sqrt{-D}$ 满足唯一分解定理.

1966 ~ 1967 年, 美国数学家斯塔克和英国数学家贝克几乎同时证出: 使 $a + b\sqrt{-D}$ 满足唯一分解的 D

[①]　这个一种、两种、三种、⋯⋯就是所谓虚二次域的类数. 也称高斯类数.

值,只有高斯提出的九个!

这样,类数为 1 的问题解决了. 接着他们又在 1975 年,先后解决了类数为 2 的虚二次域问题.

1976 年,虚二次域类数的研究出现转机,美国数学家哥特弗德(D. Goldfeld)把它转化成寻找椭圆曲线的问题. 采格尔和格罗斯花费了很大气力,终于找到了一种特殊曲线,使高斯猜测彻底获解! 但是,他们的手稿多达 300 页,极难核对. 而一些专家们却肯定了它的正确性.

§50　比伯巴赫猜想获证

1916 年德国数学家比伯巴赫(L. Bieberbach)研究解析函数时发现:

单位圆内单叶(复变)解析函数 $f(z) = z + \sum_{n=2}^{\infty} a_n z^n$,若满足规划条件:$f(0) = 0, f'(0) = 1$,则有下面畸变不变式

$$\frac{|z|}{(1 + |z|)^2} \leqslant |f(z)| \leqslant \frac{|z|}{(1 - |z|)^2}$$

$$\frac{1 - |z|}{(1 + |z|)^3} \leqslant |f'(z)| \leqslant \frac{1 + |z|}{(1 - |z|)^3}$$

且等号仅当 $f(z)$ 形如 $\dfrac{z}{(1 - \varepsilon z)^2}$,其中 $|\varepsilon| = 1$ 时成立.

比伯巴赫基于各种畸变定理中极值函数常常是

Koebe 极值函数

$$\frac{z}{(1 - \varepsilon z)^2} = \sum_{n=1}^{\infty} n\varepsilon^{n-1}z^n (\mid z \mid = 1)$$

这一事实,猜想 $\mid a_n \mid \leqslant n (n = 2,3,4,\cdots)$,这便是著名的比伯巴赫猜想.

同年,比伯巴赫本人证得 $\mid a_2 \mid \leqslant 2$,而后到 1984 年前近 70 年里,世界上有数以百计的著名数学家曾从事此项研究,人们仅证明了 $n = 3,4,5,6$ 时, $\mid a_n \mid \leqslant n$ 成立(详见后文).

对于一般 n 的研究,1925 年李特伍德(J. E. Littlewood)证明

$$\mid a_n \mid < en (n = 2,3,\cdots,e \text{ 为自然对数底})$$

1929 年兰道(E. Landau)证明(Sup 为上确界)

$$\lim_{n \to \infty} \text{Sup}\left(\text{Sup} \frac{\mid a_n \mid}{n}\right) \leqslant \left(\frac{1}{2} + \frac{1}{\pi}\right)e$$

苏联人米林证得 $\mid a_n \mid = 1.24n$.

美国人 C. H. Fitygerold 证得 $\mid a_n \mid \leqslant 1.08n$.

而后,最后的结果是:C. H. Fitzgerald 证明: $\mid a_n \mid \leqslant 1.069n$.

1984 年春天,美国普渡大学的德·布朗基(L. de Brange)应用 K. Löwner 的参数表示法和 I. M. Miin - N. A. Lebedev 的结果,以及和 R. Askey 与 G. Gasper 关于特殊函数的结果,彻底证明了比伯巴赫猜想. 这一成就引起了数学界的轰动.

他的方法在插值上是 C. Carathédory 与 L. Fejér 方法的推广.

§51　围绕"比伯巴赫猜想"的奇闻

1984 年夏季的一天,日本报界突然出现了一件怪事.六家颇有影响的报纸同时刊载了一条消息:

"著名的世界数学难题——比伯巴赫猜想已由美国数学家路易丝·德·布朗基解决."对此,人们产生了极大的疑惑:这是一个什么问题? 它有什么价值? 报界为什么肯于介绍它? ……疑问真是太多了.不过,当我们细细回味"比伯巴赫猜想"的产生和研究过程时,会发现它确实有一些值得介绍的奇闻.

首先应该说明的是,日本六家报纸同时介绍比伯巴赫猜想获解并不奇怪,因为这是由日本著名数学家尾泽先生私人出资请求登载,报界并不知其所云.而尾泽先生如此重视这个猜想就更不奇怪了,因为他深知它的"数学真谛".

比伯巴赫猜想是 1916 年由德国数学家比伯巴赫首次提出的,它是复变函数论中一个十分重要的问题(见前文).其大意是:对于复变数解析函数 $f(z)$,它各项系数的大小是否有规律可循.对此,比伯巴赫猜测:定义在单位圆上的形如

$$f(z) = z + a_2 z^2 + a_3 z^3 + \cdots + a_n z^n + \cdots$$

的单叶函数,它的第 k 个系数 a_k($k = 1, 2, 3, \cdots, n, \cdots$),$|a_k| \leqslant k$.

这个猜想听起来简单明了,但是证明起来却绝非

易事. 当时, 比伯巴赫本人仅证明了猜想对于 a_2 为真. 对于其他情况, 没有给出结果.

其实, 数学中的猜想非常之多, 比伯巴赫猜想仅是其中之一而已. 但是, 它却受到数学界的格外重视. 其原因之一是这类函数在当代数学中非常重要, 它们是复分析和微分方程的重要基础, 在求解微分方程, 乃至流体力学中均有广泛应用.

从比伯巴赫提出这一猜想之日起, 人们就开始了证明工作. 其进展如下 (前文已有介绍, 这里再啰嗦几句) :

1923 年, 勒夫诺证明了 $|a_3| \leqslant 3$;

1955 年, 卡尔勃迪恩等人证明了 $|a_3| \leqslant 4$;

1968 年, 波德森等人证明了 $|a_6| \leqslant 6$;

1976 年, 波德森等人证明了 $|a_5| \leqslant 5$.

还有一些证明 $|a_n| < k_n (k_n$ 为常数) 的结果, 此处不再详述. 总之, 几十年来, 比伯巴赫猜想的研究异常活跃, 仅 20 世纪 70～80 年代期间, 国外就出版了有关专著七八本之多.

美国普渡大学的德·布朗基早在 30 多年前就献身于这一猜想的研究. 当时他曾宣称解决了这个问题, 但是很快就被人们找到了错误, 从而否定了他的工作. 并且由此使德·布朗基受到很大打击, 人们再不相信他的任何宣称.

正如他自己所说: "我已被美国数学界冷落了三十年."

1976 年,德·布朗基再度向比伯巴赫猜想冲击,结果他整整花费了 7 年的时间,他说:"这是一个漫长而枯燥的过程."直至 1983 年 5 月,他成功了! 比伯巴赫猜想终于在他的手下被攻克了!

但是,当他抱着 350 页的文章面见诸位美国专家时,竟没人愿意审阅这位"声誉不佳者"的论文. 尤其是当一些人发现他运算中的几个小错之后,就断定德·布朗基定错无疑. 况且,时年他已经 50 多岁,按照数学家出成就的规律,一般都在 40 岁以下,他已经远远超龄了.

幸运的是,1984 年 4～6 月德·布朗基得以访问苏联. 在圣彼得堡大学,他获准用 5 次讲演介绍了这项工作,每次讲 4 个小时(下午 5～9 时),最后终于得到了苏联数学家的认可. 在他们的帮助下,德·布朗基改进和简化了运算过程,最后提交了 12 页的论文作为猜想的终结.

§52　庞加莱猜想获证

庞加莱是法国著名几何学家,同时也是代数拓扑学的创始人(康托儿则是点集拓扑的鼻祖). 1904 年时在意大利一份数学杂志上提出一个著名的猜想,它被数学家陈省身教授列为"几何问题之首".

19 世纪,人们已认清了 2 维流形上光滑紧可定向曲面的种类,即依亏格来分类. 又 2 维球面上每条简单

曲线皆可连续收缩到一个点.

1904 年庞加莱提出:没有洞,没有形如表比乌斯扭曲、没有手柄、没有边缘的 3 维流形是否写一个 3 维球面拓扑等价(图 1).

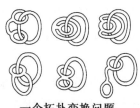

一个拓扑变换问题

图 1

我们知道:人们能直接感受的立体框架是 4 维时的 3 维表面.这个 4 维时空在拓扑学看来相当于一个"超球".

如上所说:对于 3 维的体中 2 维曲面来讲,只有球面上任一闭曲线才能在该曲面上收缩到一点,这个性质称为单连通.那么对于多维球中的曲面情况如何?庞加莱猜想:

在 4 维体中是否有不属于超球类的几何体,它的 3 维表面是单连通的?不会.

换句话说:只有 3 维超球球面才是单连通(与它等价的拓扑面亦然).

1960 年,美国数学家斯梅尔(S. Smale)证明了 5 维和 5 维以上的情形是对的;

1981 年,美国数学家费里德曼(M. Freedman)证明了 4 维的情形.

该猜想对于 4,5 维及其以上情形已证得,而对 3 维情形,却迟迟未果.

1986 年初,葡萄牙数学家杜莱戈和英国学者科罗对于 3 维的情形给出了证明,而后发现其中有漏洞.

直到 2003 年,俄罗斯人佩雷尔曼(G. Perelman)彻底解决了该问题(他在 Internet 上公布了两封电子邮件中解决的).

至此庞加莱猜想自提出后,经数学家们近百年的努力终获解决,它也将标志着拓扑学已进入一个新的时期.

§53　孤立子的发现及研究

1834 年 8 月的一天,英国数学家罗素骑马郊游,在一条运河边观赏景色. 近处是一条被两匹马拉着沿狭窄的运河迅速地前行的船,突然船停下来,而被船带走的水积聚在船头周围,水激烈地挠动着,然后突然形成一个圆体平滑,轮廓分明,巨大的孤立波峰(长约 30 英尺,高约 1～1.5 英尺(1 英尺 = 0.304 8 米)),急速地离开船头向前驶去. 他被这一奇景惊呆了,于是他策马追踪,那波峰以每小时八九英里(1 英里 = 1.609344 千米)速度,保持着原形向前行进着……过一两英里后波峰高度才逐渐减小,慢慢消失.

这段文字出现在 1845 年英国出版的一本学术期刊上.

回到家里,数学家考虑良久不得其解.如何从理论上说明这一美妙、奇异的现象,它将留给"将来的数学家".

这是罗素在一次科学讨论会上报告的,想不到它却是发现和研究孤立子的开始……

60 年后,当有人研究了浅水波动方程的解时,找到了问题的答案:在这类问题解中有一种形状不变的脉冲状解——即孤立波.由于它具有粒子的特征:碰撞前后波形,速度不变,故又称它项"孤立子".

电子计算机的问世,使得这类问题的研究有了新的进展.人们知道在数学中解非线性方程是很棘手的,至今尚无一般方法,但人们却可以寻找一些方程的特殊解——孤立子解.

孤立子虽是应用数学中的一个新概念,但它却以其具有的独特的性质,在物理和其他学科中得以应用.小至基本粒子,大至木星上著名的红斑;从超导约瑟夫结,到生物学中神经细胞轴突上传导的脉冲;从低道滤波网络到品格点阵……到处都有孤立子的身影.

美国贝尔实验室的两位科学家,将孤立子运用于信息传输,速度由 10^8 信息单位/秒提高到 10^{12} 信息单位/秒.

1982 年是罗素逝世 100 周年,世界上 140 位科学家云集他的故乡,举行纪念大会,并在他发现孤立子的运河小桥边,为他建立了一座纪念碑,以表彰他发现孤立波的功勋.

§54 研究"突变"的数学

在自然界,在人的社会活动中,到处存在着"突变"的过程.地震、火山、龙卷风、寒流、洪水以至房屋倒塌,病人死亡等,都是由渐变到突变,由量变到质变的过程.

传统的数学(包括微积分)研究的对象主要是连续的,渐变的(光滑变化)现象.20世纪的科学进展要求人们着手研究描述"突变"也称灾变的量的跃迁过程,这就出现了研究不连续现象的数学分支.

一根木棍把它弯曲,到了某一程度便"突然"折断;一块向上弯曲的钢板可承受一定的压力.但当压力增大到一定程度时,钢板会"突然"下凹.这些过程中都包含着"突变".

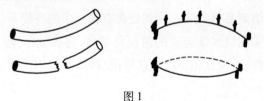

图 1

1972年,一位曾经获得过菲尔兹奖的法国数学家勒内·托姆创立了突变理论,确切地说:他从1968年起已开始陆续发表文章,论述"突变"理论.

1972年,他出版了《构造稳定性和形态发生学》一书.这是一个十分引人注目的数学模型.它是用数学工

392

具描述系统状态的跃迁,给出系统处于稳定或不稳定状态的参数区域,且指出系统发生"突变"时的参数的某些特定值.

托姆证明了:只要系统的参数不超过 5 个,突变过程共有 11 种类型;参数不超过 4 个,突变过程仅有 7 种类型,如尖顶型、燕尾型、蝴蝶型.他还给出了这些类型的方程.

"突变"理论提出仅有几十年,但在光学、弹性力学、热力学、生物学(特别是生态学)等许多领域的应用,都取得一些成就.

顺便谈一句:英国沃里克大学的教授齐曼曾对突变数学的发展起了很大推动作用,苏联拓扑学家阿诺尔德对于这门科学的开创性研究中也做了许多成功的工作.

§55　一百多名学者共同撰写的论文

"群论"是现代数学的一个分支,也是最抽象,最难解释的学科之一.

群论的产生,源自 1770 年拉格朗日(J. L. La-grange)关于置换问题的研究,后经柯西(B. A. Cauchy)于 1815 年总结和推广. 此外,1801 年高斯在《算术研究》中对整系数二元二次型分类时,同一判别式的两个不同等价类经"合成"可得到另外一个等价类. 等价类集合在此"合成"下形成一个群(高斯本人未提出),这可视为群概念数论的来源. 关于一元五次以上方程无公式解的研究,阿贝尔,伽罗瓦(见后文)从代数上创立群概念. 19 世纪 60 年代,数学家把置换群推广到几何上产生变换群概念. 而后系统,抽象的群论经一些数学家的总结而产生了.

群中元素的个数被称为该群的阶. 在群论的研究中,人们注意到了象数的质因子分解那样的运算性质.

1889 年,赫尔德(O. Hölder)发现:每个群均可被分解为同样的一组"子块",它们被称为群的组成因子. 这些子块即为所谓"单群".

1845 年前后,马丢(E. Matheicu)和约当(C. Jordan)各自发现许多单群,包括 5 个特别奇怪的单群.

赫尔德分析了阶数不超过 200 的所有单群.

而后人们证明了:阶数为素数的群必定是单群. 但反之则不成立. 人们发现了阶数为 60 和 168 的单群.

稍后,赫尔德证明了不存在阶数为 pq, p^2q 或 pqr 形式的单群,这里 p,q,r 均为素数.

伯恩塞德 1900 年猜测:不存在非素数的奇数阶单群,直到 1962 年才被费爱特和汤姆森证明. 1905 年他又证明了:不存在阶数为 p^aq^b 形式的单群,这里 p,q 为素数,a,b 为正整数.

19 世纪末,无限群理论诞生了,这类群以其构造者索福靳·李(Sophus Lie)命名称为李群,它们可以分类成相当整齐的形式.

之后,人们便热衷于有限单群的分类工作. 1905 年之前,人们仅知的有限单群是:素数阶循环群,李群,

交代群,而前述的马蒂厄的 5 个奇怪群却不在其中.

1955 年,谢瓦莱(C. Chevalley)弄清了李群和它们的有限相似物之间的关系,更多的单群被发现.

1959 年,斯坦贝格(R. Steinberg)指出某些有限李群有一个附带的"扭群",而相应的无限李群却不具有.

1965 年,扬科(Z. Janko)发现另一奇怪的单群——它和马蒂厄的 5 个奇怪单群归为一类称作散在群.

而后人们又不断地发现了新的散在群.

20 世纪 70 年代初期,人们开始考虑全体有限单群的最后分类问题.

1981 年 2 月,当诺顿(S. Nortoh)证实了第 26 个结果也是最后一个散在群的唯一性时,他终于完成了有限单群的最后分类工作.

这一工作是由一百多个研究者写了近 1 000 篇专门论文分阶产生的. 据估计,人们已为它用了近万个印刷页.

附录　有限单群的分类定理

若 G 是有限单群,则它必将为下面各族群中的某一个:

1. 谢瓦莱群:$A_n(q),B_n(q),C_n(q),D_n(q):E_6(q),E_7(q),E_8(q):F_4(q)$ 或 $G_2(q)$,这里 n 为正整数,q 为素数的幂;

2. 扭群:${}^2A_n(q),{}^2B_2(q),{}^2D_n(q),{}^3D_4(q),{}^2E_6(q),{}^2F_4(q),{}^2G_2(q)$ 或 ${}^2F_4(2)'$,这里 n 是正整数,q 是素数的幂,但对 ${}^2BS$ 和 $FS.q$ 须为 2 的奇次幂,对 ${}^2GS,q$ 须为 3 的奇次幂;

3. 交代群:$AL_t(n),n>4$ 整数;

4. 素数阶循环群 C_p;

5. 26 个散在群:$M_{11},M_{12},M_{22},M_{23},M_{24},J_1,J_2,J_3,J_4,H_iS,$

$M_cL, S_uZ, R_e, H_e, L_y, ON, \cdot 1, \cdot 2, \cdot 3, M(22), M(24): F_5, F_3,$
$F_2, F.$

§56　数学规划理论中的明珠

1982 年, 年近七旬的丹特齐格(G. B. Dantzig)教授在十一届世界数学规划大会上讲:

70 个 人 分 配 70 项 任 务, 它 的 数 学 模 型 是
$\begin{cases} Ax \leqslant b \\ x \geqslant 0 \end{cases}$ 其中 $A \in R^{mxn}, x \in R^N, b \in R^m, (x \geqslant 0$ 其分量全部为负).

要寻找其中的最优方案要从 70! 个方案中选取,70! 是比 10^{100} 还大的天文数字, 即使用每秒万亿次的大型电子计算机处理, 从 7 500 万年前开始算要到太阳熄灭才有结果; 而使用标准单纯形法软件, 在电子计算机上只需几秒钟便可给出答案.

这便是线性规划单纯形解法的威力. 线性规划问题早在 1923 年法国的傅里叶已有某些想法,1939 年苏联学者康托洛维奇较明确地提出此问题, 此后引起人们极大兴趣与关注.

1947 年, 美国年青的博士丹特齐格提出了解决线性规划问题的单纯形法. 这引起人们的广泛重视, 特别是电子计算机出现之后. 开头我们所举的例子也正好说明这个事实.

但问题并非如人们预期的那么风顺, 人们在研究

一个算法的好坏时,总是按其算法完成时间是输入大小的指数函数增长,还是依多项式函数增长,而将问题区分成指数(时间)算法或多项式(时间)算法(它们分别记 NP 或 P 类,如前文"货郎担问题"将其归入 NP 类),而后者认为是好算法.

1972 年,克利(Klee)和明蒂(Minty)在一篇文章中给出了一个变量个数可任意增加的例子,说明单纯形法对该问题是指数时间算法.

1973 年,杰罗斯洛(Jeroslow)和扎德(Zadeh)分别发表文章指出:人们已知的单纯形算法(单纯形法、对偶单纯形法、原 – 对偶单纯形法)全是指数时间算法.

由之,人们怀疑线性规划问题不是 P 类.

1979 年,苏联的哈奇扬(Л. Г. Хачиын)证明了线性规划问题存在多项式算法(他使用对非线性规划有效的椭球算法,这与单纯形法不同:单纯形法是从问题的可行集的一个顶点能代到另一个顶点,而后者是从包含解的较大椭球缩到较小的椭球)

但从实算上讲,椭球法对处理人们目前遇到的线性规划问题效果并不好(只有在变量个数达到天文数字时才优于单纯形法);实算中获得成功的却是单纯形法.

由之人们提出线性规划理论中的三个基本问题:

①有无解线性规划问题的多项式时间算法?

哈奇扬已给出此类算法.

②有无改进的单纯形算法是多项式时间算法?

③既然人们常用的单纯形算法不是多项式时间算法,可为何实算中的效果如此好?

问题③由德国学者博格瓦特(K. Borgewardt)和美国的斯梅尔(S. Smale)解决,他们证明了(用概率方法):

单纯形法的平均收敛速度是多项式时间的,甚至可以说是线性的.

前述反例在实际问题中是罕见的(即测度为0).

上面三个问题可以视为规划理论中的三颗明珠,其中的③已被人摘去,①也被人夺走,唯独②尚无归属(因为单经形法已足够简洁应能应对目前遇到的大多问题).

话再讲回来,1984年美国学者卡尔马卡(N. Karmarkar)对线性规划问题提出一种新的多项式时间算法(他也是从内部去逼近最优解),这比哈奇扬的方法大大前进了一步. 但这与人们所期待的还相距甚远.

§57　一个数列的定理

这个问题我们前文曾经有述,这里再稍详细介绍一下.

1926年,26岁的荷兰青年范·德·瓦尔登(今天他已是世界上知名的数学家了)提出并证明了一个结论,曾引起当时人们的轰动,直到近年仍有人在研究它.

　　如果你把自然数集 $1,2,3,\cdots$ 任意分成两部分,那么至少有一部分里包含着项数为任意多的等差数列.

　　这个看起来似乎简单的结论所涉及的内容,竟是极为深远的(这个问题我们前文曾有介绍).

　　它的证明正是运用我们已经介绍过的所谓"抽屉原理"(又称为狄列克雷原理)进行的,虽然后来苏联数学家辛钦(其思想是属于 M. A. 鲁科姆斯卡娅的)又给出另外一种证明,这只不过是"抽屉原理"的精彩变形而已.

　　魏尔斯特拉斯等人给出另外一种证明是十分巧妙的,大意是:

　　先把自然数排成一列 $1,2,3,4,\cdots$ 对某种划分来说,我们把上述数中属于第 Ⅰ 部分用 0 表示;属于第 Ⅱ 部分用1表示. 这样对 $1,2,3,4,\cdots$ 的属性就得到如下的 $0\sim1$ 数列,比如

$$001010111\cdots$$

(它表示 $1,2$ 属于 Ⅰ ,3 属于 Ⅱ ,4 属于 Ⅰ ……)我们只要把上述数列重复一个固定的次数,比如 3 次,这时可有

$$0\,0\,1\,0\,1\,0\,1\,1\,1\cdots$$
$$0\,0\,1\,0\,1\,0\,1\,1\,1\cdots$$
$$0\,0\,1\,0\,1\,0\,1\,1\,1\cdots$$

然后把这三个序列有规则的错动,比如

$$0\,0\,1\,0\,1\,0\,1\,1\,1\cdots$$
$$0\,0\,1\,0\,1\,0\,1\,1\,1\cdots$$
$$0\,0\,1\,0\,1\,0\,1\,1\,1\cdots$$

也可向左错动,还可以错动两位,三位……,我们只需在这种阶梯状的序列中,找一找同一列(纵行)中有无三个数码一样者,若有三个 0,则说明在第Ⅰ部分中有项数为 3 的等差数列:若有三个 1,则这样的数列在第Ⅱ部分.

魏尔斯特拉斯等人证明:用此错位布列方式,必然能找到在某列上有相同数码的排列.

当然人们还希望知道这种数列属于分划中的哪一部分,匈牙利的一位数学家曾以 1 000 美元的私人悬赏征求解答,1973 年塞曼列弟找到了这个判别方法.

顺便再讲一句:1974 年格拉汉姆(Graham)和罗斯雪尔德(Rothschild)利用《图论》的方法,给出该定理的一个更为简洁的证明.

§58　柯克曼女生问题

1850 年,英国英格兰教会的一位教区长柯克曼(T. P. Kirkman)提出这样一个有趣的问题:

一位女教师每天均带领她的 15 名女学生去散步,她要求学生们排成五行三列(每行 3 人)随她前进.问是否能给出一个一周内的安排,使得每两名学生在七天中都恰有一天排在同一行.

翌年柯克曼在一家杂志上发表了他的解答:

将这 15 名女生从 1 到 15 编号,则一周内队列安排可为:

星期日：$\{1,2,3\}$，$\{4,8,12\}$，$\{5,10,15\}$，
　　　　$\{6,11,13\}$，$\{7,9,14\}$；

星期一：$\{1,4,5\}$，$\{2,8,10\}$，$\{3,13,14\}$，
　　　　$\{6,9,15\}$，$\{7,11,12\}$；

星期二：$\{1,6,7\}$，$\{2,9,11\}$，$\{3,12,15\}$，
　　　　$\{4,10,14\}$，$\{5,8,13\}$；

星期三：$\{1,8,9\}$，$\{2,12,14\}$，$\{3,5,6\}$，
　　　　$\{4,11,15\}$，$\{7,10,13\}$；

星期四：$\{1,10,11\}$，$\{2,13,15\}$，$\{3,4,7\}$，
　　　　$\{5,9,12\}$，$\{6,8,14\}$；

星期五：$\{1,12,13\}$，$\{2,4,6\}$，$\{3,9,10\}$，
　　　　$\{5,11,14\}$，$\{7,8,15\}$；

星期六：$\{1,14,15\}$，$\{2,5,7\}$，$\{3,8,11\}$，
　　　　$\{4,9,13\}$，$\{6,10,12\}$．

同年英国数学家雪尔维斯特（J. J. Sylvester）和凯莱（A. Cayley）又提出：

希望给出一个连续 13 周的排列安排，不但使每周内的安排都符合原来的规定，而且使任意三名学生在全部 13 周内都恰有一天排在同一行（雪尔维斯特问题）．

这个问题难度相当大，直到 1974 年才由丹尼斯顿（Dennistion）借助电子计算机给出第一个解：

将 15 名女生分别标号 $a,b,0,1,2,\cdots,12$，它们在 13 周内的安排见表 1.

表1

星　期	星期日			星期一		
队	i	a	b	$2+i$	$8+i$	b
	$8+i$	$9+i$	$12+i$	$1+i$	$6+i$	a
	$3+i$	$7+i$	$10+i$	$4+i$	$7+i$	$11+i$
伍	$2+i$	$6+i$	$11+i$	$3+i$	$5+i$	$9+i$
	$1+i$	$4+i$	$5+i$	i	$10+i$	$12+i$
星　期	星期二			星期三		
队	$5+i$	$12+i$	b	$5+i$	$7+i$	b
	$4+i$	$10+i$	a	$3+i$	$12+i$	a
	$6+i$	$7+i$	$9+i$	$2+i$	$9+i$	$10+i$
伍	$1+i$	$2+i$	$3+i$	$1+i$	$8+i$	$11+i$
	i	$5+i$	$8+i$	i	$4+i$	$6+i$
星　期	星期四			星期五		
队	$4+i$	$9+i$	b	$1+i$	$10+i$	b
	$2+i$	$5+i$	a	$9+i$	$11+i$	a
	$6+i$	$8+i$	$10+i$	$5+i$	$6+i$	$12+i$
伍	$1+i$	$7+i$	$12+i$	$3+i$	$4+i$	$8+i$
	i	$3+i$	$11+i$	i	$2+i$	$7+i$
星　期	星期六					
队	$3+i$	$6+i$	b			
	$7+i$	$8+i$	a			
	$5+i$	$10+i$	$11+i$			
伍	$2+i$	$4+i$	$12+i$			
	i	$1+i$	$9+i$			

　　各周安排分别对应 i 取 $0,1,2,\cdots,12$，而数字加法结果均按模 13 取同余值.

　　与之有关的问题是斯坦纳三元系问题. 1853 年瑞士数学家斯坦纳(Jacob Steiner)在研究四次曲线的二重切线问题时，提出了斯坦纳问题，它是属于组合设计(或称区组设计)的，而组合设计又是"组合数学"中的三大分支(另两支为图论和计数理论)之一，它要解决的问题是：

　　在给定的有限集合中，要求构造内其一些子集所

组成的族,使之满足某种形式的要求.

这类问题貌似不难,但经世界各国不少著名数学家的努力,也未获得实质性的进展,从此成了组合数学中设计理论方面的一个重大难题.

1957 年,吉林师范大学学生陆家羲借到孙泽瀛先生著的《数学方法趣引》,该书妙趣横生地介绍了十多个世界著名的数学难题. 其中有趣的两道组合数学难题——柯克曼女生问题和斯坦纳三元系列问题,深深地吸引了陆家羲.

从此,他立志研究组合数学,四年如一日地潜心研究,一举于 1961 年,他大学毕业时,圆满地解决了柯克曼女生问题,取得了领先于世界的成就,创造了奇迹!

十分遗憾的是,当时国内无人认可,使得年轻的陆家羲四处碰壁.

1971 年,两位意大利数学家(D. R. Ray – Chaudhuri 和 D. M. Wilson)抢先发表了研究成果. 尽管如此,陆家羲还是顽强地拼搏,于 1981 年再次取得了辉煌的成就——基本解决了斯坦纳三元系列问题. 1983 年这一成果终于得到了国际组合数学界权威性刊物《组合论》杂志和加拿大两位组合数学专家的审阅通过,为祖国赢得了荣誉. 而他本人则积劳成疾,过早地被病魔夺去了生命.

1961 年哈纳尼给出一类组合设计存在的充要条件.

1984 年 9 月,组合数学界专家们认为:陆家羲的工作可与 1960 年玻色等证明了 $t > 1$ 时 $4t + 2$ 阶正交拉丁方不存在的欧拉猜想不成立,可相媲美的成就.

§59 结的数学表示的新发现

用一根绳子打上一个结并不困难. 但是要说出在一根绳子上打的结是否与另一根绳子上打出的看来不同的结在数学上是否等价,将是困难的,这里的"等价"是指"拓扑变换"的.

结是拓扑学研究的一个课题. 在拓扑学中结被定义为"处在三维空间里的任何简单封闭曲线".

不具有自由端的结,可以像链条那样以复杂的方式连接起来(图1).

最简单的非平凡纽结:8字结

图1

判断结的等价问题,是拓扑学中的一个深奥问题.

1928年,苏联学者亚历山大(Alexander)发现一种系统化步骤,用来寻找能代表特定结的特征代数表式——亚历山大多项式(它在拓扑学中称为"不变式").

两个结的亚历山大多项式若不相同,则这两个结肯定不等价(比如亚历山大多项式相同的"平结"和"老奶奶结"就不等价);反过来,即使具有相同多项式的结,也不一定相同,因为它还不能区分"左旋"或"右

404

旋"(图2).

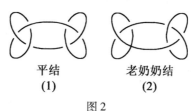

平结　　　　老奶奶结
(1)　　　　　(2)

图 2

　　1985 年,美国加州大学的约翰斯发现了一种比亚历山大多项式性能多的新多项式,它们很容易地在许多情况下判定一个结跟它的镜像之间的区别. 他是把"算子代数"同"结"的理论联系起来了.

　　稍后,人们终于寻到能把约翰斯多项式和亚历山大多项式包括在内的更一般表达式:只应用三个变量的几个幂和系数来表达结的多项式(图 3,4,5,6).

　　这一成果是由美国新泽西州特杰尔大学的霍斯特等五个研究小组各自独立地发现的.

　　令人不解的是:新的不变式如此简单而威力巨大,为何人们这么久竟未发现它!

$$P_\ell = YZ^{-1} + X^{-1}Y^2 Z^{-1} - X^{-1}Z$$

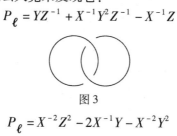

图 3

$$P_\ell = X^{-2}Z^2 - 2X^{-1}Y - X^{-2}Y^2$$

图 4

405

$$P_\ell = Y^{-2}Z^2 - 2XY^{-1} - X^{-2}Y^2$$

图 5

8 字结　　$P_\ell = X^{-1}Y^{-1}Z^2 - XY^{-1} - X^{-1}Y^{-1}$

图 6

（对于 8 字结，1847 年 I. B. Listing 曾给出 Alexander 多项式为 $\Delta = t^2 - 3t + 1$）.

406

游戏篇

第 4 章

§1 妙趣横生的纵横图

我国是研究纵横图(幻方)最早的国家,《周易》上记载的"河出图,洛出书"(图1),其中洛书系公元前一千年出现的幻方图(图2),图中行、列或对角线上的数字和都等于15.

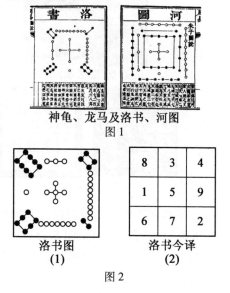

神龟、龙马及洛书、河图

图1

8	3	4
1	5	9
6	7	2

洛书图
(1)

洛书今译
(2)

图2

在外国,直到公元1世纪才由伊拉克的数学家柯拉开始了纵横图的研究.

大约在公元15世纪初,由拜占庭的摩索普拉斯将东方的纵横图介绍到了欧洲(欧洲人称为"幻方").它立即引起了学者们极大的兴趣,有人说它产生于上帝之手,美妙无比,有人说把它挂在胸前能驱魔避灾,逢凶化吉;最有趣的是在德国大画家丢勒的著名版画《忧郁》上出现了一个完整的四阶纵横图:(我们从图中摘录出这个纵横图,如图3),在底行中间的两个数字15和14标明了这幅版画绘于1514年.

忧郁(丢勒)

16	3	2	13
5	10	11	8
9	6	7	12
4	15	14	1

图3

这个纵横图不但行、列、对角线上的各数字之和都为34(下称幻和),而且把图四等分后,得到的每个小方图的数字和,连中心小方图的数字和也等于34,实为"幻中之幻"!

　　然而,"丢勒幻方"并不是"幻方之最",它与图4(2)中绘出的四阶纵横图,曾被古人称为"具有灵魂的幻方"！它不仅满足幻方条件,而且每四个相邻格中的数字之和都等于34,甚至对角线上的数字之和也等34.

16	3	2	13
5	10	11	8
9	6	7	12
4	**15**	**14**	1

(1)

15	10	3	6
4	5	16	9
14	11	2	7
1	8	13	12

(2)

图4

　　从这个纵横图出发,许多的四阶纵横图还可以纷至沓来,难怪人们惊呼它是"神来之图"！

　　惊叹之余,一些人潜心钻研,找出了纵横图的一些特性

　　幻方每边的方格数称为阶. 首先,可以推算出任意 n 阶的正规纵横图(即由1到 n^2 的整数做出的 n 阶纵横图)的幻和等于 $\frac{1}{2}n(n^2+1)$.

　　例如 $n=3$ 时,其幻和为 $\frac{3}{2}(3^2+1)=15$;

　　正规的三阶纵横图仅有一种(不包括翻转的情况),四阶的有880种,五阶的大约有13 000 000多种,等等.

　　数学家们的研究结果告诉我们,纵横图的制作如掌握了规律,制作起来并不困难.

　　17世纪,法国数学家巴谢就发明了一种求奇数阶

幻方图的简捷方法. 我们以三阶为例:首先做一个图5(1)那样的图形,再把从 1 到 9 的数字按斜线方向排出,最后把虚格中的数转放到所在行或列的与它不相邻的空格中,就得到了一个三阶纵横图(图5(2)).

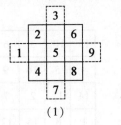

| | (1) | | | | (2) | |

图 5

除此之外,还有许多求法. 又如,求奇数阶幻方的"印度法",求偶数阶幻方的"Hire 法"等. 它们各具特点,妙趣无穷.

人们还做出了许许多多奇特的幻方. 图6(1)就是一个"乘数幻方",其中的奥妙不难看出. 它的每行每列以及每一对角线上的数字之积都等于 4 096(下称幻积);如果你稍细心便可发现该幻方可写成下图6(2)形式,幻方的奥妙不难得出(幂运算性质).

128	1	32
4	16	64
8	256	2

2^7	2^0	2^5
2^2	2^4	2^6
2^3	2^8	2^1

(1) (2)

图 6

图 7 是一个"字母幻方",它相对应的行与列中填着同一个单词! 还有"乘 - 加幻方","乘方幻方"以及

410

"立方体幻方"等. 真是五花八门, 美不胜收!

G	A	P
A	R	E
P	E	T

图7

下面图 8 给出两个"素数幻方"(全部由素数组成的幻方, 注意, 它们已非平格传统意义上的幻方)

569	59	449
239	359	479
269	659	149

(1)

17	317	397	67
307	157	107	227
127	277	257	137
347	47	37	367

(2)

图8　素数幻方

一些特殊的幻方请见图9、图10：

12	1	18
9	6	4
2	36	3

乘积最小216的
积幻方
(1)

	a	b	c
A	3	1	2
B	9	3	4
C	18	36	12

积商幻方($a \cdot c \div b$
或$A \cdot C \div B$值皆等)
(2)

图9

	a	*b*	*c*
A	8	7	4
B	9	5	1
C	6	3	2

积差幻方(*a*+*c*−*b*
或*A*+*C*−*B*值皆等)
(3)

1	2	3
8	9	4
7	6	5

反幻方(行列及对角
线上数字和皆不等)
(4)

图 10

图 11 给出的则是一位美国铁路职员经过 47 年努力才找到的"幻六角形"（将 1～19 这 19 个数填入图中 19 个格里,使得图中任一直线上诸数之和都相等）,数学家们已经证明,这种"幻六角形"是唯一的.

（这之前德国汉诺威的 Kübl 于 1940 年曾发现过,但未发表. 1958 年 12 月写的美国《数学月报》上也有此图形发表）

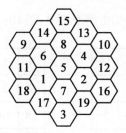

美国一铁路职员花了47年找到的幻
六角形(图中每条线上诸数和均为38)

图 11

有人还从 5 世纪时一块欧洲发现的碑文上译出了下面一个有趣现象的幻方:

把图 12 左图中三阶幻方数字用英文写出:

5	22	18
28	15	2
12	8	25

five	twenty-two	eighteen
twenty-eight	fifteen	two
twelwe	eight	twenty-five

图 12

若再将英文字母的个数填到相应的格子里,奇妙的是:这些数字又组成了一个新的三阶幻方(图 13).

4	9	8
11	7	3
6	5	10

图 13

新近人们在研究中发现:图 14 三阶幻方(1)中数字写成相应的英文,这些英文字母的个数组成一个新的三阶幻方(2),将幻方(2)重复上面做法,还可以得到一个新的三阶幻方(3):

44	61	57
67	54	41
51	47	64

(1)

9	8	10
10	9	8
8	10	9

(2)

4	5	3
3	4	5
5	3	4

(3)

图 14

有人研究了各种语种的幻方构成时发现:

三阶且行(列)和小于 200 的幻方中,能产生上述现象者:

英语有七个以上,法语仅有一个.

行和小于 100 的三阶幻方中,有上述现象的幻方:
荷兰语有 6 个,德语有 221 个,丹麦语一个没有.

图 15 也是一个奇妙的五阶方阵:

该方阵是由表头上行和最左列的数字和生成的,
即方格中每个数均系表头上该行该列两数字和,比如

$$19 = 7 + 12, 22 = 4 + 18, 34 = 16 + 18, \cdots$$

	12	11	4	18	5
7	19	18	11	25	12
0	12	11	4	18	5
4	16	15	8	22	9
16	28	27	20	34	21
2	14	13	6	20	7

图 15

这个五阶方阵的任何不在同一行,又不在同一列
上的 5 个数字之和均为 79,它恰好等于表头诸数字,
即表的上行和左列全部数字和.

幻方的问题还有很多. 比如有人还制造出了和、积
双料幻方(图 16),这个八阶和积幻方的行(幻)和是
840,行(幻)积为 2 058 068 231 856 000.

46	81	117	102	15	76	200	203
19	60	232	175	54	69	153	78
216	161	17	52	171	90	58	75
135	114	50	87	184	189	13	68
150	261	45	38	91	136	92	27
119	104	108	23	174	225	57	30
116	25	133	120	51	26	162	207
39	34	138	243	100	29	105	152

图 16

一个小小的方图引出了如此丰富多彩的数学内

容,随着科学技术的发展,它的实用价值已经逐渐显露出来. 在 20 世纪初就有人指出幻方(纵横图)与组合分析有某种关系. 目前,由于电子计算机的飞速发展,幻方已经广泛地应用于程序设计、图论、人工智能以及对策论的领域之中.

§2　洛书中的奥秘

前文已提到"洛书"实则为一个 3 阶幻方(图 1):

8	3	4
1	5	9
6	7	2

图 1

我们先来看幻方中每个 2×2 方格(不一定相连)中诸数和 Σ:

8 3	3 4	1 5	5 9	8 4
1 5	5 9	6 7	7 2	1 9
$\Sigma = 17$	$\Sigma = 21$	$\Sigma = 19$	$\Sigma = 23$	$\Sigma = 22$
(1)	(2)	(3)	(4)	(5)

1 9	8 4		8 3	3 4
6 2	6 2		6 7	7 2
$\Sigma = 18$	$\Sigma = 20$		$\Sigma = 24$	$\Sigma = 16$
(6)	(7)		(8)	(9)

图 2

它们恰好为 16 ~ 24 这 9 个连续整数. 此幻方中每行、每列 3 个数组成的 3 个 3 位数和与它们的逆序和相等.

　　行:$834 + 159 + 672 = 438 + 951 + 276$

　　列:$816 + 357 + 492 = 618 + 753 + 294$

　　更有趣的是它们的平方和也有此性质:

　　行:$834^2 + 159^2 + 672^2 = 438^2 + 951^2 + 276^2$

　　列:$816^2 + 357^2 + 492^2 = 618^2 + 753^2 + 294^2$

　　此外把幻方又写出的两条对角线方向上的 3 组,数组我们的数亦有此性质,如图3:

$$852 + 174 + 639 = 258 + 471 + 936$$

$$852^2 + 174^2 + 639^2 = 258^2 + 471^2 + 936^2$$

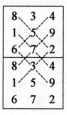

图3

　　另一组 $456,978,231$ 请你自行验证.

　　此外,将幻方图4(1)实施变换

8	3	4
1	5	9
6	7	2

右旋90° →

4	9	2
3	5	7
8	1	6

(1)　　　　　　　　(2)

图4

　　生成的幻方图4(2)也同样有上述性质.

　　再来看看幻方的矩阵性质

令 $A = \begin{pmatrix} 4 & 9 & 2 \\ 3 & 5 & 7 \\ 8 & 1 & 6 \end{pmatrix}$,则其行列式 $|A| = 360$,从而 A

的逆矩阵 $A^{-1} = \dfrac{1}{360} \begin{pmatrix} 23 & -52 & 53 \\ 38 & 8 & -22 \\ -37 & 68 & -7 \end{pmatrix}$.

注意其逆中的元素(从小到大罗列):

$-52, -37, -22, -7, 8, 23, 38, 53, 68$

它是一个初项为 $a_0 = -52$,公差 $d = 15$ 的等差数列.

§3　谈一个填数问题

我们的民族对数学有过特殊的情感,对某些数学游戏有着深深的爱好,比如对于"填数"问题就是这样. 前文我们已经说过,神话传说中的"洛书"(大禹治水时,洛水中浮出一只神龟,龟背上呈现一种图案,后人称为洛书)译成现代的数学语言就是"幻方"——这是世界上最早的幻方.

历代数学家们,都喜欢幻方的研究,不仅如此,他们还有所发现. 他们不仅设计了许多高阶幻方,同时也制造了各种数阵. 比如下面的数阵就是其中一例:

将 1~9 这 9 个数字填入图 1 的圆圈中,使每条直线和每个三角形上的数字和都相等,答案有两个.

417

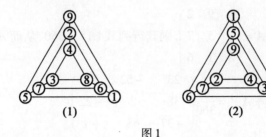

(1)　　　　　　　(2)

图1

再如 1～12 填入图 2 六角星中使每条边上数和皆等(类似的问题我国古代数学书上多有介绍和刊载).

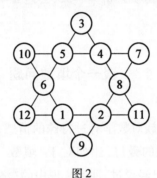

图2

电子计算机的出现,促进了"离散数学"的发展,各种各样的组合分析问题成了这门学科的重要课题.因之填数问题提法也有创新.

不久前国外有人研究了另一种填数问题:如图3,这是一个有 $n+1$ 个顶点和 n 条边的图形,把 $0～n$ 这 $n+1$ 个数字填到图形的顶点(圆圈)处,再把相邻两顶点数字差的绝对值写到该边上.试问:是否存在一种填法,使这些边上的数字恰好是 $1～n$ 这 n 个数?

418

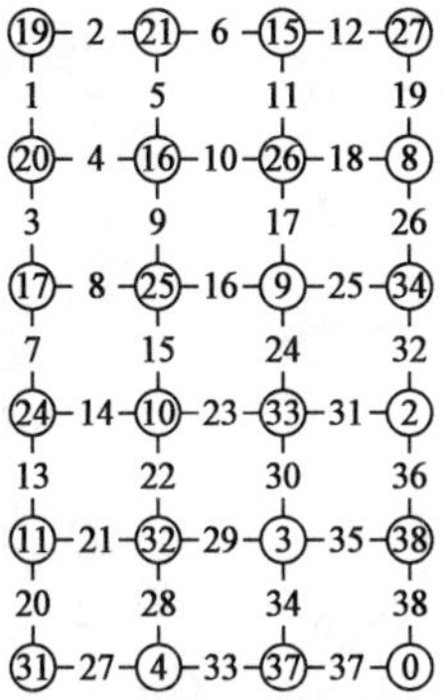

⑲–2–㉑–6–⑮–12–㉗
1　　　5　　　11　　19
⑳–4–⑯–10–㉖–18–⑧
3　　　9　　　17　　26
⑰–8–㉕–16–⑨–25–㉞
7　　　15　　24　　32
㉔–14–⑩–23–㉝–31–②
13　　22　　30　　36
⑪–21–㉜–29–③–35–㊳
20　　28　　34　　38
㉛–27–④–33–㊲–37–⓪

图3

这一点为一位美国数学家在 1965 年所肯定.

有趣的是:如果数字填的得当,你还会发现:这 n 个数字沿斜对角线"/"方向往复地上升.

问题变进一步,1977 年美国数学家 H. Bodendiek 提出:

任意 n 边形再加一条对顶角线,它恰好构成 $n+1$ 个顶点 $n+1$ 条边的图形. 在诸顶点处填上 $0 \sim n+1$ 这 $n+2$ 个不同数字中的 n 个数字,而相邻顶点两数差的绝对值恰为 $1 \sim n+1$ 的填法是存在的. (图4)

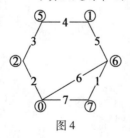

图4

对于不连对角线的 n 边形类似问题,当边数是 $4k$ 或 $4k+3$ 的情形存在已获证明(图5).

419

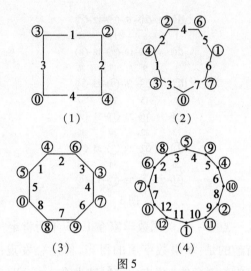

图 5

这类问题我们称为"图形标号问题",而这样的图形我们称为"完美图形".

1978 年,C. Hodee 和 H. Kuiper 证明了所有星轮状的图形标号问题都是完美的(图6).

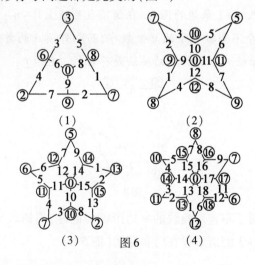

图6

下面的问题也是一个填数问题,如果你有兴趣不妨填填看.

将自然数 $1,2,3,\cdots,3m+2$ 填入图 7 各圆圈中,使相邻两数之差的绝对值恰好分别是自然数 $1,2,3,\cdots,3m+1$.

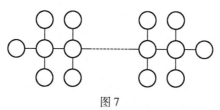

图 7

§4　拉丁方阵的猜想

今有红、黄、蓝三色棋子各三枚,每色棋子上分别标以 $1,2,3$ 等数字,你能否把这些棋子摆在一个 3×3 的九宫格中,使得每行、每列既要有红、黄、蓝三色棋子,又要出现标有 $1,2,3$ 的棋子?

这个问题动动脑筋并不难解决(图 1).它其实是一个"拉丁方"(严格地讲,应称为"正交拉丁方")问题.

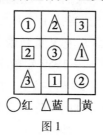

○红　△蓝　□黄

图 1

提起"拉丁方",人们自然会想到数学家欧拉(他在 1782 年的一篇文章中提到的),正是他开始了这个问题的研究. 这一点我们前文曾有述.

据说腓特烈大帝在阅兵时曾向欧拉提出一个问题,有 6 个兵种,每个兵种有 6 种官衔的军官共 36 名,打算排成一个 6×6 方阵,使每行、每列中既要有六个不同兵种的军官,也要有六种不同官衔的军官. 怎样排?

为了研究方便,欧拉用大写拉丁字母 A,B,C,D,E,F 代表 6 个兵种,用小写拉丁字母 a,b,c,d,e,f 代表六种官衔,那么这些军官即可用 Aa,Ab,Ac,Ad,Ae,Af,Ba,Bc,…,Ff 代表,问题变为:

如何把这些双写字母放到 6×6 方格中,使得每行,每列既要出现 A,B,…,E,F,又要出现 a,b,…,e,f(注意这正是"拉丁方"名称的来历). 这种方阵也称**欧拉方阵**,也称**正交拉丁文**,而把方阵的行或列数称为**阶**.

欧拉苦苦思索,仍然毫无结果. 当他又发现 2 阶拉丁方不存在(这个容易验证)之后,便猜想:

$4k+2$ 阶(k 是 0 或自然数)的正交拉丁方不存在!

一百多年过去了. 1901 年,法国数学家泰勒证明了 6 阶(即 $4k+2$ 中 $k=1$ 时)正交拉丁方确实不存在. 这个结果似乎增加了人们对于欧拉猜想的信念.

又过了半个世纪,当拉丁方开始找到应用的时候(在试验设计等方面),它又重新唤起人们的兴趣. 但是,意外的事发生了——1959 年数学家玻色和史里克汉德首先给出了一个 22 阶($4k+2$ 中 $k=5$ 时)正交拉丁方,接着,帕克又证明 10 阶正交拉丁方($4k+2$ 中 $k=2$ 时)存在,欧拉猜想被推翻了.

图 2 就是一个 10 阶正交拉丁方.

Aa	Eh	Bi	Hg	Cj	Jd	If	De	Gb	Fc
Ig	Bb	Fh	Ci	Ha	Dj	Je	Ef	Ac	Gd
Jf	Ia	Cc	Gh	Di	Hb	Ej	Fg	Bd	Ae
Fj	Jg	Ib	Dd	Ah	Ei	Hc	Ga	Ce	Bf
Hd	Gj	Ja	Ic	Ee	Bh	Fi	Ab	Df	Cg
Gi	He	Aj	Jb	Id	Ff	Ch	Bc	Eg	Da
Dh	Ai	Hf	Bj	Jc	Ie	Gg	Cd	Fa	Bb
Be	Cf	Dg	Ea	Fb	Hc	Ad	Hh	Ii	Jj
Cb	Dc	Ed	Fe	Gf	Ag	Ba	Ij	Jh	Hi
Ec	Fd	Ge	Af	Bg	Ca	Db	Ji	Hj	Ih

图2 10阶正交拉丁方

这之后,玻色和史里克汉德证明:除了 $k=0$ 和 1(即2阶、6阶)之外,其他 $4k+2$ 阶正交拉丁方也都存在.

人们还证明:至多有 $n-1$ 个 n 阶拉丁方是彼此正交的.

对于 $n=3,4,5,7,8,9,11$,人们找到了全部正交拉丁方.

附录 3维6阶正交拉丁方

正文中我们曾指出:1901 年 G. Taryy 采用穷举法证明了平面上(2维)的 6 阶正交拉丁方不存在. 然而有趣的是 1982 年美国的 3 位数学家:J. Arkin, P. Smith 和 E. G. Straus 却给出了 3 维的 6 阶正多拉丁方.

我们先介绍 3 维 n 阶拉丁方:它是一个 $n \times n \times n$ 的立方体(有 n 行, n 列, n 竖),在这 n^3 个小立方体中分别标上数字 $0, 1, 2, \cdots, n-1$,使得这 n 个数中的每个数,在立方体的每列、每行、每竖中恰好出现一次.

若 3 个 n 阶拉丁方叠合在一起时,每个小立方块中 3 个有序数组(按照 3 个拉丁方顺序):$000, 001, \cdots, n-1, n-1, n-1$ 均出现,则称它为一个 3 维 n 阶正交拉丁方.

在此之前,有人曾猜测:3 维 6 阶正交拉丁方亦不复存在. 3 位数学家给出的这个 3 维 6 阶正交拉丁方的 6 个层面的数字分别是(图 3):

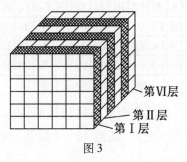

第VI层
第II层
第I层

图 3

	I				
313	435	241	522	000	154
402	541	350	014	133	225
534	050	423	105	242	311
045	123	512	231	354	400
151	212	004	340	425	533
220	304	135	453	511	042

	II				
201	353	415	134	542	020
330	422	501	245	054	113
443	514	030	351	125	202
552	005	143	420	211	334
024	131	252	513	200	445
115	240	324	002	433	551

	III				
455	221	333	040	114	502
521	310	442	153	205	034
010	403	554	222	331	145
103	532	025	314	440	251
232	044	111	405	553	320
344	155	200	531	022	413

	IV				
120	504	052	315	431	243
213	035	124	401	540	352
302	141	215	530	053	424
434	250	301	043	122	515
545	323	430	152	214	001
051	412	543	224	305	130

	V				
032	140	524	203	355	411
144	253	015	332	421	500
255	322	101	444	510	033
321	414	230	555	003	142
410	505	343	021	132	254
503	031	452	110	244	325

	Ⅵ				
544	012	100	451	223	335
055	104	233	520	312	441
121	235	342	013	404	505
210	341	454	102	535	023
303	450	525	234	041	112
432	523	011	345	150	204

§5 残棋盘上的数学问题

一块残缺的棋盘,却可以引出许多有趣的数学问题.这个问题我们前文曾经介绍过,这里从另外角度谈一谈.

(1)不可能办到

这是从围棋盘上剪下的一块(图1(1))(一个正方形去掉了两个角),它有 14 个大小一样的方格(我们假定方格每边长是 1).试问:你能否用 7 张 1×2 的矩形纸片把它全部(既无重复也无遗漏)盖上?

你无妨先试试看.

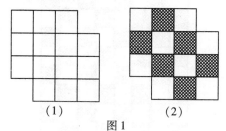

(1)   (2)

图 1

试了一阵你会发现,这是不能办到的.道理在哪里?

我们先将残棋盘相间地涂上黑色.试想,你用 1×

425

2 的小纸片去盖,它必然要盖上一个白格和一个黑格,这样 7 张纸片应盖住 7 个白格和 7 个黑格.你再从图上数数看便会发现:它有 8 个白格而黑格只有 6 个,盖不上的道理就在于此(图 1(2)).

(2)问题改变一下呢?

以上我们看到:纸片盖不满残棋盘的原因是黑、白格子数目不等.也许你又会问:要是黑格子和白格子数目一样情况又将如何?

美国国际商业机器公司的一位学者 R. Gomory 发现:

从 $2n \times 2n$ 方格的国际象棋棋盘上任意挖去一个白格和一个黑格的残棋盘,总可以用 $2n^2 - 1$ 个 1×2 的矩形纸片将它全部盖满(既无复重,又无遗漏)

它的证明大意如:若挖去的两格为图中的 A, B,我们先将残棋盘改造成"迷宫"式样(图 2),即用粗线(像两把三齿和四齿的叉子)将它分开成一些区域,这样你可以像走迷宫一样从图上某格到另一格去.

注意图中黑白格总是交替出现,而位于任何两个异色格子间的方格总是偶数个,它们恰好可以用一些 1×2 的纸片盖住(注意这偶数个格子黑白各半),遇到拐角处,只需注意一下纸片的摆法就可以了.

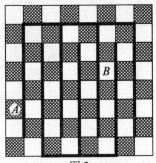

图 2

这样我们总可以用 1×2 的纸片盖满从 A 到 B 的两条路线(注意它有里外两条),即盖满整个残棋盘.

（3）还有新的花样

一块 2×2 的残棋盘去掉一个方格便形成一个 L 形（图 3）. 有趣的是：

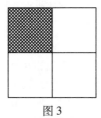

图 3

一块 $2^n \times 2^n$ 的棋盘上，任意挖去一个小方格后的残棋盘，总可以用一些三格的 L 形纸片将它恰好盖住.

我们可以用数学归纳法略证如下：

①$n = 1$ 时，即 2×2 的棋盘挖去一格，即为 L 形；

②当 $n = k$ 时命题成立，即对 $2^k \times 2^k$ 的棋盘挖去一个小格，可以用一些矩形纸片盖满，今考虑 $n = k + 1$ 的情形.

先将棋盘均分为四个小正方块（每块为 $2^k \times 2^k$），挖去的一个必在某一小块中，开始设它在第 I 块中（图 4）. 由归纳假设，这一小块残棋盘可用一些 L 形纸片盖满（$n = k$ 的情形）. 这样还剩下三小块 II，III 和 IV.

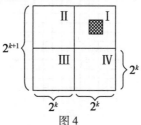

图 4

我们在这三小块的交界处再挖去一个 L 形（三小格见图 5），这样每一小块挖去一个小格，仍由前面归纳假设知：这三小块均可用一些 L 形纸片盖满.

427

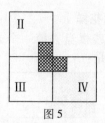

图 5

这样 $n = k + 1$ 时,残棋盘也可用一些 L 形纸片盖满.

当然证明是完成了,但实际上如何去用 L 形纸片覆盖残棋盘,却不是一件轻松的事情.

更一般的情形我们可以证明:

若 $m \geq 4$, $n \geq 4$ 时, $m \times n$ 棋盘可用 L 形纸片覆盖$\Leftrightarrow 3 \mid mn$,这里 $\mid$ 表示整除.

§6 棋盘格点上的一个数学问题

我们在一个边长很大的围棋盘上建立坐标系(它的纵横轴分别穿过棋盘纵横的某两条线见图 1),若取格子长为 1,那么这些格子的交点坐标就都是整数了.

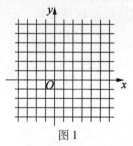

图 1

这些点数学上叫**格点**.

格点可以用来计算图形的面积(不仅可以计算直线形面积,还可用来近似计算任意图形的面积).这里面有着许多有趣的结论.

本文打算介绍格点另外一些有趣的性质.

对于任何自然数 n，在格点平面上总有一个圆，使它的内部刚好有 n 个格点.

下面我们简要地证明它. 事实上我们只需证明下述结论即可.

平面上任何两个格点到点 $P\left(\sqrt{2},\dfrac{1}{3}\right)$ 的距离都不相等.

用反证法. 若不然，今有两个不同（相异）的格点 $M(a,b)$，$N(c,d)$ 到 P 的距离相等，依平面上两点距离公式有

$$(a-\sqrt{2})^2+\left(b-\frac{1}{3}\right)^2=(c-\sqrt{2})^2+\left(d-\frac{1}{3}\right)^2$$

展开合并

$$c^2+d^2-a^2-b^2+\frac{2}{3}(b-d)+2\sqrt{2}(a-c)=0$$

比较两边有理、无理部分可有

$$\begin{cases} c^2+d^2-a^2-\dfrac{2}{3}b^2(b-d)=0 & (1) \\ 2(a-c)=0 & (2) \end{cases}$$

由 (2) 得 $a=c$ 代入 (1)：$(d-b)\left(d+b-\dfrac{2}{3}\right)=0$，因 b，d 系整数，故只能 $b=d$. 此即说 M，N 重合，矛盾.

由于这一点，我们可把平面上格点到 P 的距离远近依次排成 P_1，P_2，$\cdots$，P_n，$\cdots$，只要半径选的得当，以 P 为中心的圆中可恰好含 n 个格点.

结论还可稍稍改进和拓广，比如：

①对于自然数 n，存在一个面积为 n 的圆，使其内部恰好含有 n 个格点；

②对于自然数 n，必存在一个圆，使其圆周上恰好有 n 个格点.

上述圆内包含格点的问题，可以拓广到三角形，正

方形,多边形……甚至还可以把圆改为任何预先约定形状的有界(闭)凸图形.

附录 棋盘上的数学问题还有很多,比如:

(1)中国象棋里的马按规定走法(马走"日"),可走遍棋盘上所有的点(图2).(当初象棋的发明者显然知道这一点.除帅(将)、士(仕)、相(象)及来过河的兵(卒)外其余棋子皆可走遍棋盘)国际象棋设计道理同.

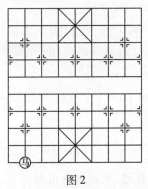

图2

(2)在 8×8 国际象棋棋盘上,马(国际象棋马走 ⊞ 步)可从棋盘某一格出发,走遍所有格后再回到出发点(这个问题最早为数学家欧拉所研究),如图3便是一种走法(图中的数字表示走的顺序号).

56	41	58	35	50	39	0	33
47	44	55	40	59	34	51	38
42	57	46	49	36	53	32	61
45	48	43	54	31	62	37	52
20	5	30	63	22	11	16	13
29	64	21	4	17	14	25	10
6	19	2	27	8	23	12	15
1	28	7	18	3	26	9	24

图3　马步问题

也有文献记载,棋盘马步问题是 1700 年由 Brook Taylor 提出.而后棣莫夫里、欧拉等人相继研究(图4,5).

30	21	6	15	28	19
7	16	29	20	5	14
22	31	8	35	18	27
9	36	17	26	13	4
32	23	2	11	34	25
1	10	33	24	3	12

欧拉的36格解
（1）

34	49	22	11	36	39	24	1
21	10	35	50	23	12	37	40
48	33	62	57	38	25	2	13
9	20	51	54	63	60	41	26
32	47	58	61	56	53	14	3
19	8	55	52	59	64	27	42
46	31	6	17	44	29	4	15
7	18	45	30	5	16	43	28

德·莫瓦费尔解
（2）

图4　马步不闭合的情形

58	43	60	37	52	41	62	35
49	46	57	42	61	36	53	40
44	59	18	51	38	55	34	63
47	50	45	56	33	64	39	54
22	7	32	1	24	13	18	15
31	2	23	6	19	16	27	12
8	21	4	29	10	25	14	17
3	30	9	20	5	28	11	26

欧拉的半盘解
（1）

50	45	62	41	60	39	54	35
63	42	51	48	53	36	57	38
46	49	44	61	40	59	34	55
43	64	47	52	33	56	37	58
26	5	24	1	20	15	32	11
23	2	27	8	29	12	17	14
6	25	4	21	16	19	10	31
3	22	7	28	9	30	13	18

罗热的半盘解
（2）

图5　闭合回路的情形

1971 年,美国人 A. J. Schwenk 提出:何种矩形的棋盘能实现马(步)的闭合旅行(走完棋盘所有格再回到出发点)?

Louis Posa 证明:$4 \times n$ 棋盘不能实现马(步)的闭合旅行(回到出发点).

A. J. Schwenk 发现:$m \times n (m \leqslant n)$ 的棋盘,下列情形马步皆可实现遍游棋盘所有格的旅行(不一定回到出发点即闭合):①m 和 n 皆为奇数;②$m = 1, 2$ 或 4;③$m = 3$ 且 $n = 4, 6$ 或 8.

（3）在 8×8 的国际象棋棋盘上,最多能放几只皇后而使她们互相不吃掉?（这个问题最初为德国数学家高斯所研究,又称"8 后问题",它有 92 种解,高斯曾

431

猜测它有 76 种解.)

答案是 8 个. 图 6 便是其中的一种解(图中 * 即为皇后位置).

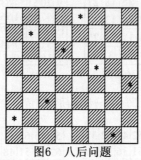

图6 八后问题

§7 谈谈"四色定理"

1979 年 9 月, 美国伊利诺斯大学的学者黑肯(W. Hakan)和阿佩尔(K. Appel)在电子计算机上证明了地图着色的著名定理——四色定理, 即

平面或球面上的地图仅用四种颜色即可将所有区域区分开(图 1).

必须用四种颜色区分地图

图 1

为此, 伊利诺斯大学城邮局还发行庆贺四色定理解决的纪念信封并刻制专门邮戳, 一些国家杂志封面上刊登象征四色定理的特别图形.

四色定理的由来, 还有一段小故事.

1852 年, 一位名叫葛利斯的英国大学生面对地图

发现:无论多么复杂的地图,只需四种颜色便可将任何相邻区域区分开.他把自己的想法告诉他的哥哥,而后又写信请教数学家德·摩根,然而摩根对此问题感到无能为力.便写信求教于他的学友哈密顿——而他冥思苦想十三年,直到逝世为止,对此问题一筹莫展.

1878 年 6 月 13 日,数学家凯莱在伦敦数学会会刊上发表一篇文章,将上面的问题归结为"四色猜想".

一年后,肯普给出该猜想的第一个证明.不料 11 年后(1890 年),一位年仅 20 岁的后起之秀希伍德指出肯普的证明是错误,他还给了"五色定理"(即用五种颜色可将平面上地图相邻区域分辨开)的证明.

人们发现当区域数不超过 12 时,四色定理可以证明.

1939 年,富兰克林(P. Franklin)把区域数提高到 22 和 25;1948 年,数目提高到 32;1950 年温(Winn)把它提高到 35;直到 1968 年,奥尔(Ore)把上限仅推到 39.

1960 年,黑肯开始研究利用电子计算机去解决这个问题;1972 年黑肯与阿佩尔合作,到 1974 年问题有了进展;1976 年 1 月他们终于完成证明四色定理的计算机程序.

1976 年 6 月,黑肯和阿佩尔同时启动三台 IBM – 360 型高速电子计算机,花了 1 200 个小时(机上时间)进行了大约 60 亿个逻辑判断(对 2 000 种不同类型地图进行计算),终于证明了"四色定理".

他们针对肯普的证明漏洞,先找出 1 936 个不可避免的网络,然后用电子计算机证明着色可行.

后来这种网络减至 1 482 个,且认为减至 1 200 个以下的可能十分渺茫.

1977 年,科恩宣布了一个简化的证法,只需花费 59 小时机上时间.

然而问题并没有就此结束,数学家又在思考:这个证明能否简化? 还有无其他解决办法? 能否不利用计算机而给出证明? ……

这一切期待着人们去思考,去探索,去发现,去解决!

当然,"四色定理"的计算机证明,也为数学的发展提出一个新的领域,有些复杂数学问题的证明,有时可以借助计算机来帮助实现.

最后顺便讲一句:环面上地图着色问题——"七色定理"(圆环面上的地图,仅须七种颜色便可使任何相邻两区域区别开,这也由希伍德证明)早在 19 世纪就已被人们解决.

§8 七桥问题

普莱格尔(Pregel)河上有两个河心岛,岛与岛,岛与河岸共有七座桥连接(图 1). 当时那里的居民热衷于一个难题:

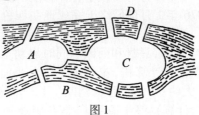

图 1

一个散步者怎样能一次走遍七座桥,每座桥只走一次,而最后回到出发点?

这个题目看上去似乎不难,不少人都想试一试,但是谁也没有找出答案.

欧拉在千百人失败的时候开始冷静地考虑,也许那样的走法根本不存在?

434

经过一番研究,1736 年,欧拉证明了这个猜想,并在圣彼得堡科学院作了一次报告——这也是《图论》这门学科的开山论文.

欧拉为了解答这个问题,他对问题做了简化:

用点表示陆地(岛或河岸),用两点间线段表示桥,这样便得到图 2(此时游览问题变成了一笔画问题).

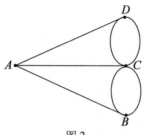

图 2

欧拉把图中有奇数条线段(弧)经过的点叫**奇点**,把有偶数条线段经过点叫**偶点**,欧拉证明了:

一个图能够一笔画出的充要条件是图中奇点的个数是 0 或 2.

而后,欧拉利用拓扑方法证明了多面体顶点数(V),棱数(E),面数(F)的著名公式

$$V - E + F = 2$$

且以此证明:正多面体(各个面均为全等的正多边形的几何体)仅有五种(这个问题前文已有述):

正四面体,正六面体,正八面体,正十二面体和正二十面体.

我们顺便指出:欧拉一笔画定理还可作如下推广:

若图的奇点个数有 $2k(k \in \mathbf{N}, k > 1)$ 个,则用且只用 k 笔可将它画完;反之,在一个须用 k 笔画完的图中,必有 $2k$ 个奇点.

§9 三门问题(扣碗猜球)

1990 年前后,蒙提霍尔悖论是由美国娱乐电视节目主持人蒙提霍尔小姐提出的一个问题,让她在电视中播出. 原为"车库问题"或"三门问题".

为方便计算今改头换面成"扣碗猜球"(图1).

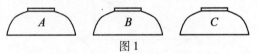

图1

3 只倒扣的碗(记为 A,B,C)中,一只下面扣着一颗小球,你先猜一下是哪只碗中扣着球.

如果你猜 B,无论你猜对与否,A,C 两只碗中至少有一只是空的. 这时主持人告诉你其中某只碗(譬如 A)下没有球,接下来她问道:

你可以坚持原来的选择(选 B),也可以重新选择(选 C,因为已知 A 下无球),请问两种情况下猜中的可能(概率)是一样的吗?

绝大多数人会以为它们不会有差别,因为无论猜哪只碗,猜中的可能都是 $\dfrac{1}{3}$.

但仔细想来结论似乎并非如此,对于揭示了 A 碗无球后,若人们改变主意要重新挑选的话,问题条件改变了(即在 A 碗无球条件下去猜 B,C 哪只碗扣着球),从数学角度考虑此时变成了(不太严格地讲)"条件概率"问题(这当然也与球扣在和未扣在 B 碗下有关)——计算表明,后者(改变选项)猜中的概率会大些.

我们再稍作分析. 假如球扣在碗 B 下面(因为三只碗地位均等,此设无妨). 如果这时:

如果你先猜A,则因A,C均为空碗,主持人告诉你碗C是空的,你改变了选择,则猜中的机会是1;不改变则猜中机会是0.

你先猜C碗的情况与之类同.

如果你先猜B,主持人无论告诉你碗A或C是空的,你不改变猜中情况是1,改变后猜中的机会是0.

综上可有下边即第二次重新选择的情形(表1):

表1

第一次选择	第二次改后为	猜中机会
A	B	1
C	B	1
B	A	0
B	C	0

这样你第二次选择改猜后猜中的机会约为

$$(1+1+0+0) \div 4 = \frac{1}{2}$$

精确的计算结果会比0.5略小.

有人做了一些实验后发现:"改变选择"比"坚持原方案"猜中的机会确实多些(这已经有人通过严格计算给出确切的答案).

人们的错误根源显然在于仅凭先验与直觉,而缺少缜密、细微、全面的分析.

这个问题让我联想起另一个所谓"三人决斗"问题.

A,B,C三人,为了解决他们之间无法调解的纠纷,决定用手枪进行决斗,直到只剩下一个人活着为止(这在中世纪的欧洲是合法的).A的枪法最差,平均射3次只有1次击中目标;B稍好一些,平均3射2中;C最好,能百发百中,为了使决斗比较公平,他们让A第一个开枪,然后B(如果他还活着),最后是C(如果他还活着).问题是A应该首先向谁开枪?

稍稍考虑,可给出下面的分析:

因为C百发百中,看来A应首先选择以C为目标,如果他成功,那么下一次将由 B 开枪,由于 B 是 3 射 2 中,所以 A 还有活下来再回击 B,从而 A 有可能赢得这场决斗.

对 A 来说,上面的选择是较好的,那么还有更好的策略吗? 回答是:有. A 可以对空开枪! 于是接着是 B 开枪,他会以 C 为目标(因为 C 是最危险的对手),如果 C 活下来,那么他将以 B 为目标(因为 B 比 A 更危险).可见,通过对空开枪的办法,A 将使得 B 有机会消灭 C,或者反过来 C 消灭 B.

总之,A 的最佳策略是"对空开枪".

§10 一笔画和邮递线路

邮递员每天的工作是辛苦的,他们串街走巷,把来自四面八方的邮件传递给千家万户……

邮递员也会遇到数学问题,比如如何选择邮递线路,可使他们送完所有邮件后所花时间(或所走路程)最少? 你也许不曾想到:这和数学游戏中的一笔画关系还很密切呢!

所谓一笔画就是可以用一笔画成的图形(但每条线都不允许重复).

我们在前文中已有介绍,任何图形都是由点和线组成的,我们把连接两点的线段叫作"弧",而把点叫"顶点",一笔画问题中重要的是对于顶点的分析,而顶点中关键的是所谓奇顶点(奇点),即连接它的弧的条数是奇数(单数)的顶点,比如图 1 中的 A,B 便是奇顶点.

图 1

前文已述,1736 年欧拉研究后发现:

可以一笔画成的图形,它的奇顶点个数必须是 0 或 2.

比如图 2 中奇顶点个数多于两个(它的八个顶点均是奇顶点)它是不能用一笔画出的.

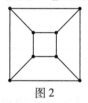

图 2

而图 3 则可以一笔画成(它的奇顶点个数是 2,即 A,B 两点),路线是 $B \to C \to D \to A \to B \to F \to E \to J \to F \to G \to C \to H \to D \to I \to E \to A$.

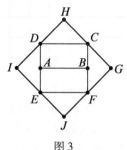

图 3

对邮递员来讲,若把他们投递区域的街巷看成是一笔画中的弧,那么最好的投递路线显然是可以一笔画成的(因为它没有重复的线段).

当然邮递员的投递路线与一笔画又不尽相同. 实

439

在一笔画不成,我们可以允许局部线路重复(实际上相当于添上一条弧),当然重复的线路越短越好.

这类问题是我国管梅谷先生首先研究的,国外又称此问题为"**中国邮递员问题.**"

那么就请读者完成下面的问题. 在如图 4 代表的投递区域中,其中的实点代表投递点,请你给邮递员安排一条最佳投道线路,且当他经过了所有的投递点后,又回到邮局 A(图中诸段道路长均相等).

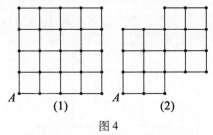

图 4

答案见图 5(不唯一);图中粗黑线即为所求邮递线路.

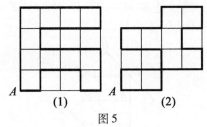

图 5

这个问题比较简单,因为这里设每段路长都一样,对于路长不一的情形,人们也已找到解决的方法. 比如图 6(1),邮递员最佳走完每投递点(图中线段交点)的走法如图 6(2),图中虚线为邮递员需要重复走的道路(它的总长最短).

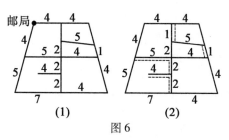

图 6

§11　食物链与哈密顿图

俗话说"大鱼吃小鱼,小鱼吃虾米,虾米吃烂泥."自然界的生物既互相依存、附着,又互相争斗、吞食,形成一条条食物链.这些食物链表明:自然界的物质能量一级高一级地向上传递,输送(尽管效率很低,往往是 $1:10$)比如:

花→蝴蝶→蜻蜓→青蛙→蛇→苍鹰

浮游植物→浮游动物→虾→鱼→人

等,都是一种食物链.

"食物链中有数学问题"这句话你也许会觉得奇怪,其实食物链不仅与数学有联系,而且联系至深,有趣.我们来看一个例子吧!

(1)害虫排队

某生物实验小组为了研究"以虫治虫",他们捉到 10 种危害作物的昆虫,经过实验发现,当把其中任意两种害虫放在一起时,一种可以吞食掉另一种.那么是否可以把这些害虫排成一串(食物链),使得后面一种虫子总可以食掉它前面的一种虫子?

回答是肯定的,它可以用数学办法来考虑.我们先来看其中最简单的情形,即有三种害虫,分别命为 A,B,C.那么先拿 A,B 来试验,因为其中一种总可以食掉

另一种,无妨假设 A 食掉 B,并记为 $B \to A$,这时再考虑 A, C 在一起吞食的情况:

(1)若 C 食掉 A,即 $A \to C$,则三种害虫可排成 $B \to A \to C$;

(2)若 A 食掉 C,即 $C \to A$,这时再考虑 C, B 的吞食情况;

①若 C 食掉 B,则可排成,$B \to C \to A$;

②若 B 食掉 C,则可排成:$C \to B \to A$,

无论如何,A, B, C 总可以排成一个食物链,使后者吞食前者.

这样的讨论对于虫子较多时,叙述是麻烦的,但我们可以用数学归纳法证明更一般的结论:

若有 n 种虫子,对其中每两种总有一种可食掉另一种,则必然存在一条生物链,使得链中后面一种可食掉前一种.

这类问题我们也可以用图直观地表示出来,比如用三个点分别表示 A, B, C,它们之间的吞食情况用有向线段(带箭头的线段)表示,那么一定存在一条从某点出发,依箭头次序经过每个顶点的有向折线(图1).

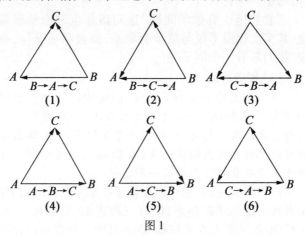

图1

有意思的是:这正与《图论》中的哈密顿问题有联系.

(2)哈密顿问题

哈密顿是爱尔兰数学家,1859 年他曾在市场上公布一个著名的游戏问题(该问题我们前文曾经介绍过):

一位旅行家打算作一次周游世界的旅行,他选择了地球上 20 个城市作为游览对象,这 20 个城市均匀地分布在地球上.又每个城市都有三条航线与其毗邻城市连接,问怎样安排一条合适的旅游路线,使得他可以不重复地游览每个城市后,再回到他的出发点?

这个问题的解法我们前文曾有述,办法是把问题转化一下:若把这 20 个城市想象为正十二面体的 20 个顶点(右图 2),把它的棱视为航线,问题可以化到这个多面体上去考虑;又假如这个十二面体是用橡皮做的,那么我们可以沿它的某个面把它拉开,延伸,展为一个平面图形,这种方法叫作**拓扑变换,**我们很容易从中找出所求的路线(解法见前文).

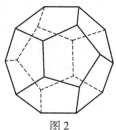

图 2

这个问题经过抽象、概括、延伸可总结为下面的数学问题(哈密顿问题):

空间中的 n 个点中任意两点间都用有向线段(不管方向正反)去联结,那么一定有一条有向折线,它从某点出发,按箭头方向依次经过所有顶点.

结论若用图论方法去证明,并非那么轻而易举,但若用归纳法证明了前面的昆虫食物链的结论后,可把哈密顿问题"翻译"成昆虫食物链问题,即把昆虫视为"点",把他们的吞食情况看成连接两点的有向线段,哈密顿问题也即获解决.

当然并非所有的平面图都有"哈密顿道路". 比如下面的图3,都是非哈密顿图.

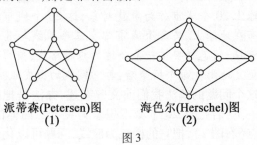

派蒂森(Petersen)图　　　海色尔(Herschel)图
　　(1)　　　　　　　　　　　(2)

图3

1968 年在德国召开的一次数学会议上,两位苏联数学家给出了平面图具有"哈密顿道路"的必要条件.

(3) 货郎担问题

前文我们讲过,1979 年 11 月美国《纽约时报》刊载一篇标题为"苏联的一项发明震惊了数学界"的报道,内容大意是:一位名叫哈奇扬的苏联青年数学家,1979 年初发表一篇文章,提出一种可以解决"货郎担问题"的方法.

稍后,人们查阅了有关文献之后才发现这是一篇失实的报道.

所谓"货郎担问题"与前面所述及的哈密顿问题有关,它的提法是这样的:

假设有一个货郎,要到若干个村庄去售货(村与村间均有通路,且给定路长),最后仍回到出发点,他如何选择道路才能使行程最短?

对三五个村庄来说,问题并不难解决,但当村庄数

444

目很多时,运算次数增长的很快,以致使计算机也无能为力. 哈奇扬解决的只是与之有关线笥规划多项式算法的问题(详见前文).

"昆虫食物链"在生活中应用也很多,比如球赛中的名次,展览馆的参观路线等. 由之看来生物界以至大自然中许多现象与数学是分不开的. 难怪意大利著名学者伽利略说:数学是上帝用来书写宇宙的文字.

§12　中国的魔方——七巧板

一个小小的正方形分割成七块,用它们居然可以拼出几乎整个世界来.

前段时间,风靡世界的鲁比克方块(魔方)传入我国,并引起了人们的广泛兴趣. 然而你是否还知道,在我国民间曾广泛流传的拼图游戏——七巧板,它的魅力并不亚于魔方. 七巧板又名"益智图",顾名思义,它对开发人们智力大有好处.

七巧板始于明清年间,然而它的思想在这之前许久的勾股定理证明中就已有萌芽(即用面积拼凑法证明勾股定理). 七巧板发明不久便传入西方,在那里被誉为"唐图",成为外国人十分喜好的游戏. 据传,拿破仑在流放时,曾用它作为消遣.

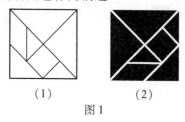

（1）　　　　（2）

图 1

七巧板制作简单,只是在一块正方形纸板上,按图1裁出七块,即:五个三角形,一个正方形,一个平行四边形.其玩法既简单又复杂,就是用小小的七块板去拼成各式各样图案来(如图2).

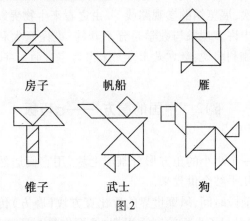

房子　　　　帆船　　　　雁

锥子　　　　武士　　　　狗

图 2

用它们拼成的另一些图案见(图3).

图 3

据说用七巧板拼摆出的图形已有数千种.如果用两三副或多付的七巧板.那么拼出的图形就更多了(如图4).

　　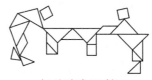

推孩车(两付)　　　　　　　打乒乓球(三付)

图4

　　如果把正方形按图5裁成十五块便是**十五巧板**，用它又可拼摆出一些更复杂，更生动的图案来（如图7）．

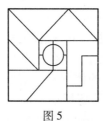

图5

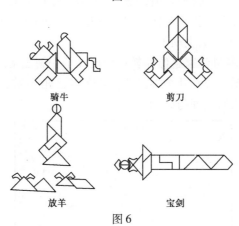

骑牛　　　　　　剪刀

放羊　　　　　　宝剑

图6

　　从教育学观点来看，由于七巧板设计科学，构思巧妙，制作简单它对开发青年人的智能有着良好的功效，它不仅可以培养观察能力，空间想象能力、分析、综合及判断能力,更重要的是锻炼创造性思维和培养对事物勇于探求的精神.难怪我国有些学者,虽已高龄,工作繁忙,仍时常要摆弄一番.

从某种意义上讲,积木不过是七巧板演变的产物,它只是把平面拼图改为空间搭叠,把七板变为多块而已.

这样看来,说七巧板是中国的魔方并非夸张.如果说魔方可以培养人的记忆力,想象力和注意力(当然它还可以锻炼人的脑和手的灵活性)的话,七巧板的功能则完全可以囊括.

除此之外,它还可以培养人们的组合能力,创造能力和审美观点.试想一下,仅仅七块小小图形,如果你使用得当,布局合理,一定会摆出新颖,别致的图案,这不正是你的创造力的体现吗(当然还有合理使用材料的能力)?同样的七巧板摆成同一人物造型,你会选择哪个最美,哪种和谐,这无疑也是对你审美能力的培养.如果说七巧板对你学习几何也有益处的话,那么下面的例子就更生动了.

著名科学家赵仿熊教授曾设计了一副三角函数七巧板(图7),利用它能"拼"出许多三角函数公式来(结合几何定理与结论).

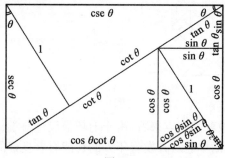

图 7

数学家们总喜欢钻牛角尖,他们常常把许多游戏的东西加以"数学化",难怪有人从七巧板搭配成的几何图形中发现不少有趣的结论.比如1942年浙江大学的王福春与肖昌两人得出"一副七巧板只能拼成13种不同的凸多边形"(其中三角形1种,四边形6种,五边形2种,六边形4种(图8)).

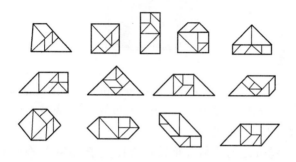

图 8

如何将正方形剪成7块使其能拼成最多数量的凸多边形,也成了人们研究的另一题(至目前的结论是253种).

随着电子计算机技术的发展,科学家们又居然把七巧板同计算机程序,人工智能等研究结合起来,甚至有人已设计出了用计算机把七巧板拼摆成图形的程序,使之拼图的花样又有所创新(当然七巧板自身种也有翻新).

§13 魔方的玩耍

最近,"风靡世界"的鲁比克方块(以下称魔方)引

449

起了我国青少年的浓厚兴趣,并很快地流传开来.所谓魔方就是一个正方体,每面颜色各异,并各自均分为九小方块,巧妙的结构使它的每个面上的小方块可一起转动(图1).

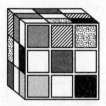

图1

玩法大体分为两种:一是将打乱的各面颜色复原;另一种是把它摆成给定的图案布局.(输赢视时间或步法的多少而定).

魔方是匈牙利青年教师鲁比克于1974年在研究一种几何问题发明的,而后的一年内,日本的一位自学成材的工程师石毛也完成与鲁比克大致相仿的设计.

据报道,有人曾在20年代已在中东以及法国见过这种东西.只是当时未能有如此精巧的结构.

魔方游戏,其实可以看成是一种幻方在空间的拓广——无数字的彩色幻立方.

(1)魔方源于我国

前文已述,所谓幻方(又称魔方),是指在如图2(1)所示的方格中(九宫格),分别填上1~9这九个自然数,而使它的每行、每列、每条对角线上的数字之和都相等(图2(2)).我国早在夏禹时代就对此有过研究.把幻方拓广到空间情形即是幻立方.所以说,鲁比克魔方实际上是一种彩色,无数字的幻立方.

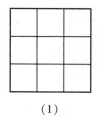

（1）　　　　　　（2）

图 2

（2）俄罗斯方块

说到这里不禁让我们想起另一种游戏——俄罗斯方块.

1984 年,苏联科学院计算中心的工程师帕基特洛夫发明了此种游戏(一开始是为了检验计算机的运算程序),它由下面七种图形组成,其中每种解由 4 个小方块构成(图3):

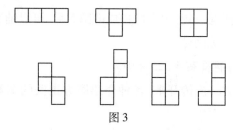

图 3

它的玩法简单,后来被广泛移植到游戏机、电脑,甚至手机上,成为风靡全球的掌上游戏之一.

如果令其中每个小方格面积为 1,则七块图形总面积为 28,用它们能否拼出一个 4×7 的矩形?

人们发现,这是不可能做到的,但它们能拼出下面图形(图4):

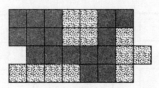

图 4

道理不难分析,上述七种图形沿直线放到下面棋盘上,除 T 形的那块外,它们均占两黑两白格,这样无论如何拼铺,用上全部 7 块拼一个 4×7 矩形无法完成.

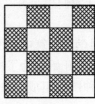

图 5

顺便说一句:用它们拼成的图 5 后,可以铺满平面(无重叠,无间隙).

(3)花样有 $4\,325 \times 10^{16}$

魔方一流传开来,各种介绍魔方走法的书籍和比赛也应运而生.

经电子计算机计算,魔方的各种摆列方式共有 $4\,325 \times 10^{16}$ 种,这可是一个大得惊人的数字,正是如此才使魔方魅力无穷.

当然这种游戏有利于培养智力和手的灵活性. 难怪使杂乱的魔方复原比赛时间的优胜记录从 53 秒,32 秒,29 秒,28 秒,直到最近的 26 秒多一点. 最近又据报载,魔方的花样又有翻新,各面由单色变成一个个图案或名人头象,此外还出现了魔棒等,因而使玩法又高

一筹.

　　另外,据说魔方游戏和数学中的"群论""计算机科学"以至理论物理中所谓"粒子模型"有关.

　　魔方如今已有各种翻新,其玩法更难、花样也更多.

§14　谈谈"数独"游戏

　　几年前,"数独"游戏传入我国,令一些玩家痴迷,几近疯狂.这不禁使人想起当年"鲁贝克方块"(又称魔方,见前文)曾风靡全球,令男女老幼皆为之倾倒的历史,不同的是,后者(魔方)不仅要靠手法灵活机敏,更重要的是会分析、懂奥妙.而玩"数独"无须什么大智慧,当然它也存在某些方法和技巧,这其中的诀窍是细心、推敲、综合、平衡.

　　曾有文献说"数独"游戏源于18世纪瑞士,又说与数学家欧拉有关,其实该游戏与大师所研究的内容相去甚远.欧拉研究的是"正交拉丁方"(见前文),而"数独"充其量(至多)只能算是"拉丁方"问题(没有涉及正交概念)的一种变形.

　　该游戏是要在划分为9块九宫格的9×9方格中,分别填上1~9这9个数码,使之每行、每列及每个九宫格皆有数学1~9出现(在此前命题者往往会在某些小方格中给出或填上了数字).

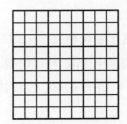

被分成9个九宫格的9×9方块

图1

世上第一道数独题是刊登在美国一家杂志"数学广场"(Number Place)栏目上的,在 1979 年 5 月.

原题是这样的:"在下面的图 2(1) 及图 2(2) 中,请你在其空格处填入适当的数字,使每行、每列以及每个小九宫格区域内都含有 1~9 这 9 个数字.两题中各有 4 个画有圆圈的方格,你可以把它们当作填数时的首选.圆圈中可能的填数在图的下方提示处.当然并非一定要这样先填这些圆圈处的数字."

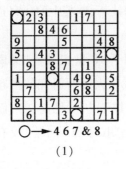

○─→4 6 7 & 8

(1)

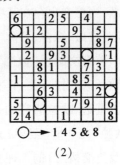

○─→1 4 5 & 8

(2)

图2

美国《纽约时代》杂志的编辑维尔·肖兹是研究游戏历史的专家,不久前他终于查明问题的提出者名叫哈瓦德·冈恩(Howard Garn)(一名退休的建筑设计师),他便是数独游戏的发明者,当时他已是 74 岁

高龄. 遗憾的是:冈恩已于 1989 年去世,没能亲眼看见时下的风靡盛况.

问题的答案见图 3(1)(2).

④	2	3	9	8	1	7	5	6
7	5	8	4	6	3	2	1	9
9	1	6	2	5	7	3	4	8
5	8	4	3	1	9	6	2	⑦
6	9	2	8	7	5	1	3	4
1	3	7	⑥	2	4	9	8	5
3	7	5	1	4	6	8	9	2
8	4	1	7	9	2	5	6	3
2	6	9	5	3	⑧	4	7	1

6	8	7	2	5	3	4	1	9
④	1	2	7	8	9	6	5	3
3	9	5	6	4	1	2	8	7
7	2	4	9	3	5	⑧	6	1
9	5	8	1	6	2	7	3	4
1	6	3	4	7	8	5	9	1
8	7	6	3	9	4	1	2	③
6	3	①	8	2	7	9	4	6
2	4	9	5	1	6	3	7	8

(1)   (2)

图 3

这种游戏问世后并未引起人们太多的关注,在沉寂多年后,直到 1984 年才被日本一群智力爱好者发现,并把它挖掘、推广、传播,且将游戏命名为 Sudoku. 日文 Su 即 Number;Doku 即 Single,意思是"The numbers must be single"(这些数字必须单独出现).

游戏传入我国,国人把它译为"数独",可谓是音意译. 于是"数独"游戏也在我国流行起来,且有了不少翻新.

其实,拟造数独游戏有许多数学道理和要求(拟题者必须知晓),比如:在 9×9 的典型"数独"游戏中,题目所给数字不能少于 17 个.

(据称,图论学家戈登曾收集了一万多个只有 17 个已知数字的"数独"问题).

数独题目千变万化,但人们又总是不断将问题花样翻新(当然这里许多时候是在指题目中预先给出的数字形式),制造出许多别样、具有个性的另类"数独"

（与传统或经典的问题相左）游戏题. 这些也出现在电视竞赛节目中（比如"最强大脑"）.

§15　下棋游戏与摆棒游戏

（1）下棋游戏

要玩这种游戏,需要找一块上面画满移点正（或长）方形的纸,再找一些围棋子或大小相同的硬币.

游戏是两个人顺序把棋子一个一个放到纸上的任何格点位置,一直到没有地方再放为止（棋子放下去后不准再挪动）. 最后放下棋子的人就是优胜的人.

（当然游戏者从格点个数奇偶性角度看,此游戏意思不大）

问题:试找出一个玩这种游戏的方法,使走第一步棋的人一定得胜.

先下第一步棋的人应该把棋子放到纸的正中间格点上（这里棋盘边长为 $2n \times 2n$）,以后只要每一次把自己的棋子放到对手所放棋子的对称位置,如图 1. 只要遵守这个规则,那么走第一步的人就总会找到安放棋子的地方,他必然得胜.

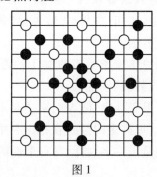

图 1

（再强调一下，对于$(2n+1) \times (2n+1)$的棋盘，无中心格点，此方法不再适用）

这个方法的几何实质在于：正（或长）方形的纸均有它的对称中心，使所有通过它的直线都被它分做两半，并由通过它的直线把图形分成相等的两部分. 因此，正方形上除掉这个中心之外，任何一点（或放下的任何一个棋子）必然有它对称的另一点（或放棋子的位置）.

从此可知，只要走第一步棋的人占领了图形的中心位置，那么，无论他的对手把棋子放到什么地方，四方形纸上必然会找到一个和对手刚刚放下的棋子位置相对称的空位子.

又因为棋子位置每次必须由后走的人选择，因此，玩到最后，纸上恰好在他要放棋子的时候没有了地方. 因此，先下棋的人当然一定得胜了.

（2）摆棒游戏

这是当时联邦德国一位名叫德罗斯特的人发明的一种既简单又颇需动脑的游戏.

游戏的用具是一张 3×4 的方格纸（图2）和一些小细棍比如火柴，玩法是：两人轮流在方格里横或纵着放一根小棍，但在放时不允许与相邻的小棍放成"一"字（即对于行讲不许连横，对于列讲不许连纵）. 若棋盘里仍有空格，而无法按规定再放时算输；棋盘放满时先走者（先手）算输.

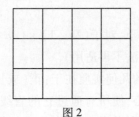

图 2

图 3(1)(2)的格局中(图中方格里数字表示放棒的顺序数),先手已输. 对于格局(3)来讲,后手无法再放(他输了);而对于格局(4),格子已放满,先手输了.

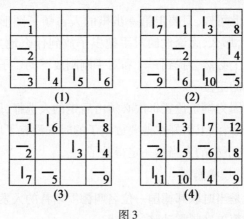

图 3

(3) 从下棋游戏谈起

前文中我们介绍了两种游戏,其中之一即两人轮流在棋盘上放棋子,规定最后放满者为胜. 文中还介绍了取胜的诀窍,先放者把棋子放到棋盘中心,以后每次只需放在对手前一次放棋子的对称位置,先放者必胜.

乍一看你会觉得这个游戏玩法新颖,解答巧妙,可你仔细一想又不尽然,从另外角度考虑,也许一目了然. 我们以格子棋盘为例,稍加说明.

　　对于棋盘的格子数,无非是有奇数和偶数两种,最简单的是图 4 两种情形:

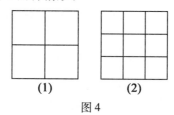

　　(1)　　　　　(2)

图 4

　　对于图 4(1),先放者无论把棋子放在哪一格,他均不能取胜;

　　对于图 4(2),先放者无论把棋子放在哪一格,他总能取胜.

　　道理何在? 说穿了这就像"报数"游戏一样,两人轮流报数,规定谁最后一个报到某数 n 谁就赢,显然对先报者来讲,n 是偶数时他必输,n 是奇数时他必赢.

　　当然游戏玩法若稍加改造,就须动些脑筋才行,比如规定每人每次可放 1 至 2 枚棋子(当然还可规定更多些),这时就要用些数学知识了. 诀窍是:

　　①若棋盘格子数为 $3n$ 时,后手放的棋子数只要保持与先手刚刚放下的棋子数之和是 3,后手总可赢;

　　②若棋盘格子数不是 3 的倍数时,先手只要放完棋子后使棋盘空格数为 3 的倍数,这样问题可化为情形①,先手必胜.

　　这些是可以用数学归纳法进行证明的. 一个较为直观的解释是:

　　因为从每一轮情况可以看出;棋盘格子数变化(每走完一轮后)分别为

　　　　$3n \rightarrow 3(n-1) \rightarrow 3(n-2) \rightarrow \cdots \rightarrow 3 \cdot 2 \rightarrow 3$

这样当棋盘格子数剩 3 个而又轮到对方走时,对方肯定会输了.

若规定每人每次可放棋子 1~4 颗,同上面分析一样只需:

①当棋盘格子数为 5 的倍数时,可让对方先走,你每次放子数与对方的放子数之和为 5;

②当棋盘格子数不为 5 的倍数时,你争取先走,且放完棋子后,使棋盘上格子数为 5 的倍数,这样你就总可以获胜.

若规定每人每次可放 1~k 颗棋子,那么我们也有:

①当棋盘格子数为 $k+1$ 的倍数时,这时你让对方先走,且你每次放棋数与对方放棋数之和为 $k+1$;

②当棋盘格子数不是 $k+1$ 的倍数时,这时你先走,使得当你放完棋子后棋盘上剩下的格子数恰为 $k+1$ 的倍数,这样你也总可获胜.

这种游戏我们还可以再稍加拓广.若有两个棋盘两人轮流在其中的一个上放棋子,放数不限(但每次只能放在一个棋盘上,也不能不放),可以证明:

①若两个棋盘的格子数相同时,则后放者可胜.后放者只需在对手所放棋盘的另一个上面放置与对手同样多的棋子即可.

②若两个棋盘的格子数不同时,则先放者总可胜,先放者只需在格子数多的棋盘上放这样多的棋子:使其放完后大棋盘剩下的格子数与小棋盘格子数相同即可.

问题还可以拓广:若棋盘有 m 个(格子数不一定相等)仍是两人轮流对放棋子,每次放棋子数不限(但

只能在其中一个棋盘上放).

这时情况稍稍复杂一些,但我们可以借助于二进制来圆满地解决这个问题.

放子游戏经我们稍稍改造,玩起来须动些脑筋,用些心计了.与这种游戏道理相似地还有一些游戏.

(4)抢数游戏　两人轮流报数,每人每次只能报 $1 \sim 2$ 个(但要连贯),这样报下去,谁先报到数 k 谁就胜,这与上面棋盘放子的道理是相同的,制胜秘诀也一样.

当然,它也可改为每次报 $1 \sim m$ 个数.

(5)火柴游戏　火柴游戏又称筷子游戏,因这种游戏源于我国,故国外称为"中国二人游戏",它的玩法很多,比如:

(1)有一堆火柴,两人轮流从中每次取 $1 \sim k$ 根,规定取最后一根者为胜(可用倒推法研算或用二进制方法);

(2)有两堆火柴,两人轮流从其中某堆取火柴,取数不限(但不能不取);

①若两堆火柴数一样时,后取者可胜;

②若两堆火柴数不一样时,先取者可胜;

(3)有 m 堆火柴(每堆不一定等),两人轮流从其中一堆里取,取数不限(但不能不取)规定取最后一根者胜(用二进制推算).

(6)走格　有如图5的格子,左右两方分别放两色棋子(每人一色),两人轮流走自己的1个棋子,规定每人每次只能(朝对方方向)走 $1 \sim 2$ 格,但不允许后退,谁走完某步后使对方无法再走了,谁就算赢.

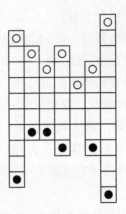

图5

以上这些游戏与前文讲的放棋子游戏的道理是相同的,因而制胜的策略一样. 从数学角度考虑,它们只是同一问题不同的提法罢了.

(7)**憋死牛** 以上诸项也使我们想起另一种更为简单而方便的游戏——"憋死牛".

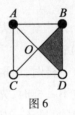

图6

棋盘很简单如图6,其中阴影部分为河. 对弈双方各执两枚棋子,每次挪动一枚至图中的五个点(线相交位置),挪来挪去某一方无法挪动(憋死)则为输,当然先走者第一步不许走让对方憋死的路数. 注意B,D之间有河相隔不许挪动.

§16 折纸的数学

折纸是一项很有意思的数学游戏,利用折纸也可以得到某些数学结果. 比如你能用纸折出一个矩形,正方形,又如你能用折纸方法去平分一个已知角(只要沿角的顶点将角的两边叠合后的折痕即为所求的角分线),这样你也就能用折纸做出 $45°,22°30′,11°15′,\cdots$ 角,还有一些更复杂的问题也能用折纸的办法解决. 下面来看几个例子,它们均与正方形折纸问题有关.

(1) 在已知三角形内折出其内接正方形

在已知 $\triangle ABC$ 内折其内接正方形的具体步骤如下:

①依题设折出已知 $\triangle ABC$,以其边 AB 为一边在形外折出一个正方形 $ABDE$(图1);

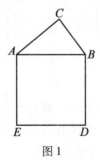

图1

②折出折痕 CE,CD,交 AB 于 L,M,LM 即为 $\triangle ABC$ 内接正方形的一条边,进而可折出该正方形(图2).

463

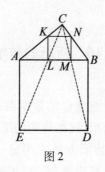

图 2

（2）在正方形内折出内接正三角形

在已知正方形 $ABCD$ 内做出过顶点 A 的内接正三角形的大致步骤如下：

①折出正方形 $ABCD$，折出其对称轴 EF；

②绕顶点 A 向上折 AB 使 B 落在 EF 上，且记该点为 G，AH 为折痕（图3）；

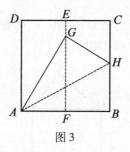

图 3

③折 GH，折痕交 DC 于 I，折出 $\angle HAB$ 的平分线 AK，则 AK 为该正方形内接等边三角形的一边；折 AI，KI 为等边三角形其余两边（图4）.

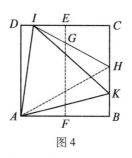

图4

(3)折出黄金分割点

"黄金分割"是几何上的一种重要分割,利用尺规不能做出它,利用折纸却能求出这种分割,具体方法如下:

①先以所给线段长为边折出正方形 $ABCD$,找出 BC 的中点 E,折出直线 AE;

②将 BE 绕 E 折在 AE 上,折痕为 EF,点 B 在 AE 上对应于点 K(图5);

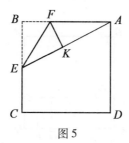

图5

③在 AB 上定出 $AX = AK$(对折 $\angle BAE$ 即可),则 X 即为线段 AB 的黄金分割点(见图6).

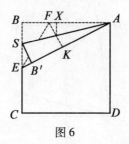

图6

又它的内容和证法可见后文"黄金分割与叠纸游戏".

(4) 折出 36°角

36°角也如 30°,45°,60°角一样,是一种重要的特殊角. 下面我们看看如何通过折纸方法折出这个角来.

①先在纸上折出一个正方形 $ABCD$ 来,再折出边 AB 的黄金分割点 Y,做出对分矩形 $AYGD$ 的直线 EF;,

②将 BY 绕 Y 折转使 B 落在 EF 上,且记该点为 X（图7）;

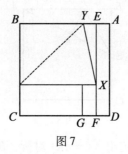

图7

③折出直线 BX,则 $\angle ABX = 36°$（图8）.

466

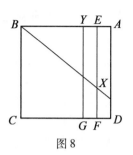

图 8

由此,我们不难折出 72°,54°,18°,9°,…角来,这只需注意到

$$72° = 36° \times 2 , 54° = 90° - 36° , 18° = 36° \div 2$$

等即可.

要是让你把直角五等分,恐怕不会有困难吧？好,这就留给读者去完成.

有了 72°角的折法,折个五角星你也不会有困难.

(5)三等分任意角

用尺规作图是不能三等分任意角的,但利用折纸方法却可以三等分一任意角. 它的大致步骤如下：

①在一个正方形纸片上先折出给出的角 ∠PBC,将 ABCD 对折记折痕为 EF；再将 EBCF 对折,折痕为 GH(见图 9)；

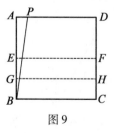

图 9

②翻折左下角使 B 重合在 GH 上记为 B′,且使 E

重合 BP 上记为 E',点 G 折后的点记为 G',折痕记为 XY(图 10);

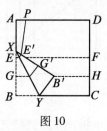

图 10

③折 B,G' 和 B,B',则 BB',BG' 为 $\angle PBC$ 的三等分线(图 11).

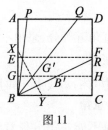

图 11

注 对于三等分 $45°$ 角有一个简便的折法:

(1)使点 B 与点 C 重合得折痕 MN,其中 N 为 BC 中点;

(2)将 AC 边向纸内翻折.使折痕经过点 A,点 C 落在 MN 上(设为 C')得折痕 AD;

(3)沿 AC' 折一折痕,则 AD,AC' 为 $45°$ 角 $\angle A$ 的三等分线(图 12).

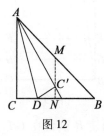

图 12

(6) 七等分 105°角

用两张正方形纸片(其中大正方形的边长等于小正方形的对角线长),只要将小正方形叠放在大正方形的某一位置上,即可把一个 105° 的角七等分(显然每个角为 15°).

具体做法如下(图 13):

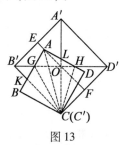

图 13

①折出大正方形的中线 EF,并折出它的两条对角线 $A'C'$,$B'D'$;

②将小正方形 $ABCD$ 叠放到大正方形 $A'B'C'D'$ 上,使 C 与 C' 重合,A 落在 EF 上;

③设 $B'D'$ 与 AB,AD 交于 G,H,折 CG,CH;

④折 CL,CK. 这样便把 105°的角 $\angle BCD'$ 七等分了.

能用折纸法解决的问题还有很多,这里不介绍了,不过我们想强调一点:

上面的诸方法都是严格的,即它们都有其数学依据,换句话讲,它们都可以严格证明的,这一点留给有兴趣的读者去考虑了.

§17 黄金分割与折纸游戏

前文已述,把一个单位长的线段 AB,分成两部分,使其长的一部分为短的一部分与原来线段的比例中项.

如图1.令 AC 长为 x,则 CB 长为 $1-x$,依题设可有

$$\frac{1}{x}=\frac{x}{1-x} \Rightarrow x^2+x-1=0 \qquad (1)$$

图1

方程(1)的一个正根 a 为 $\frac{1}{2}(\sqrt{5}-1)$,人们把这样的点 C 的分割称为黄金分割,C 为黄金分割点.

前面我们讲到可以用叠纸的方法求出这个 a 值.把一个边长比例为 $2:1$ 的长方形,沿对角线 BD 叠起,如图2.

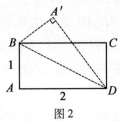

图2

再对叠一次,使 A' 落在 BD 上的 G' 点,得折痕 GB,如图3,最后再对折线段 $G'D$,O 为中点,则:$OD=\frac{1}{2}(\sqrt{5}-1)$.

470

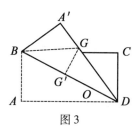

图 3

有趣的是,如果把叠纸"放开"来,会发现美妙而重要的事实(图4).

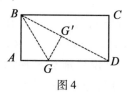

图 4

令　$\angle ABG = \beta$,则 $\angle ABD = 2\beta$.

因为

$$\tan 2\beta = \frac{2\tan \beta}{1 - \tan^2 \beta}$$

令　$\tan \beta = x$,于是有方程

$$2 = \frac{2x}{1 - x^2} \Rightarrow x^2 + x - 1 = 0$$

由于

$$x = AG \Rightarrow AG = \frac{1}{2}(\sqrt{5} - 1) \tag{2}$$

而

则
$$BG = \sqrt{1 + AG^2} = \sqrt{\frac{5 - \sqrt{5}}{2}}$$

$$= \frac{1}{2}\sqrt{10 - 2\sqrt{5}} \tag{3}$$

从上面的分析不难看出数 a 正是 AG 长,而 BG 却是单位圆内正五边形的边长.

471

历史篇

第 5 章

数学符号——这有什么稀罕,不就是 1,2,3,4…和 +, −, ×, ÷…吗?

你别说得那么轻松,数学符号的出现和使用,经历了一个十分漫长的过程,这也是数学史上的一件大事呢!

好吧,我们来看下面的故事……

§1 数字的演化

古埃及和我国一样,是世界上四大文明古国之一. 早在四千多年以前,埃及人已懂得了数学,在数的计算方面还会使用了分数,不过他们是用"单位分数"(分子是一的分数)进行运算的. 此外,他们还能计算直线形和圆的面积,知道了圆周率 π 约为 3.16,同时也懂得了棱台和球的体积计算等. 可是记数他们却是用下面的符号:

1	10	100	1 000	10 000	100 000	1 000 000

这样书写和运算起来都不方便,比如要写数 2314 就要用下面一串符号:

后来他们把符号作了简化而成为:

1	2	3	4	5	6	7	8	9	10	20	30

古代巴比伦人(巴比伦即当今希腊一带地方)计算使用的是六十进制,当然它也有其优点,因为 60 有约数

$$2,3,4,5,6,10,12,15,30,60$$

等,这样在计算分数时会带来某种方便(现在时间上的小时、分、秒制及角的度制,仍是六十进位).古巴比伦人已经研究了一元二次方程和某些三次方程的解法.

公元前 2000 年古收伦人就开始用楔形线条组成的符号作为文字(称为楔形文字)刻在泥板上,然后放到烈日下晒干(图 1).然而记数方面,他们也是用楔形文字表示的:

1	10	0	$60 + 21 = 81$	$60^2 + 0 + 22 = 3\ 622$

现藏美国哥伦比亚大学图书馆的古代巴比伦的泥板文书（记数表格）

我国在纸张没有发明以前，已经开始用"算筹"进行记数和运算了。"算筹"是指计算用的小竹棍，这也是世界上最早的计算工具。用"算筹"表示数的方法是

纵式	｜	｜｜	｜｜｜	｜｜｜｜	｜｜｜｜｜	⊤	⊤	⊤	⊤
横式	－	＝	≡	≣	≣	⊥	⊥	⊥	⊥
	1	2	3	4	5	6	7	8	9

记数时个位须用纵式，其余数位纵横相间，故有"一纵十横，百立千僵"之说。数字中有 0 时，将其位置空出。比如 86 021 须表示为

≣ ⊥ ≣ ⊥ ＝ ｜ ｜ ＝ ｜

十进位值制记数法，我国的发明最早。1899 年从河南南阳发掘出来的龟甲和兽骨上所刻的象形文字，是大约三千多年前的殷代文字，叫作甲骨文。其中载有许多数字记录（图1），比如有一片甲骨上刻着："八日辛亥允戈伐二千六百五十六人。"

474

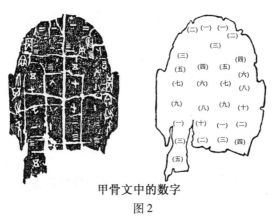

甲骨文中的数字

图 2

甲骨文字中数字是用下面符号表示的

一	二	三	亖	𠄡	∧	↑	八	九	∣	ᙁ	𠂤	𤔔
1	2	3	4	5	6	7	8	9	10	100	1 000	10 000

阿拉伯数字未流行以前,我国商业上还通用所谓"苏州码"的记数方法

Ⅰ	Ⅱ	Ⅲ	✕	𠔀	⊥	╧	𠄡	+	𠂤	千	万	〇
1	2	3	4	5	6	7	8	9	10	100	1 000	10 000	0

它在计数和运算上已比较方便(特别是记账).

欧洲人开始使用的是罗马数字

Ⅰ	Ⅱ	Ⅲ	Ⅳ	Ⅴ	Ⅵ	Ⅶ	Ⅷ	Ⅸ	Ⅹ	L	C	D	M
1	2	3	4	5	6	7	8	9	10	50	100	500	1 000

阿拉伯数字据说是印度人发明的,后传入阿拉伯国家,经阿拉伯人改进,使用,而传遍整个世界,成为通用的记数符号.

下面便是公元前 2 世纪印度的记数符号

一	二	三	Ɏ	Ⴌ	6	ʔ	5	9	0
1	2	3	4	5	6	7	8	9	0

它和今天通用的阿拉伯数码已相差无几了.

§2　用图形表示的方程式

在埃及出土的,六百年前的莱因特草纸上有下面一串符号

它既不是什么绘画艺术,也不是什么装饰图案,它表达的却是一个代数方程式,用今天的符号表示,即

$$x\left(\frac{2}{3}+\frac{1}{2}+\frac{1}{7}+1\right)=37$$

1 700 多年前古希腊数学家丢番图曾用符号

$$K^{\gamma}\bar{\alpha}\,\Delta^{\gamma}\cdot\bar{\gamma}\,s\,\overset{\circ}{\varepsilon}\,\mathring{M}\beta$$

表示代数式 x^3+13x^2+5x+2.

15 世纪阿拉伯人卡拉萨第用符号

表示方程 $4x^2+48=32x$(阿拉伯文式子是从右向左).

宋、元时期我国也开始了相当于现在"方程论"的研究,当时记数仍使用的是"算筹",在那时出现的数学著作中,就是用图 1 表示二次三项式 $412x^2-x+136$ 的. 其中 x 系数旁边注以"元"字,常数项注以"太"字,

筹上画斜线表示"负数".

图 1

到了 16 世纪,数学家约当、韦达等人对数学符号有了改进.

直到笛卡儿(法国数学家)才第一个倡用 x, y, z 表示未知数,他曾用

$$x^3 - -9xx + 26x - -24 \propto 0$$

表示 $x^3 - 9x^2 + 26x - 24 = 0$,这与现在的方程写法几乎一致.

数学符号的创造和使用就这样经历了漫长的旅程,它们的使用和改进,也促进了数学自身的发展,没有它们很难想象今天的数学会是什么模样.随着数学的发展,数学符号不断地被创造出来.

注 符号与智力题

数学符号的用处,你在数学学习中已有体会.下面我们举几个智力游戏中使用数学符号的例子.

1. 添一个符号

(1)请你在 7 777 上添一个符号后,使之比 7 大且比 8 小;

(2)在 7 上添一个符号后,使之比 2 大且比 3 小;

(3)在 7 上添一个符号后,使之比 5 000 都大.

2. 摆数

有些数学符号的形式是蕴含的,即它是由数字的位置,大小不同而形成的,比如指数和幂的运算等.

请你用 13 个 1, 23 个 3 和 33 个 4 各摆成一个最大的数.

3. 火柴游戏

火柴游戏的玩法很多, 摆式子就是其中的一种. 下面的两个问题均与数学符号有关.

(1)请用三根火柴摆成一个比 3 大比 4 小的数;

(2)在下面用火柴摆成的不正确算式中, 只移动一根火柴而使之成立

答案

1. (1)7.777; (2)$\sqrt{7}$; (3)7! (它表示 $7 \times 6 \times 5 \times 4 \times 3 \times 2 \times 1$).

2. 1111; 32^{33}; 34^{44}.

3. (1) ⁄⁊ (即 $\pi = 3.14\cdots$); (2)答案有两种

$$|+|0 = || \quad 或 \quad || + 0 = ||$$

§3 算筹与筹算

17 世纪我国在计算技术上流行着"四算": 珠算, 笔算, 筹算和尺算. 珠算, 笔算读者都很熟悉, 尺算即用计算尺来计算. 什么是"筹算"呢?

筹算, 我国古代就有, 简单地说它就是用"算筹"来计算. 可什么是"算筹"呢? 前文已述下面我们再简单介绍一下.

数产生以后, 就要考虑计数问题. 起先人们用手指计数(这也正是十进制数产生的根由), 后来用绳子系

结来计数（图 1），这在我国殷商时代甲骨文中已有记载. 但这样计数运算起来非常不方便, 当时笔、纸还没有发明, 当然说不上用符号记数.

图 1　西班牙人描绘的秘鲁人结绳

人们在实践中逐步发明由竹子棍——（见《史记·历书》司马贞"索隐"根据《世本》说），只是在晋朝的数学书里才有一些资料记载. 用竹子棍即算筹表示数目有两种方式（筹式）即横式与纵式（表 1）：

表 1

数　目	1	2	3	4	5	6	7	8	9
横　式	一	二	三	亖	亖	⊥	⊥	⊥	⊥
纵　式	|	||	|||	||||	|||||	⊤	⊤	⊤	⊤

表示位数时, 像现在用数码记数一样, 把多位数目从左到右横列, 但各位数码须纵横相间, 且规定个位通常记为纵式.

又如 35 740 可记为

$$\text{Ⅲ}\quad\text{三}\quad\text{Ⅱ}\quad\text{三}$$

479

由于个位通常是纵式,这里显然可看到式子最末有一空格,即表示 0.

像我们现在算盘里拨动算珠一样,古人运用算筹可进行加、减、乘、除运算,成语"运筹帷幄之中,决胜千里之外"成语中"运筹"即运算算筹之意;新的优化学科"运筹学"即取自此成语中的运筹二字.

运算算筹加减法较容易,我们看一下如何用算筹进行乘法运算(图 2).如计算 78×56,先摆好算式:

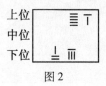

上位
中位
下位

图 2

把两乘数分别摆在上、下位上可按下面方法运算(图 3):

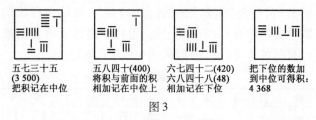

五七三十五
(3 500)
把积记在中位

五八四十(400)
将积与前面的积
相加记在中位上

六七四十二(420)
六八四十八(48)
相加记在下位

把下位的数加
到中位可得积:
4 368

图 3

由于由算筹计算乘除都要置三列筹码,经简化后可在一横列里演算.又由于乘除口诀出现,改进了用算筹计算多位数除法的计算程序,但这仍觉用算筹运算不甚方便,于是最早的计算机器——"算盘"又称"珠算"出现了.

珠算盘最早的记载见于元末陶宗仪的《南村辍耕录》(公元 1366 年),到 15 世纪中《鲁班木经》内已有制造珠算规格的记载.它的最原始形状是上面二珠,下

面五珠,中间无横梁,只用一绳隔开.

柯尚迁在《数学通轨》(公元 1578 年)中载有一个十二档的珠算盘图,称为"初定算盘图式",它与现在通行的算盘(图 4)已经没有差别了.

图 4

15 到 17 世纪,西方使用"格子乘法"非常普遍. 算法是这样的:如计算 34×45 可先在形如图 5 格子上写上数写出如图 6:

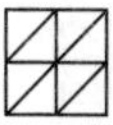

图 5 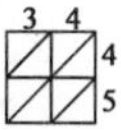   图 6

然后将纵横线上每两数相乘积记在每个小方格内(图 7):

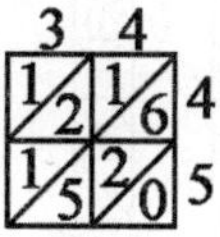

图 7

再将每两斜线间诸数加起来(这些数从右下角到左上角分别代表个位、十位、百位,……上数字),并注意进位,将结果写在格子旁边如图 8(图中有圈的数字).

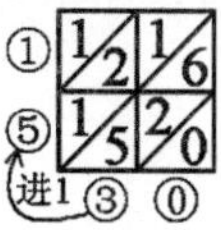

图 8

此即表示 $34 \times 45 = 1\ 530$. 它的道理是显然的,将上乘式用竖式手写出来,道理便自明.

这种算法与我国明代程大位所著《算法统宗》中的"写算"十分相似.

在格子算基础上,又发展起来一种计算工具——"算筹(符)",这种"算筹(符)"的意义与上面我们介绍过的"算筹"不同. 它是用竹子或木头做成的状似尺子上面写着数字的运算工具. 我国有些算学史家认为:这种算筹起源于明代程大位,后来传入日本,清代梅文鼎所著《筹算》中已有记叙. 也有一些人认为,这种算筹由西方传入我国的,它是英国人纳皮尔发明的(世界上第一部对数表的制造者),故又称"纳皮尔算筹"(图9).

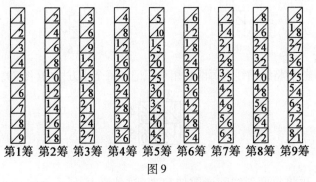

第1筹 第2筹 第3筹 第4筹 第5筹 第6筹 第7筹 第8筹 第9筹

图9

它的算法和道理与格子乘法类同,如上面例子计算 34×45,可用第3筹与第4筹并放,再取其第4,5两行(如图10中黑框部分),即与上面格子算中所示的方法一样.

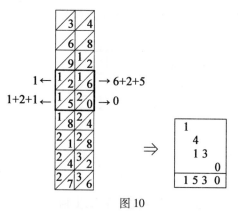

图 10

另外,用这种算筹还能进行开平方运算,这里就不多谈了.

由于电子计算器及(笔记本式)电子计算机普及,上面所提"四算",珠算、笔算、尺算至今多已不用了.除此之外,还有三种计算工具:一种图算(又称诺谟图),一种表算(对数表等),它们是用图表进行计算的,还有一种是计算尺.在电子计算机的出现普及之前,工程上经常使用.

图 11 对数计算尺

上面提到的计算工具有些现在仍然在使用,比如珠算,此外这些计算工具对于提高计算能力,开发智力仍是不错的选择.

顺便讲一句,摆竹棍算法(于振算法)也是依据了前面的道理,读者不难从右图中悟出 $12 \times 13 = 156$ 的道理(计算图 12 中的竹棍间的交点数).

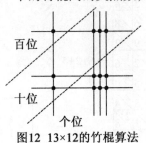

图12 13×12的竹棍算法

§4 八卦图与二进制

谈起"二进制",人们马上会把它同现代电子计算机科学联系起来,因为二进制是电子计算机的运算基础.这独特的运算方法有人认为发源在我们中华大地上……

这要追溯到公元前 1 000 多年.相传商纣王暴虐无道,曾为排除异端,将周族领袖姬昌(即文王)无辜拘禁.姬昌忍辱负重,壮心不已,潜心推演出著名的经书《周易》.

这部书在编排标题时,巧妙地使用符号"—"和"– –"进行组合.即每次取出两个符号排列,组成"四象";每次取出三个排列,组成"八卦";而每次取出六个排列,就组成了全书 64 个"卦爻辞"的卦(图 1).

这种编排中包含着"二进制"的原理和"排列"等数学知识的应用.但是许多年来,《周易》深奥的内容困惑了无数仁人志士,这其中的数学内涵,也落入江湖术士们布下的迷雾之中.这正是"不识庐山真面目,只缘身在此山中."

周易八卦图

图 1

　　时至公元 17 世纪,一位名叫鲍威特的德国传教士,从中国将《周易》和两幅术士们绘制的"八卦图"带给了德国大数学家莱布尼兹,引起了他极大的兴趣. 他虽然对中文不甚通晓,但是那种神秘的"八卦"和由此推演出的"易图"已使他浮想联翩:多么巧妙啊! 仅用两种符号就排列出如此严谨的体系,这里似乎蕴含着一个"美妙的境界"?

　　在苦思冥想中,莱布尼兹蓦然省悟:若把《周易》中的"—"记作 1,"– –"记作 0,再按照"逢二进一"的法则,就会用所谓"二进制数"表示出《周易》中的全部卦!

　　上述的符号可对应写成(从右向左)000,001,010,011,即从 0 到 3 的"二进制数";在《周易》中的标题可对应写成从 0 到 63 的"二进制数". 在《周易》八卦图的诱发下,莱布尼兹开始了完善"二进制体系"的工作.

　　1703 年他发表了"谈二进制算术"一文,列举了二进制的加、减、乘、除运算的法则和例子,从此确立了二进制学说.

　　伴随着时光的飞逝,二进制学说已逐渐地由数学家的"古玩",变成现代科学技术的重要基础,电子计算正是依据二进制算法.

§5 第一张对数表

公元前 200 年,古希腊学者阿基米德就注意到下面两数列之间的联系

$$1 \quad 10 \quad 10^2 \quad 10^3 \quad \cdots$$
$$0 \quad 1 \quad 2 \quad 3 \quad \cdots$$

他认为:可以从第二列数的加、减关系来代替(或确定)第一列数的乘、除运算. 但这项工作他未能进行下去.

1700 年,德国人斯基夫重新发现了这个性质. 为了使第一列数之间的差距减小,他把底数 10 改换成 2,这样便得到下面两个——对应的数列

$$\cdots \quad \frac{1}{8} \quad \frac{1}{4} \quad \frac{1}{2} \quad 1 \quad 2 \quad 4 \quad 8 \quad \cdots$$
$$\cdots \quad -3 \quad -2 \quad -1 \quad 0 \quad 1 \quad 2 \quad 3 \quad \cdots$$

斯基夫不仅看出第一列数的除关系可以转化成第二列数的加、减运算,而且还知道第一列数的乘方、开方关系可以转化成第二列数的乘除关系.

遗憾的是他也没能沿此发现继续研究下去,眼看到手的成果丢掉了.

大约在 1594 年前后,一位叫作纳皮尔的英格兰人经过长时间的研究,终于发明出把乘、除化为加、减运算的一种方法. 悟出了"对数"的道理.

前文提到的(对数)计算尺正是依此道理而制造的. 此后,他足足用了 20 年的漫长时间,终于在 1614

年制成了世界上第一个对数表. 这位英国大数学家在大功告成后的第三年就去世了.

纳皮尔死后, 他的朋友布里吉斯(H. Briggs)完成了纳皮尔生前的遗愿, 造出了以 10 为底的常用对数表.

1624 年, 发表了 1~20 000 和 90 000~100 000 之间的 14 位常用对数表.

不久, 1627 年荷兰人 E. Decker 在 A. Vlacq 的帮助下, 补充了 20 000~90 000 之间的部分, 至此, 才有第一份完整的常用对数表.

1646 年, 一位叫作穆尼格的波兰籍传教士到我国. 他带来了对数表, 那个对数表是一个从 1 到 20 000 的常用对数表, 表中对数取小数点后 6 位. 全表共有 42 页. 这个对数表一传入我国便在历法计算上得到了应用.

清代出版的《数理精蕴》介绍对数表的造表法有三种:

①用中比例求对数;

②用递次自乘求对数;

③用递次开方求对数.

这些计算都是异常复杂的, 这大概就是耗费纳皮尔大部分宝贵时光的缘由吧.

微积分学创立以后, 利用收敛级数展开前若干项来计算, 便可以得到具有足够精确度的对数数值了.

如今用电子计算机来计算则更是事半功倍. 而且也不需要经过计算对数的步骤便可以直接进行乘除等运算了, 而且精确度相当之高, 是已往所有计算工具无法比拟的(然而人的大脑变懒了).

§6 谈谈一元方程的公式解

1982 年,是法国青年数学家伽罗瓦逝世 150 周年,关于他,人们知道的也许不太多.

在代数中我们学过:含有未知数的等式叫**方程**. 未知数的个数称为**元**,未知数最高方幂称为**次**.

远在 3 000 多年以前,埃及和巴比伦人已经研究了某些代数方程:在出土的埃及莱茵特纸草书中已发现了一元一次方程的描述(见前文);古代巴比伦人已知道某些一元二三次方程的解法. 在我国 2 000 多年以前的一本数学书《九章算术》中已有"方程"一章,专门研究多元一次联立方程组.

一元二次方程一般解法(公式解)是 9 世纪中亚细亚的学者阿里·花拉子模给出的,印度的数学家们也曾研究过它.

至于一元三次方程,公元 4 世纪末巴比伦人已掌握其中某些特殊情形下的解法,十一世纪阿拉伯人卡牙姆也系统地研究过它;但一般的一元三次方程的解法是意大利人约当于 1545 年在他的数学巨著《大法》中发表的,这便是有名的卡当公式,这个公式曾引起过一些有趣的关于发明权的争论——也导致一场世界上最早的数学竞赛(见后文).

卡当的学生费拉利在约当公式的基础上给出了一元四次方程的公式解. 此后人们便开始着手五次方程的解公式的寻求.

尽管一元三四次方程的公式解早在 16 世纪中叶

已为意大利的学者们发现,但是直到 19 世纪初,人们仍未能找到一般五次或五次以上的代数方程的公式解,这期间:牛顿、布莱尼兹、欧拉、高斯、达朗贝尔、拉格朗日等数学家们都付出过巨大劳动.

　　五次或五次以上的代数方程到底有无公式解?当人们从正面努力而未获其解时,便开始怀疑它的存在性,终于在 19 世纪 20 年代,挪威青年数学家阿佩尔(Abel)证明了:

　　五次和五次以上的一般代数方程没有公式解(即无法用它们的系数,借助于代数运算给出解的表达式).

　　但某些特殊形式的高次代数方程的解却可用公式表示(如 $x^n - 1 = 0$).人们也许要问:到底什么样的高次方程可用公式解?什么样的不能用公式解?这个问题在 19 世纪 30 年代由法国年青的数学家伽罗瓦圆满地解决了.

　　伽罗瓦因此也创了群论,并用它给出了高次方程可用公式解的充要条件,这样历时 300 余年的悬案终于彻底解决.

　　然而伽罗瓦却死于一次决斗,年仅 21 岁.

　　话又讲回来,高于五次的代数方程虽无公式解,但可借助于数值计算方法给出它们的某些近似解,从而也弥补了没有解的公式这一缺憾.

§7　400 年前的数学竞赛

　　上文我们已经谈道:一元三、四次方程也和一元二次方程一样有求根公式,只是它们比二次方程更复杂,公式更烦琐.关于它们的发现,流传着一个有趣的故事……

意大利有一个名叫塔塔利亚(Tartaglia)的人,是一位自学成才的数学家,他研究了一元三次方程的代数解,且对其中特殊形式的一些方程得到解法.当他宣布自己的发现时,却引起另一位学者菲俄(Fior)的不服,因为菲俄从他的老师费罗那儿知道了三次方程

$$x^3 + mx = n \tag{1}$$

的解法,于是两人约定于 1535 年 2 月 22 日在米兰大教堂进行公开竞赛:

两人各给对方出 30 道(一元三次方程)题目,在规定时间内谁解答的多谁就胜利.

塔塔利亚闻知菲俄得授自费罗的秘传,便潜心于自己方法的研究,他冥思苦想,常常是夜以继日地工作,终于他找到了可以解三次方程(1)的一般方法:

设 $x = \sqrt[3]{t} - \sqrt[3]{u}$,由 $-mx + n = -m(\sqrt[3]{t} - \sqrt[3]{u}) + n$,

且 $x^3 = -3\sqrt[3]{t}\sqrt[3]{u}(\sqrt[3]{t} - \sqrt[3]{u}) + t - u$,

及式(1)可有:$m^3 = 27tu, n = t - u$,故

$$t = \sqrt{\left(\frac{n}{2}\right)^2 + \left(\frac{m}{3}\right)^2} + \frac{n}{2}, u = \sqrt{\left(\frac{n}{2}\right)^2 + \left(\frac{m}{3}\right)^2} - \frac{n}{2}$$

即可求得一元三次方程(1)的解.

当年 2 月 22 日,竞赛正式开始,塔塔利亚两个小时便解完对方所有题目,而菲俄面对塔塔利亚的问题却一筹莫展,塔塔利亚首战告捷.

而后,塔塔利亚又继续三次方程解法的研究.1541年,他终于得到一般一元三次方程的普适的解公式.

这件事让米兰的一位学者卡当得知,便再三乞求塔塔利亚将方法告诉他,且答应一定严守秘密,塔塔利

亚便将解法告诉了他.

1539 年,卡当的《大法》一书在纽伦堡出版,书中介绍了三次方程的求根公式——这便是"卡当"公式的由来.

当塔塔利亚得知情况后又与约当"宣战",再次要求公开竞赛,双方各拟 31 题,限 15 天交卷.

卡当派了自己的学生费拉里(Ferrari)前去应试.七天后,塔塔利亚解得其中大部分题目,而对方五个月后交的答卷上,仅做对一道题目.

然而剧烈的争辩之后,结果仍是不了了之.

历史的误会只好当作"事实"被人们接受.

顺便讲一句:一元四次方程的解法是由卡当的学生费拉里给出的.

附录　一元三四次方程求根公式形式很多,推导途径也不一,但它们都很麻烦,这里各给出一个:

一元三次方程 $x^3 + a_1 x^2 + a_2 x + a_3 = 0$ 可由 $x = y - \dfrac{a_1}{3}$ 代换化为形如:$y^3 + py + q = 0$ 的形式. 令

$$\sqrt{u = \sqrt[3]{-\frac{q}{2} + \sqrt{\frac{q^2}{4} + \frac{p^3}{27}}}}, v = \sqrt[3]{-\frac{q}{2} - \sqrt{\frac{q^2}{4} + \frac{p^3}{27}}}$$

又 $w = \dfrac{-1 + \sqrt{3}}{2}$,则

$$y_1 = u + v, \quad y_2 = uw + vw^2, \quad y_3 = uw^2 + vw$$

一元四次方程 $x^4 + a_1 x^3 + a_2 x^2 + a_3 x + a_4 = 0$ 的根为方程

$$x^2 + \frac{(a_1 + A)x}{2} + \left[y + \frac{(a_1 y - a_3)}{A} \right] = 0$$

的根,其中

$$A = \pm \sqrt{8y + a_1{}^2 - 4a_2}.$$

而 y 是

$$8y^3 - 4a_2y + (2a_1a_3 - 8a_4)y + a_4(4a_2 - a_1^2) - a_3^2 = 0$$

的任一实根.

§8　数学史上的四位大师

数学史家把阿基米德、牛顿、欧拉、高斯并列为有史以来贡献最大的四位数学家. 他们有着值得人们注意的共同点：在创立纯粹理论的同时，还运用这些数学工具去解决大量天文、物理、力学等方面的实际问题，同时也从中受到启迪.

下面我们简略地介绍一下这四位学者的生平.

(1) 数学之神阿基米德

阿基米德(Archimedes) 公元前 287 年生于西西里岛上的叙拉古，青年时代曾在亚历山大城求学，后以亥洛王的顾问身份长住叙拉古. 他是古代一位多才多艺的科学家，不仅在数学，在力学、流体力学、光学中也有杰出贡献.

阿基米德
(前 287—前 212)

在数学中，他曾在《圆的变量》一书中，利用圆的内接和外接正多边形得到圆周率的一个近似值(计算到正 96 边形)

$$3\frac{10}{71} < \pi < 3\frac{1}{7} \quad (3.1409 < \pi < 3.1429)$$

此外在《抛物线的求积》书中得到：

抛物线弓形的面积是纵割线为底，以平行于底的切线的切点为顶点的内接三角形面积的三分之四，或等于包住这个弓形的矩形面积的三分之二.

492

阿基米德还研究了圆锥曲线,甚至给出某些圆锥曲线旋转后产生的曲面体积. 他还对螺线进行了开创性的研究"阿基米德螺线"正是以他的名字命名的曲线.

阿基米德对不定方程也有研究,他曾解出著名的"群牛问题".

他 75 岁那年,罗马军队入侵叙拉古,当时他正在地上研究几何问题,面对侵略者的刀剑,他喊道:"不要动我的圆⋯⋯"而倒在血泊中.

他的墓碑上只刻着一个球和外接圆柱,这是纪念他发现的几何定理:球的体积等于其外接圆柱体积的三分之二.

当然,人们谈到阿基米德贡献的时候,也不会忘记他发现的"杠杆原理"和"浮力定律".

(2) 微积分鼻祖牛顿

牛顿(Newton)1643 年 1 月 4 日生于英国东海岸的一个小村子里.

家境的不幸,使他早早立事. 1661 年 6 月,他考入剑桥大学三一学院,他是一个免费生.

牛顿(1643—1727)

在数学方面他得到著名学者巴鲁教授的指导,首先他发现了著名的"牛顿二项式定理".

牛顿是微积分的重要创始人之一(他与莱布尼兹),这一发现与万有引力,光的分析一起列为他平生的三大发现,然而那时他才年仅 23 岁.

牛顿看见苹果落地而悟出万有引力的故事,被后人传为美谈.

1666 年,牛顿用三棱镜将太阳光分解成红、橙、黄、绿、青、蓝、紫七种颜色,这便是光的色散现象.

牛顿研究微积分始于 1665 年,当时他称此为"流数术",而后他将此成果写进《自然哲学之数学原理》一书中(图 1).

PHILOSOPHIÆ
NATURALIS
PRINCIPIA
MATHEMATICA.

Autore JS. NEWTON, Trin. Coll. Cantab. Soc. Matheseos Professore Lucasiano, & Societatis Regalis Sodali.

IMPRIMATUR.
S. PEPYS, Reg. Soc. PRÆSES.
Julii 5. 1686.

LONDINI,

Jussu Societatis Regiæ ac Typis Josephi Streater. Prostat apud plures Bibliopolas. Anno MDCLXXXVII.

图 1 《自然哲学之数学原理》(1687)扉页

牛顿临终前很谦逊地说:"我不知道世人对我怎样看法,我只觉得自己好像是在海滨嬉戏的孩子,有时为找到一个光滑的石子或比较美丽的贝壳而高兴,而

494

真理的海洋仍然在我前面未被发现."

他还说:"如果我所见比笛卡儿远一点,那是因为我站在巨人们肩上的缘故."

(3)数学大师欧拉

欧拉(Euler)1707年4月15日生于瑞士的巴塞尔,是数学史上最伟大的数学家之一.

欧拉从19岁起开始发表论文,直到76岁,一生中写下了浩如烟海的著述和文章.从平面几何中的欧拉线,立体几何中关于多面体顶点、棱、面数的欧拉公式,数论中的欧拉函数,积分中的欧拉变换,级数中的欧拉常数,复变函数中的

欧拉(1707—1783)

欧拉公式,微分方程中的欧拉方程,……几乎所有数学分支中都可以看到欧拉的名字.

欧拉的这些成就是和他的辛勤劳动分不开的.

1735年,欧拉为了计算彗星轨道,苦战三个昼夜圆满解决,但由于过分劳累他的右眼失明了,这时他才28岁.

1766年前后,欧拉左眼视力也渐渐衰退——最后双目失明了.

欧拉失明后到病故前17年,还口述了几部书稿和近400篇论文.

1783年9月18日下午,欧拉完成了计算天王星轨道的要领,请朋友们观察之后,突然疾病发作,烟斗从手中失落,口里喃喃道"我死了."便离开人世.

欧拉一生还创立并倡导使用一批数学符号,比如他用 π 表示圆周率,用 e 表示自然对数的底,用 i 表示

$\sqrt{-1}$,用Σ表示求和等.

(4)数学王子高斯

高斯(Gauss)1777 年 4 月 30 日生于德国一个贫苦的家庭. 在一位公爵帮助下进了哥廷根大学.

高斯(1777—1855)

1796 年 19 岁的高斯发现了正十七边形的尺规作图法(并证明正 F_n 边形可用尺规作图法做出,这里 $F_n = 2^{2^n}+1$ 的素数),这是欧几里得以来数学(几何学)上悬而未决的问题. 为此,他的出生地为他建造了以正十七边形棱柱为底座的纪念像.

高斯对数论最感兴趣,19 岁时他还发现"二次互反律",以后还提出高斯素数概念(见前文).

高斯还潜心于天文学研究,24 岁时曾创立行星椭圆轨道法,它为寻找太阳系中许多小行星提供依据.

高斯也是"非欧几何"的创建人之一. 此外他的"曲面的一般研究"论文决定了"微分几何"这门学科发展的基本方向.

高斯还对电磁学、光学、大地测量等学科有深入的研究,磁通量正是以"高斯"命名的计量单位,再者计算方法中最小二乘原理也是出自高斯之手.

高斯一生中共发表 155 篇论文——他总是等作品十分成熟时才公布,因而这些文章都是些完美无瑕的成果.

§9　两位英年早逝的数学家

前面我们已经介绍过一般"一元 n 次方程,当 $n \geqslant$ 5 时没有公式解."这个结论的证明出自两位年青的数学家:挪威的阿佩尔和法国的伽罗瓦.

阿佩尔(Abel)生于挪威一个穷寒的牧师家庭,从小酷爱数学,15 岁时遇到一位优秀的数学教师,在他的循循善诱下,学识大有长进.

他 16 岁时,便把欧拉关于二项式展开的定理,推广到无理指数的情形(即为无穷级数).

阿贝尔
(1802—1829)

1821 年,阿佩尔进大学学习,他开始接触到高次方程问题. 因为自 16 世纪人们找到三,四次方程求根公式后,又在试图寻求五次或五次以上方程的求根公式,但都失败了.

1770 年,拉格朗日开始认为一般五次或五次以上方程求根公式不存在,并开创了用"置换群"研究代数方程的新阶段. 阿佩尔在此思想的启发下,苦心钻研,终于证明了:

五次或五次以上一般代数方程没有根式求解公式.

此论文题目为"论代数方程,证明一般五次方程的不可解性". 然而文章却没有机会发表,不得已,他将文章压缩了又压缩,最后只剩六页便自费印刷.

当他把论文送给当时数学界的权威们之后,却如石沉大海.

1825 年以后,在阿尔贝朋友们的帮助下,文章终于在克列尔创办的《理论与应用数学杂志》上发表了.

而后,他又在此杂志上发表了 22 篇论文(涉及方程论,无穷级数等).

1825 年,阿佩尔还完成了一篇关于高等函数的长篇论文"关于推广一类超越函数的一个一般性质"送交巴黎科学院时,秘书傅里叶委托数学家柯西和勒让德审读,然而却没有引起他们的重视(直到 1841 年阿佩尔死后才发表).

阿佩尔的贫穷和职业上的受挫,使他身体越来越弱,1829 年 4 月 6 日,他在贫病交加中郁郁去世. 死后两天,柏林大学的聘书下达了,然而这一切都为时已晚.

一般五次或五次以上方程无根式解,这已由阿佩尔证明. 但是有些高次方程,比如 $x^n - 1 = 0$ 的解却能用根式表示. 于是人们又问:

到底什么样的高次方程的解不能用根表示? 圆满解答这个问题的人是伽罗瓦.

伽罗瓦(Galois,1811—1832)生于法国巴黎的郊区. 12 岁进入中学学习,在此之前,是在他母亲的辅导下自学的.

他 17 岁那年遇到数学教师里沙,在其指导下伽罗瓦开始了方程论的研究,并取得了具有划时代意义的成果——他引入了"替换群"解决了代数方程的可解条件问题,从此也开辟了"代数学"中的一个崭新领域——"群论".

1829 年 3 月,他的第一篇论文"周期连分数一个

定理的证明"在《纯粹与应用数学》
杂志上发表了.

1829 年 5 月,伽罗瓦将自己关
于"群论"的第一批论文送交巴黎
科学院,负责审稿的数学大师柯西
未能及时做出评价,后来竟连手稿
也丢失了.

伽罗瓦(1811—1832)

1831 年 5 月,伽罗瓦因参加资产阶级革命活动而
两次入狱,当第二次获释不久,便死于因爱情纠葛的决
斗中——年纪未满 21 岁.

1846 年,伽罗瓦死后十四年,他的一部分论文在
《纯粹与应用数学杂志》上刊载了,杂志主编柳维尔亲
自作序向数学界推荐.

至此,"群论"的思想诞生了,它的出现已使代数
学面貌焕然一新,同时"群论"也不断地渗透到了数学
的其他领域(拉格朗日、柯西、高斯等数学家也参与了
"群论"的开拓性研究).

两位青年数学家的不幸,给人们留下了不少教训:
试想他们的成果倘若早一点被数学家们重视,他们的
才华如果早一点被人们发现……那一切又将会如何?

§10 只靠"猜想"的数学家

数学靠的是推理和归纳,而归纳往往凭借直觉,数
学史上却有两位杰出的直觉数学家,他们是法国的费
马和印度的拉马努金.

费马(Fermat,1601—1665)是一位业余数学爱好

者,他常利用公务之余钻研数学. 他在数论、解析几何、概率论等许多领域均有贡献,被誉为"业余数学家之王".

费马生前很少发表著作,在他去世后人们从他读过的大量的书的空白处,以及他给朋友的信和旧手稿中,发现了他的许多成果——但大多数都是猜想. 其中著名的有:

费马(1601—1665)

①费马素数猜想:费马在验证了当 $n = 0,1,2,3,4$ 时,$F_n = 2^{2^n} + 1$ 分别为 $3,5,17,257,65\ 537$ 均为素数,于是费马猜测:

当 n 为任何自然数或 0 时,$F_n = 2^{2^n} + 1$ 均为素数.

1732 年,欧拉指出 $n = 5$ 时,$F_5 = 641 \times 6\ 700\ 417$ 而不是素数,从而推翻了费马的猜测. 有趣的是,迄今为止人们仅找到上面五个费马型素数.

②费马大定理:费马在他读过的丢番图所著《算术》一书空白处写道:"将一个立方数分为两个立方数,一个四次幂分为两个四次幂;或者一般地将一个高于二次的方幂分成两个同次幂,这是不可能的. 关于此,我确信已发现一种美妙的证法,可惜这里空白的地方太小,写不下它."

这句话用现在的数学语方来描述是:

方程 $x^n + y^n = z^n$,当 $n > 2$ 时,没有满足它的整数 x, y, z, n.

这个猜想历经许多数学家的努力:比如欧拉、高斯、柯西、库默等人的努力,至今仍未解决. 人们只是对其中的特殊情形给出了证明(借助电子计算机证明

$n < 125\,000$ 时猜想都对）：

$n = 3$ 时由欧拉解决；$n = 4$ 时由莱布尼茨证明；$n = 5$ 时被勒让德等人证得. 德国人库默证明了 $n < 100$（除 $n = 37, 59, 69$）的素数时，费马定理成立.

法国科学院曾于 1816 年和 1850 年两度悬赏 3 000 法郎，德国于 1908 年设了 100 000 马克的奖金（它是由 Wolfskoel 博士 1908 年遗赠的）征求问题的解答.

1983 年，西德一位年仅 23 岁的青年讲师法尔丁斯（Falting）在此问题上有了突破，他证明了：

$n \geqslant 4$ 时，$x^n + y^n = z^n$ 至多有有限组正整数解.

这一成果曾引起数学界的轰动，被认为是在"数论"上所解决的最重要问题而获 1986 年的菲尔兹奖.

前文已述，该问题最后已于 1995 年由数学家怀尔斯解决.

拉马努金（Ramanujan）1887 年生于印度一个穷困的家庭. 他从小对数学便有特殊的运算才能和记忆力，比如他能背出 $\sqrt{2}$，π，e 的小数点后许多位.

他 12 岁在读完一本《三角学》后，独立指导出 $e^{i\theta} = \cos\theta + i\sin\theta$，这个被欧拉发现的公式.

1911 年，他在印度数学会杂志上发表第一篇论文"关于伯努利数的一些性质".

拉马努金
（1887—1920）

1913 年在友人怂恿下，拉马努金给当时大数学家哈代写了一封信，信中附上 120 个式子（据传这些公式是他从梦中由娜玛卡尔女神告诉他的 3 900 个公式中挑出的），内容涉及无穷级数、无穷乘积、……许多近代数学领域. 这些式子有些曾被数学家们发现过,有的则是数学家正企图解决的.

比如计算圆周率 π 的公式

$$\frac{1}{\pi} = \frac{2\sqrt{2}}{9\,801} \sum_{k=0}^{\infty} \frac{(4k)!\,(1\,103 + 26\,390k)}{(k!)^4 (396)^{4k}}$$

又如与 e 有关的式子

$$\sqrt{\frac{1+\sqrt{5}}{2}+2} - \frac{1+\sqrt{5}}{2} = \cfrac{e^{-2\pi/5}}{1 + \cfrac{e^{-2\pi}}{1 + \cfrac{e^{-4\pi}}{1 + \cfrac{1+e^{-6\pi}}{1+\cdots}}}}$$

哈代看完信后决定邀请拉马努金到英国三一学院. 哈代从拉马努金的工作中发现:他似乎不知道严格证明是什么? 他只是得心应手地使用论证,直观和归纳. 在哈代的帮助下,他成长很快,五年内接连发表了 21 篇论文和 17 篇注记.

一次拉玛努金患病住院,哈代等人去医院看望他,当哈代讲了他来时乘坐的出租汽车尾号是 1 729 时,拉玛努金立刻说到,这里一个可用两种方式表为立方和的数

$$1\,729 = 1^3 + 12^3 = 9^3 + 10^3$$

要知道这种数很少,下一个这种数是

$$885\,623\,890\,831 = 7\,511^3 + 7\,730^3 = 8\,759^3 + 5\,978^3$$

顺便指出

$$1\,729 = 7 \times 13 \times 19$$

$$885\,623\,890\,831 = 3\,943 \times 14\,737 \times 15\,241$$

1919 年 4 月,拉马努金因病(气候不适)回到了印

度,五年后他去世了,年仅 33 岁.

他去世前写下的最后一个分式是

$$\frac{2\Gamma^4(\frac{3}{4})}{\pi} = \frac{1}{\left(1 + 2\sum_{n=1}^{\infty} \frac{\cosh n\,\theta}{\cosh n\,\pi}\right)^2} + \frac{1}{\left(1 + 2\sum_{n=1}^{\infty} \frac{\operatorname{chn}\theta}{\operatorname{chn}\pi}\right)}$$

这里 $\Gamma(x)$ 是一类常见函数. 对此开始人们不解,2012 年人们终于发现此分式对天文学中黑洞研究有帮助.

拉马努金故后五十多年,人们还在研究他的成果. 1976 年人们还发现他的一本不为人知的笔记本(在已故的一位教授那里发现的),上面写着 600 条公式,这些人们正在整理中(其中有的于 50 年代被人们发现,有的至今未能获证).

归纳和直觉并不能代替证明,而且归纳出的结论也不一定正确,然而数学研究有时却需要这种归纳和直觉去提出新问题,开辟新领域,创造新方法.

§11　数学家中的"怪杰"

16 世纪意大利数学家卡当是文艺复兴时期一位传奇式的人物. 后人对他的生平记载充满了光怪陆离的色彩:忽而貌似穷凶极恶的赌棍;忽而形如才智超群的学者;忽而又变成无耻之徒的"盗贼". 但是,真正的史学家们中肯地说:约当是一个地道的时代产儿,他的一生是无赖和学者的一生.

(1)扭曲的灵魂

1501 年,卡当出生了. 在那个教会统治着的社会里,由于他得到的只有父母的遗弃和世人的鄙视.童年的凄风苦雨,使他贫病交加,生计无望,遂促成一副与世为仇的性格.他以狂暴好斗和追求色欲来发泄满腔的郁闷,以聚赌狂欢和恶语伤人去摆脱内心的空虚.

在他生命的前40年,他把大量的时间耗费在下棋上,并且自称用了25年从事赌博和骗术的研究.在1663年(死后)出版的《论赌博》一书中,卡当详尽地论述了赌博中的高超骗术,从而显示出他聪颖过人的天资.

(2)数学的天才

在凄苦的生活中,约当聊以自慰的是对数学的研究,他不拘一格的思想方法和智慧,在数学领域闪烁着夺目的光华.在《论赌博》一书中,卡当指出的押赌方法,常使赌徒稳操胜券.因为在约当的论述中,包含着概率论思想的萌芽,他是这一学科的先驱者之一.

在代数学领域,卡当那种"天不拘兮地不羁"的风格更显得出尘超凡.当时,欧洲数学界对于无理数,虚数和复数的引入处于混沌初开,顽固的传统势力极力否认它们的存在.卡当对此卓尔不群.例如,他第一个认真地引入了复数,第一个肯定了虚数的存在.在当时的欧洲,这实属离经叛道,卡当的思想也很矛盾.

(3)不光彩的记载

当然,在数学领域中卡当还有许多惊人之举.但是,最为后人关注,也最使数学家为之耻辱的就是关于"卡当公式(三次方程求根公式)"的争论.

原来,在1494年,意大利数学家巴巧利在名著《算术、几何与比例集成》结尾处说:三次方程的一般解,正像"化圆为方问题"一样不可能做出的.这给当时的数学家以极大刺激.

1500年,数学家费罗和1535年塔塔利亚(即口吃者)分别独立地解决了这个问题.但是按习俗他们都对此秘而不宣,以求一鸣惊人.

1539年卡当厚颜乞问塔塔利亚.塔塔利亚为其狡诈所惑,将他的方法写成一首晦涩的诗句送给卡当.

然而,1545年,卡当背弃诺言,公然在《大法》一书中公布了这一方法.这使塔塔利亚狂怒无比,愤然向卡当挑战.

1548年,卡当让他的学生斐拉里面见盛怒的塔塔利亚.斐拉里能言善辩,才华横溢(他给出了四次方程的一般解法).他的同代人说:"他是个玫瑰花一般的青年,声音优美,面带喜色,有大才干,还有恶魔般的性格.""口吃者"哪是他的对手?在一片吵嚷声中,是非颠倒,鱼龙混杂,结果"约当公式"一直命名至今,塔塔利亚反而默默无闻.

(4)真正的天职

然而卡当的职业是什么呢?他在《我的生平》一书中说:"医学是我真正的天职."他毕业于帕维亚大学医科,相传他医学上的天才并不亚于赌博.他曾使几位达官显贵起死回生,导致他后30年的生活出现转机,进而成为欧洲闻名遐迩的医生.

但是,那时欧洲医学和神学密不可分.所以,如果说约当以医学为天职,那么神学就是他"天职"中最重要的工作.对于占星术、符咒、手相术等荒诞行径,约当无不精通,更兼他才思敏捷,巧于应对,深为教会赏识.据说不可一世的教皇后也雇用约当作为他的占星术士,这地位不亚于皇帝的侍臣.

相传卡当为此红极一时,顿生"昔日龌龊不足夸,今朝放荡思无涯"的狂想.

1570 年,他异想天开,公然给耶稣基督算命. 这使教会震怒,将约当判以火刑. 终因卡当诡辩有术,且有"贵人"相助,才免于一死.

"怪杰"的晚年

卡当的后半生充满了"明媚的春光". 他摆脱了贫困,经常出入于名宦门庭,还当上了帕维亚的市长. 他巨著浩瀚,至今存留 7000 多页(当然,有些是从艺术家莱昂纳多和其他人那里偷来的). 晚年,他幽默地说:他以有了名誉,一个外孙、财产、学问、有权势的朋友,笃信上帝和有 14 颗好牙齿而自诩.

至于卡当的死因,有一种异常残酷的说法. 相传他不但为耶稣算命,也为自己算命. 他久已宣布自己将于某日某时死亡. 就在这一天,卡当为了不失掉"伟大预言家"的名誉,他毅然自杀了.

在 1576 年卡当告别了人世. 他是文艺复兴时期一位最不寻常的"怪杰",他用生命涂抹着自己的历史,留下色彩斑斓的一页……

§12 一位独步天涯的伟人

17 世纪中叶,英国科坛上出现了一位伟大的数学家,他就是数理逻辑的创始人乔治·布尔(G. Boole). 在科学的百花园中,布尔的英名铭刻在逻辑代数、线性变换和差分方程等许多新辟的数学田野上.

1815 年,布尔出生在英国林肯郡一个穷鞋匠的家中. 父亲约翰是一位学识广博,性格孤傲的人. 他虽然

506

屈身于社会底层,却不愿碌碌一生,终日潜心于哲学和物理学的研究. 这一切对天资聪颖的布尔产生了深刻的影响.

在他十几岁时,布尔就自学并逐步精通了德、法、拉丁和希腊语,丰富的语言知识诱发了他认识世界的强烈欲望. 但是,由于家境贫寒,他只能买一些最便宜的数学书来读,不过"不幸"却把布尔引入一个美妙的世界.

布尔(1815—1864)

精确的数学推演使布尔的思维扶摇直上,跃然步入数学的必然王国. 在那里,他饱览着人类智慧的精华,欣喜与渴望之情使他流连忘返,立下终生从事数学研究的志向.

由于才华出众,布尔在 16 岁就被一所私立小学聘为数学和拉丁文教师. 但是,不久就因为布尔终日钻研数学,甚至不去教堂礼拜,而使教会震怒,将布尔革职.

为了生活,布尔在 20 岁时自己创办了一所学校. 这样,他摆脱了教会的束缚,在授课之余,尽情地游弋在广博的书海之中. 他译读了大量的古希腊和古罗马的名人诗作;还研究了高深的阿佩尔和伽罗瓦理论,并在 21 岁就精读了拉普拉斯的《天体力学》. 在这些博大精深的文理巨著中,布尔领会着人生的哲理和人类思维的规律.

届时,布尔开始向《剑桥数学期刊》投稿. 他立意新颖的文章立即引起主编格列高利(D. F. Gregory)的关注. 格列高利发现,布尔虽然没有受过正规的高等教育,但是他因此也没有受到一些墨守成规的所谓正统派的影响. 格列高利预见到布尔的前程,并因此反对他申请考入剑桥大学的愿望. 格列高利在信中对布尔说:"如果你为了一个学位而决定上大学学习,那么你就必须准备忍受大量不适合于习惯独立思考的人的戒律."

前辈的忠告使布尔继续独步在数学的奇境之中,终于在 1844 年,他以《关于分析的一个普遍方法》一文而一鸣惊人,初次引起数学界的瞩目.

但是,布尔最关注的还是逻辑学的改造工作. 当时,数学刚刚从第二次危机中挣脱出来,而它的"孪生兄弟"逻辑学却随之暴露出许多缺陷,为此深深地困扰着数学家和哲学家们. 然而,出于对古典逻辑的创始人,古希腊学者亚里士多德的崇拜和迷信,人们不愿对逻辑学怀疑过多.

在科学的大变革中,布尔在逻辑学与代数学的边缘找到了一个崭新的境界. 布尔发现,逻辑的推演与某些代数运算十分类似,那么是否可以用代数方法来完成逻辑推理呢?

1847 年,布尔发表了《逻辑的数学分析》一文,开创了一个崭新的代数分支,即著名的**布尔代数**.

布尔的思想受到科学界的高度赞赏. 1849 年,由德·摩根(De Morgan)提名,年仅 34 岁并且没有一点资治,没有大学学位的布尔被任命为科克皇家学院的终身教授.

1857 年,他又被任命为英国皇家学会会员和剑桥哲学会的名誉会员.

但是,灾难突然降临. 1864 年 12 月 8 日,布尔应约去看望一个朋友,他冒倾盆大雨步行两英里. 结果患严重肺炎,溘然长逝,年仅 49 岁. 这时他最小的女儿丽

莲刚刚出生八个月,而这位丽莲不是别人,就是后来著名的小说《牛虻》的作者伏尼契.

　　布尔离去了,在他的人生旅途上遍布着用自学汗水浇灌的鲜花.

　　布尔代数在计算机科学中有着广泛应用. 该代数系这样叙述:

　　设 B 为代数系,含有特定元素 0 和 1;一元运算;二元运算 $+B.$

　　若对任意 $x,y,z \in B$ 满足

　　① $x + y = y + x, y \cdot y = y \cdot x$;

　　② $x + (y \cdot z) = (x + y) \cdot (x + z)$; $x(y + z) = x \cdot y + x \cdot z$;

　　③ $x + 0 = x, x \cdot 1 = x$;

　　④ $x + \overline{x} = 1, x \cdot \overline{x} = 0.$

　　则 B 称为一个布尔代数.

§13　开普勒和葡萄酒桶

　　16 世纪德国天文学家开普勒,是一个重视观察,肯动脑筋的人. 他当过数学教师,对于求平面图形的面积非常感兴趣.

　　开普勒考虑到,古代数学家用分割的方法求圆面积,得到的都是圆面积的近似值. 为了提高近似的程度,他们不断增加分割的次数. 但是,不管分割几千次还是几万次,只要是有限次,所求出来的总是圆内接(或外切)正多边形的面积,总是圆面积的近似值. 要想求出圆面积的精确值,必须对圆进行无穷多次的分

割,把圆分成无穷多等份才行(图1).

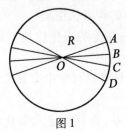

图1

开普勒模仿古代数学家,也把圆分割成许多小扇形. 不同的是,他一上来就把圆分成无穷多个小扇形. 因为这些小扇形太小了,小弧$\overset{\frown}{AB}$也太短了,所以开普勒就把小弧$\overset{\frown}{AB}$和小弦$\overline{AB}$看成是相等的,即$\overset{\frown}{AB} = \overline{AB}$.

这样一来,小扇形 AOB 就变成为小三角形 AOB 了,而小三角形 AOB 的高就是圆的半径 R. 于是,开普勒就得到:

小扇形 AOB 的面积 = 小三角形 AOB 的面积 = $\frac{1}{2}R \times \overline{AB}$.

圆面积等于无穷多个小扇形面积之和,所以,圆面积

$$S = \frac{1}{2}R \times \overline{AB} + \frac{1}{2}R \times \overline{BC} + \frac{1}{2}R \times \overline{CD} + \cdots$$

$$= \frac{1}{2}R \times (\overline{AB} + \overline{BC} + \overline{CD} + \cdots)$$

$$= \frac{1}{2}R \times (\overset{\frown}{AB} + \overset{\frown}{BC} + \overset{\frown}{CD} + \cdots)$$

在最后一个式子中,各段小弧相加就是圆的周长$2\pi R$,因此有

$$S = \frac{1}{2}R \times 2\pi R = \pi R^2$$

这就是我们熟悉的圆面积公式.

开普勒运用这种无穷分割法,求出了许多图形的面积. 1615 年,他把自己创造的这种求面积的新方法,发表在《葡萄酒桶的立体几何》一书中.

他为什么给这本书起了这样一个奇怪的名字呢?有一天,开普勒去酒店买酒,发现奥地利的葡萄酒桶和他家乡莱茵的葡萄酒桶不一样. 他想,奥地利葡萄酒桶为什么偏要做成这个样子呢? 这里面会不会有什么学问?

经过研究开普勒发现:若圆柱形酒桶的截面$ABCD$的对角线长度固定为 m 时,以底圆直径和高的比为 $\sqrt{2}$ 时体积最大(图 2),装酒最多,奥地利的葡萄酒桶,恰好是按照这个比例做成的.

这一意外发现,使开普勒非常高兴,决定给这本关于求面积和体积的书,起名为《葡萄酒桶的立体几何》.

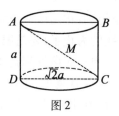

图 2

这本书很快在欧洲流传开了. 数学家称赞这本书是人们创造求面积和体积新方法的灵感源泉.

§14　卡瓦利里和不可分量

卡瓦利里(B. Cavaliel)是意大利著名学者伽利略

的学生,他热衷于探寻求圆面积的新方法.

开普勒在《葡萄酒桶的立体几何》一书中所讲述的无穷分割方法,虽然受到许多人的称赞,但是也引起了一些人的质疑. 他们问道:

开普勒分割出来的无穷多个小扇形,这每个小扇形的面积究竟等于不等于零? 如果等于零,半径 OA 和半径 OB 就必然重合,小扇形 OAB 就不存在了;如果不等于零,小扇形 OAB 与小三角形 OAB 的面积就不会相等,开普勒把两者看作相等就不对了.

这个问题当时谁也不能给出满意的回答.

卡瓦利里想,开普勒把圆分成无穷多个小扇形,这每个小扇形的面积到底等于不等于零,就不好确定. 但是小扇形还是图形,它是可以再分的呀. 开普勒为什么不再继续分下去了呢? 要是真的再细分下去,要分到什么程度为止呢? 这一连串的问题,使卡瓦利里陷入沉思之中.

一次卡瓦利里想到:布是由棉线织成的,要是把布拆开的话,拆到棉线就为止了;要是把面积也像布一样拆开,拆到哪儿为止呢? 应该拆到直线为止.

几何学规定直线没有宽度,把面积分到直线就应该不能再分了. 卡瓦利里把不能再细分的东西叫作"不可分量". 棉线是布的不可分量,直线是平面面积的不可分量.

卡瓦利里进一步研究了体积分割问题. 他想,可以把长方体看成一本书,组成书的每一页纸,应该是书的不可分量. 类似的平面就应该是长方体体积的不可分量,因为几何学规定平面是没有厚度的.

卡瓦利里反复琢磨,提出了求面积和体积的新方法.

1636 年,当《葡萄酒桶的立体几何》一书问世二十周年的时候,意大利出版了卡瓦利里的《不可分量几何学》. 在这本书中,卡瓦利里把点、线、面分别看成是直线、平面、立体的不可分量;把直线看成是点的总和,把平面看成是直线的总和,把立体看成是平面的总和.

卡瓦利里成功地使用这种方法,求出了许多前辈数学家求不出来的几何图形的面积和体积,在当时数学界产生了很大影响,这对于后来微积分的产生也有一定启示

此外他还提出关于计算体积的"卡瓦利里原理",这与后文中的"祖暅定理"是类同的. 卡瓦利里著有《锥线论》《三角学》以及光学、天文学方面的著述.

§15 山洞里的数学研究班

中国科学院学部委员,上海复旦大学前校长,我国"微分几何"研究的开拓者苏步青教授,1902 年 9 月 23 日出生于浙江平阳—个偏僻山村. 从小放过牛,9 岁开始读书,靠父亲做苦力挣来的钱缴学费,他知道读书来之不易,决心立志苦读.

1924 年,日本东北帝国大学数学系只招收 9 名新生,报考的近一百人中,只有苏步青一人是中国人. 结果,他以微积分和解析几何两门 100 分,名列第一而进入东北帝国大学.

苏步青
（1902 – 2003）

513

不久,正在读书的苏步青发表第一篇论文,轰动了帝大,为中国人民争了气.接着他又连续发表30余篇论文,在微分几何方面取得了卓著成就,获得了博士学位.

1931年回到祖国,在浙江大学任教.

1937年,因日寇大举入侵,苏步青挑着书箱,携带家眷,跟随浙大西迁,于1937年底来到贵州.他一家住在贵阳郊外青岩的一所破庙里,白天他为学生上课,晚上当孩子们熟睡以后,就在昏黄的桐油灯下继续他的微分几何的研究.

有一天,苏步青召集四个助教和学生,搬了几条木板凳,一同来到就近的一个山洞里.这个山洞,石壁上长着青苔,石缝里冒着水珠,顶上石笋倒悬,地上乱石成堆,不过因为阳光折射,洞里倒显得幽静而明亮.

苏步青指着山洞问他们:"你们喜欢这里吗?我很喜欢,别有洞天!"苏步青又说,"以后这儿就是我们的数学研究室.山洞虽小,但数学天地是广阔的.大家要按照确定的研究方向读书,定期来这里报告,讨论……"这样,由苏步青教授创建的我国唯一的"微分几何"研究讨论班,在贵阳青岩的山洞里诞生了.

直到1946年浙江大学迁回杭州,以及1952年大学院系调整,苏步青来到复旦大学,这个研究讨论班都一直保留着.不少外国学者还慕名来到复旦大学,参加苏步青主持的研究讨论班的活动.

从1939年"微分几何"讨论研究班成立到20世纪50年代末,苏步青教授先后发表了有关微分几何的论文和专著数量多达150多篇、部.在国际数学界产生了深远的影响,并使我国在"微分几何"这一领域一直处于国际领先地位.其中他所著的《一般空间微分几

何》一书,还荣获 1956 年国家科学奖金. 而苏步青的这些论文与专著都是在研究讨论班内报告与讨论过的. 对于当代我国著名数学家如陈省身、华罗庚、吴文俊、等,他们的事迹,人们大多知晓,这里不再赘述.

陈省身　　　　　华罗庚　　　　　吴文俊
（1911—2004）　（1910—1985）　（1919—2017）

§16　数学世家

古今中外,这个世家,那个世家不少,至于数学世家便鲜为人知了. 但这在我国古代是不乏其例的.

祖冲之,南北朝人,他一生除了对数学有很大贡献外,对天文,历法也有研究,他著有《缀术》一书可谓一本数学专著,可惜此书已失传.

此外,他对圆周率计算贡献也很大,他利用割圆术（刘徽所创,即用正多边形去近似圆）算出 $\frac{22}{7}$ 和 $\frac{355}{113}$ 这两个分数表示的圆周率(它们分别称为"约率"和"密率"),分别精确到小数点后第三

祖冲之（429—500）

位和第六位,这个结果比国外同类发现至少早一千年.

他的儿子祖暅也是一位数学家,祖暅博学多才,曾建立了立体几何中关于几何体体积的著名定理——祖暅定理,这个定理中带有朴素的微积分思想.

祖暅提出"夫叠棊成立积,缘幂势既同,则积不容易"译成现语言即"等高处截面积相等的立体的体积必相等".

清代的数学家梅文鼎,安徽宣城人,他积 60 年之精力,著有《方程论》《筹算》《勾股举隅》《几何通解)》《平三角举要》等 70 多部,其中仅《梅氏历筹从书缉要》就有 62 卷之巨,他的弟弟梅文鼎也是位数学家,昔有《几何类求》等. 在他的家族中,祖孙四代共出了 7,8 位杰出的数学家.

无独有偶,在同期国外也出现了一个数学家族——瑞士巴塞尔的伯努利家族,其祖孙四代也出现数十位著名的数学家(表1):

表 1

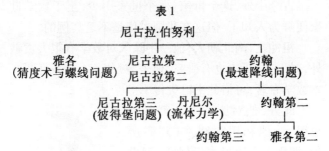

关于他们的事迹前文有述.

§17 第一个发现者当属谁

在数学中有许多以数学家的名字命名的定理、公式、法则、方程等,以此来纪念首先创建这些理论的数学家. 但是由于各种原因会出现一些例外:第一个发现或发明这些理论的人的名字却被后来者取代,当然,这些数学概念也会与这位"后来者"联系在一起,他毕竟对此研究做出过重要贡献.

(1)毕达哥拉斯定理

在国外,勾股定理称为毕达哥拉斯定理. 毕达哥拉斯(Pythagoras,约公元前 572—前 497)是古希腊的哲学家和数学家. 现在人们普遍认为在毕达格拉斯之前人们已经知晓勾股定理.

其实在我国西周,数学家商高就已提出了勾股定理(图 1),这比毕达哥拉斯的发现要早 600 多年.

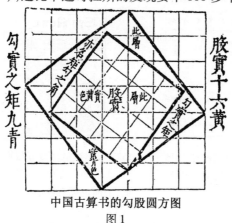

中国古算书的勾股圆方图

图 1

(2)丢番图方程

数学中把线性不定方程称为丢番图方程. 丢番图

(Diophantus)古希腊数学家. 他曾对二次不定方程做过研究, 而对线性不定方程最早研究的当属几位印度数学家, 比如 Brahmagupta(约公元 625 年).

此外, 我国古代数学家孙子(约公元 3 世纪)当数对不定方程的最早研究者.

(3) Playfair 公理

在平面上通过给定直线外任意一点, 只能作该直线的一条平行线. 苏格兰数学、物理学家 John Playfair(1748—1819)应用了这条与著名的欧几里得第五公设等价的公理, 且使之被现代人广泛知晓, 因此这条公理被称为 Playfair 公理.

然而大约在 1460 年哲学家柏拉图(Plato)对此已有过详尽论述.

(4) 帕斯卡三角形

1665 年, 在帕斯卡死后出版的《论算术三角形》中, 给出了二项式展开系数所构成的三角形, 在欧洲被称为帕斯卡三角形(图 2).

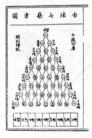

中国古算书上　　1527 年出版的阿皮亚奴斯
的数字三角形　　(P. Apianus)古算书的内封
　　　　　　　　页, 上面也标有数字三角形
图 2

事实上我国宋代数学家贾宪(约公元 11 世纪)就已发现了这个三角形, 且给出它的应用(用来开方),

可惜他的著作《释锁算书》失传了. 比他晚 200 年的数学家杨辉, 在他所著《详解九章算法》一书（约 1261 年出版）中也有此图形. 这说明在帕斯卡之前四五百年, 此数学三角形已为中国人发现.

(5) 欧拉多面体定理

简单多面的面数（F）, 顶点数（V）和棱数（E）之间有一个著名的公式——欧拉公式

$$F + V - E = 2$$

其实, 大约在 1635 年法国数学家, 哲学家 Pene Descartes 就已经首先提出它, 而欧拉发现它是在 1752 年. 这是因为 Descartes 的研究工作直到 1860 年他的著作出版后才为人所知.

(6) 卡当公式

三次方程的求根公式被称为日渐当公式, 这个公式出现在 1545 年出版的《大法》一书中, 其实这个结果是他从塔塔利亚那儿骗来的.

另外有据表明, 一位名叫 Scipionedel Ferro 的人, 早在 1515 年已发现此公式.

(7) Mascheroni 几何作图

1797 年, 意大利几何学家 Mascheroni 出版了《圆规几何》一书, 他在书中阐述了如下一个重要发现: 凡是可用尺规做出的几何作图问题均可以只用圆规来做, 它因此被称为"Mascheroni 几何作图问题".

1928 年人们发现, 早在 1872 年丹麦数学家 Georg Mohr 就已经得出类似的结果, 且他还给出了证明.

(8) 高斯平面

将复数 $y = a + bi$ 在坐标平面内用点 (a,b) 表示称为复数 y 的几何表示,此平面称为高斯平面.

其实,高斯平面问题早在 1798 年挪威的勘测员 Caspar Wessel 在丹麦皇家学院学报上已经讨论了复数几何表示问题.

(9) 伯努利极坐标系

一般人认为极坐标系是雅各布·伯努利(J. Bernoulli)发现的. 但有据认为极坐标系是牛顿创立的.

(10) 罗必塔法则

关于微积分的第一本教科书是 1696 年在巴黎出版的,作者是罗必塔(L'Hostital). 书中介绍了求待定式极限的方法——罗必塔法则.

其实这个方法是伯努利发现的.

(11) 莱布尼兹行列式

行列式概念第一次出现在西方是 1693 年莱布尼兹(Leibniz)与罗必塔的一系列信件提出的,因而他赢得了行列式的发明者荣誉.

然而,1683 年日本数学家 Seki Kowa 就在其他著作中阐述了这个概念.

(12) 克莱姆法则

克莱姆(Cramer)1750 年出版了他的《代数曲线入门》一书,在此书的附录中,他给出了解线性方程组的方法,即克莱姆法则.

然而一位名叫 Colin Maclaurin 的数学家,在 1748 年出版的他的遗作《代数专论》中就已有这个方法.

§18 国际数学奥林匹克(IMO)

第一届国际数学奥林匹克(IMO)于 1959 年在罗马尼亚举办,开始仅东欧六国(罗马尼亚、保加利亚、匈牙利、波兰、捷克斯洛伐克共和国和德意志民主共和国)参加,从此每年举办一届.

此后各届,参赛国家和人数越来越多,先是欧洲,接着美洲、亚洲、澳洲、……,至今此项比赛已成为令人瞩目的国际中学生学科赛事.

至 2017 年止,此项竞赛已在不同国家或地区成功地举办了 58 届比赛.

我国自 1985 年起开始派团参赛,从那时起,我国参赛选手已显现出深厚功底和强大的实力,且始终在参赛国团体总分名次上名列前茅.

下表给出从 1994 年起,在 IMO 中前六名以及我国选手的战绩(团体总分和名次如表 1):

表 1　近年来 IMO 战况(1994 ~ 2006 , 2009 ~ 2014)

	第 1 名	第 2 名	第 3 名	第 4 名	第 5 名	第 6 名
35 届 (1994 年)	美国	中国	俄罗斯	保加利亚	匈牙利	
36 届 (1995 年)	中国	罗马尼亚	俄罗斯	越南	匈牙利	保加利亚
37 届 (1996 年)	罗马尼亚	美国	匈牙利	俄罗斯	英国	中国
38 届 (1997 年)	中国	匈牙利	伊朗	美国、俄罗斯(并列)		乌克兰

续表1　近年来 IMO 战况(1994 ~ 2006 , 2009 ~ 2014)

	第1名	第2名	第3名	第4名	第5名	第6名
39 届 (1998 年)	伊朗	保加利亚	匈牙利,美国(并列)	(注:中国未参加)		
40 届 (1999 年)	中国、俄罗斯(并列)		越南	罗马尼亚	保加利亚	白俄罗斯
41 届 (2000 年)	中国	俄罗斯	美国	韩国	越南,保加利亚(并列)	
42 届 (2001 年)	中国	俄罗斯,美国(并列)		韩国,保加利亚(并列)		哈萨克斯坦
43 届 (2002 年)	中国	俄罗斯	美国	—	—	—
44 届 (2003 年)	保加利亚	中国	美国	越南	俄罗斯	韩国
45 届 (2004 年)	中国	美国	俄罗斯	越南	保加利亚	
46 届 (2005 年)	中国	美国	俄罗斯	伊朗	韩国	罗马尼亚
47 届 (2006 年)	中国	俄罗斯	韩国	德国	美国国	罗马尼亚
50 届 (2009 年)	中国	日本	俄罗斯	韩国	朝鲜	美国
51 届 (2010 年)	俄罗斯	中国	美国	塞尔维亚	得加利亚	
52 届 (2011 年)	中国	美国	新加坡	俄罗斯	泰国	土耳其
53 届 (2012 年)	韩国	中国	美国	俄罗斯	加拿大	泰国
54 届 (2013 年)	中国	韩国	美国	俄罗斯	朝鲜	新加坡
55 届 (2014 年)	中国	美国	中国台湾	俄罗斯	日本	乌克兰
56 届 (2015 年)	美国	中国	韩国	韩鲜	越南	澳大利亚

续表 1　近年来 IMO 战况(1994～2006,2009～2014)

	第 1 名	第 2 名	第 3 名	第 4 名	第 5 名	第 6 名
57 届 (2016 年)	美国	韩国	中国	—	—	—
58 届 (2017 年)	韩国	中国	越南	美国	伊朗	日本

附录 1　首届 IMO(罗马尼亚,1959)试题(题后括号为命题国)

1. 证明:对任意自然数 n,分式 $\dfrac{21n+4}{14n+3}$ 不可约.

(波兰)

2. x 取任何实数时,有等式

$$\sqrt{x+\sqrt{2x+1}}+\sqrt{x-\sqrt{2x-1}}=A$$

已知(a)$A=\sqrt{2}$,(b)$A=1$,(c)$A=2$;其中平方根仅取非负实数.

(罗马尼亚)

3. 若 a,b,c 是任意实数,实数 x 是一个角. 又 $\cos x$ 满足方程 $a\cos^2 x+b\cos x+c=0$,求作一个使 $\cos 2x$ 能够满足的二次方程,并在 $a=4,b=2$ 和 $c=-1$ 时,比较一下这两个方程.

(匈牙利)

4. 已知斜边长为 c,求作一个直角三角形,使其斜边上的中线长是两条直角边长的几何中线.

(匈牙利)

5. M 为线段 AB 上一点,在线段 AB 同侧分别以 AM,MB 为边长作正方形 $AMCD$ 和 $MBEF$,两正方形外接圆(P,Q 为心)交点除 M 外还有 N.

(a)求证:AF,BC 通过点 N;

(b)证明:直线 MN 总是通过一个与点 M 位置无关的定点;

(c)M 在 A,B 之间变动时,求线段 PQ 中点的轨迹.

(罗马尼亚)

6. 已知平面 P,Q 交于直线 l,又 A 为平面 P 上一点,为平面 Q 上一点,A,C 均不在 l 上. 求作一个能有内切圆的等腰梯形 $ABCD$(其中 $AB/\!/CD$),使得 B 在平面 P 上,而 D 在平面 Q 上.

(捷克斯洛伐克)

附录1 数 概 念 的 进 化 里 程 碑

（上古时期至 19 世纪末）

成　就	发 现 者	年　代
无理数发现	希伯斯（古希腊）	公元前 6 世纪
无限概念（产生于悖论）	芝诺,柏拉图,亚里士多德（古希腊）	公元前 4 世纪
极限概念表述	阿基米德（古希腊）	公元前 3 世纪
0 记号发明	——（印度）	1 世纪
负数	——（印度）	1 世纪
复数系统表述	约当（意大利）	16 世纪
文字记号发明	韦达（法国）	16 世纪末
无穷小系统表述	卡瓦列利（意大利）	1635 年
无限集合系统表述	伽利略（意大利）	1638 年
解析几何发明	笛卡儿（法国）	1639 年
数学归纳原理系统表述	帕斯卡（法国）	1654 年
微积分发明	牛顿（英国）,莱布尼兹（德国）	1677 年前后
无穷级数系统阐述	牛顿,莱布尼兹	1677 年前后
复数几何解释的发现	高斯（德国）	1797 年
集合测度系统表述	波尔查诺（德国）	1820 年
四次以上方程无公式解	阿佩尔（挪威）,伽罗瓦（法国）	1825 年前后
四元数发明	哈密顿（英国）	1843 年
超越数发现	柳维尔（法国）	1844 年
非欧几何发明	罗巴切夫斯基（俄罗）等	19 世纪初
无理数的科学理论（一）	狄德金（德国）	1872 年
无理数的科学理论（二）	康托儿（德国）	1883 年
超限数的发现	康托儿（德国）	1883 年
集合论中悖论的发现	布拉里—福蒂（意大利）	1897 年

附录2　　**某些数学符号发明年代及发明者**

数　学　符　号	发　明　者	时　间
$1,2,3,\cdots,9$	（印度，阿拉伯）	8 世纪
0	（印度）	876 年
分数线表示分数	阿尔 – 哈萨（中亚）	1175 年
＋（加号），－（减号）	魏德美（德国）	15 世纪
＝（等号）	列科尔德（英国）	16 世纪
＜，＞（小，大于号）	哈里奥特（英国）	1593 年
．（小数点）	克拉维斯（德国）	1593 年
×（乘号），∶（除，比）	奥曲特（英国）	1631 年
$\sin\alpha,\tan\alpha,\sec\alpha$（正弦，正切，正割函数）	基拉德（荷兰）	1625 年
·（乘号），∶（比）	莱布尼兹（德）	1673 年前后
$dx(d^nx)$［一阶（n 阶）微分］	莱布尼兹（德）	1673—1677 年
$\dfrac{dy}{dx}$（导数）	同上	同上
$\displaystyle\int$（积分）	同上	同上
$\sqrt{}$	笛卡儿（法国）	17 世纪
$\cos\alpha,\cot\alpha,\csc\alpha$（余弦，余切，余割函数）	奥曲特（英国）	1675 年
×（乘号）	欧德莱（美国）	18 世纪
÷（除号）	哈纳（瑞士）	18 世纪
π（圆周率）	琼斯（英国）	1706 年
$\sqrt[3]{},\sqrt[4]{},\sqrt[5]{}$（开三，四，五次方）	哈顿（英国）	1721 年
e（自然对数的底）	欧拉（瑞士）	1728 年
i（复数单位）	欧拉（瑞士）	1743 年
$\displaystyle\sum$（求和号）	欧拉（瑞士）	1748 年左右
$f(x)$（函数符号）	欧拉，拉格朗日	1797 年
∞（无穷大）	瓦里斯（英）	

附录3　　　　　　　中国大数与小数的称谓

我国正整数 10 以上的有以下称谓

称谓	十	百	千	万	亿（万万）	兆（万亿）	京（万兆）
数值	10	10^2	10^3	10^4	10^8	10^{12}	10^{16}

再往下（按上表类推）有垓、秭、穰、沟、涧、正、载、极（10^{48}）、恒河沙（10^{52}）、阿僧祇（10^{56}，无量）、那由他（10^{60}）、不可思议（10^{64}）、无量数（∞，无穷大）这里阿僧祇、那由他为梵文译音，出自东晋高僧法显所著《佛国记》.

而小数点以下以 10 进制递减成分

称谓	分	厘	毫	丝	忽	微	纤	沙	尘	埃
数值	10^{-1}	10^{-2}	10^{-3}	10^{-4}	10^{-5}	10^{-6}	10^{-7}	10^{-8}	10^{-9}	10^{-10}

再以下依次有：渺、模、模糊、逡巡、须臾、瞬息、弹指、刹那（梵文译音，即一念之间）、六德（见《周礼》指六种乐器之声音）、虚空（最小可数量，一万亿亿分之一即 10^{-20}）、清净（无穷小量）. 这些称谓可见清康熙年间，何国宗、梅谷成所著《数理精蕴》一书.

后 记

——文章见报后的几件"囧事"

科普创作是一项费力不讨好的事情，特别是在一些高校更是如此（他们认为你不务正业），而数学科普写作似乎更难.

写这类文章无非遵循下面两条原则：一是小题大做，二是大题小做. 关键在于通俗易懂，还要不违背数学原理.

回想起来，我在这项工作中遇到的种种囧事可谓不胜枚举. 今摘其一二述之.

谁抄袭了谁

20 世纪 80 年代，我在辽宁大学工作，其间我与《辽宁科技报》的编辑很投缘（他很喜欢数学），他邀我为他们报纸写点数学方面的东西，于是我陆陆续续写了几十篇小文章，其中一篇标题为"黄金数 0.618…与小康消费"（当时"小康"一词限时髦），文中讲了小康消费与黄金数的故事（给出了一个小康消费的计算公式，试图将此概念量化）. 而后不少小报(文摘,广播电视报之类)或转载或摘录此文(他们均未注明出处).

一次,上海《新民晚报》小品征文,于是我将上文修改、充实、补充、润色后,投给他们,很快便在报上刊出.

不久,编辑部转来不少读者来信,指责我拾人牙慧,抄袭某某小报云云,这让我哭笑不得.

当我把当年《辽宁科技报》的复印件寄给编辑部后,终于真相大白,他们无语了.

不过,此事折射出谁是真正的抄袭者.

郁闷!

真的有猫腻

20 世纪 90 年代,商场有奖销售活动大行其道. 一次,某大型商场推出万元巨奖的售卖活动(万元这在当时可谓一笔大财富),奖池 6 万元,分 6 组,每组一个中奖号(5 位)奖金 1 万.

中奖号码公布后,我觉得有些不对头. 6 组号码中 0 打头的有 3 个,2 打头的有 2 个. 这从概率论角度看,似乎不正常,打头的数字应是 $0,1,\cdots,9$ 的均匀分布(这些号码应从不同的摇号机上开出).

思来想去我为《今晚报》写了一篇短文,目的是想介绍普及一点概率论知识. 不成想文章标题被编辑改得太具挑衅性:

"看,某些商场有奖销售在玩猫腻"

文章见报第二天,我正在家里修理自行车,晚报编辑风风火火赶来找我,她说事情闹大了,某商场老总找到报社,让我和他们谈谈.

　　见面时的架势,让我有大祸临头之感(除这位女老总外,还带了位司机,保镖之类的彪形大汉).老总说,我的文章侵犯了商场的名誉权,商场销售每天损失8位数,又声称他们开出的号码是经过公证的.还说要与我打官司(《今晚报》是第一被告,我是第二被告),让我倾家荡产.听后我当时吓出一身冷汗.我急忙解释道,这只是一篇科普文章,讲的是一点数学知识,文章又没指名道姓.

　　没承想,坐在一旁的报社总编有些看不下去,他镇定且十分有底气地说道:"文章我看了,一文章没指名你们商场,这不存在侵犯名誉权问题,二历来与《今晚报》的官司,据我所知我们从未输过."

　　这位女老总眨了眨眼,半天没说话,过了一会又假惺惺地要我在晚报上写一篇道歉的文字了事.报社总编听后忙道"人家又没有错,凭什么让人家道歉."我趁机说道:"要不我再在晚报上写个声明:此文与某某商场无关."这位女老总连连说:"那就不用了."

　　气氛稍稍缓和后,我问及他们号码如何开出的,老总说他们没用摇号机而是用扑克牌抽的号(真是创举,不过即便用扑克牌只要按规矩也未尝不可).我又问号码公证的事,老总含含糊糊没有正面回答.

　　看来这真是"此地无银三百两"了.

不速的"数学高手"

　　1990年前后,天津《今晚报》举办微型科幻小说征文活动.当时"克隆"技术甚火,当我联想到法国数学家费马的故事后,我就写了一篇小文.

　　300多年前,费马在古希腊数学家丢番图的《整数

论》一书的空白处写道:

> 不能把一个立方数分解成两个立方数之和,也不能把一个四次方数分解成两个四次方数之和,一般地把一个大于 2 的任意次幂分解成两个同次幂是不可能的. 我找到了它的奇妙证法,只是这里太窄写不下.

这便是著名的"费马猜想"(此猜想当年还没证得,尽管历史上不少数学大师为此付出过艰苦的劳动,他们只取得了局部成果. 直到 1995 年,问题才由英国数学家怀尔斯彻底解决).

既然费马声称他已找到了问题的证明,何不让他亲自出马,于是我写道:从费马墓的遗骸中,用"克隆"技术复制一个费马,让他把"奇妙的证法"写出来.

文章见报后不久,就在那年除夕的下午,我正在家里搞卫生,准备过年,一位不速之客——某区职工大学的老师造访,他是从晚报编辑那里打听到我的住址.

他进屋后便开门见山直言到,你的那篇关于费马猜想的文章必须撤回,你说猜想没有解决,我已经解决了,文章现在美国一家杂志社待审,不久便可发表.

我并非看不起这位民间高手,只是觉得凭他的功力解决这个世纪难题可能性不大.

能说什么,我只好跟他解释说,这是一篇科幻小文,与你的成果不相干. 但他还是磨磨蹭蹭近两个小时介绍他的成果,水平所限我真的听不懂,这位某职工大学老师弄的我十分狼狈.

看来真是无事生非.

你不懂概率

20世纪80年代,《今晚报》科学编辑看了某杂志上介绍美国一个电视节目:蒙提霍尔小姐的"三门问题"问题很感兴趣,只是文章对问题的道理交代不够清楚.问题是这样的:

有三个车库存放一辆汽车,让你猜猜哪个车库里有车.当你选好某个车库后,蒙提霍尔小姐将其中一个没有车的库门打开,这时候你有两种选择:一坚持原来的选择,二重新选择.请问两种选择哪个选中的机会更大?

仔细想想,应该是重新选择猜中的可能性更大,简单(粗略)的说,重新选择是在已经知道一个车库里没有车的前提下,从两个车库选择(不太准确地讲这是一个条件概率问题,当然问题还要复杂的多).

编辑让我写一篇短文,稍稍详细讲讲道理,于是我就写了一篇名为"扣碗猜球"的短文.我将车库改为茶碗,将汽车改为小球,顺便讲了点数学道理.

文章见报之后不久,立马遭到"炮轰",编辑部收到几十封读者来信,他们一致认为两种选法猜对的可能性相同,讥讽我根本不懂概率,还骂我只会跟着洋人屁股后面学舌.

看来这回又捅了篓子.让我写稿的编辑竟不以为然("祸"从他起),但我觉得委屈.思来想去,我给编辑提议,将这些来信的读者一一请来,来一场公开辩论,用试验或用数学来分析均可,我输了,请他们到大饭店撮一顿,我赢了他们请我.

报社编辑听后认为这是一项与读者沟通的好主

意. 然而就在此时,这位编辑调到报社其他部门工作,遗憾的是,这项活动未能举办. 此事不了了之,我的骂名终未能洗清.

顺便讲一句,此问题后来有人给出了详细解算,后一选择猜中的概率的确较大.

真是自讨苦吃. 看来真是费力不讨好了.

编辑手记

编辑与作者之间关系的最佳状态是知音,许多数学工作者都是学术造诣很深的数学家.每每有心造访,却心生忐忑:怕自己郢书燕说,令访者有语冰于夏虫的尴尬.但与本书的第一作者吴振奎先生的交往却十分轻松,原因有二:一是吴先生与笔者相识多年;二是其写作充满了浓郁的文化气息绝非枯燥的纯数学推理.正因如此,笔者非常喜欢并常常期待与作者会面,每年达数次之多.

吴先生的书中与文学相关联的东西很多.可能是因为篇幅有限,没能展开介绍.如,第1章数字篇§12回文勾股数及其他.回文源于回文诗.陈晓红曾写过一篇小文章介绍过:

回文诗是一种雅趣横生、妙不可言的诗体,是中华文化独有的一朵奇葩.相传它始于晋代傅咸、温峤,而兴盛于宋代.说它绝妙全在诗中字句,从头至尾往复回环,读之成韵,顺读倒读,回旋反复的诗更多.然而,回文诗不是没有一定的约束,它亦有一定的格式,制创颇为不易.

回文诗在创作手法上,突出地继承了诗反复咏叹的艺术特色,来达到其"言志述事"的目的,产生强烈的回环叠咏的艺术效果.有人曾把回文诗当成一种文字游戏,认为它没有艺术价值;实际上,这是对回文诗的误解.民国时期的学者刘坡公在《学诗百法》一书中指出:"回文诗反复成章,钩心斗角,不得以小道而轻之."当代诗人、语文教育专家周仪荣曾认为,回文诗虽无十分重大的艺术价值,但不失为中国传统文化宝库中的一朵奇葩.

回文诗有很多种形式,如"通体回文"(又称"倒章回文")"就句回文""双句回文""本篇回文""环复回文"等."通体回文"是指一首诗从末尾一字读至开头一字另成一首新诗;"就句回文"是指一句内完成回复的过程,每句的前半句与后半句互为回文;"双句回文"是指下一句为上一句的回读;"本篇回文"是指一首诗词本身完成一个回复,即后半篇是前半篇的回复;"环复回文"是指先连续至尾,再从尾连续

至开头. 其中, 尤以"通体回文"最难驾驭, 有人把这种"通体回文"诗称作"倒读诗", 认为它是回文诗中的绝品. 例如宋代大文豪苏轼(1037—1101)的《题金山寺》:

潮随暗浪雪山倾, 远浦渔舟钓月明.
桥对寺门松径小, 巷当泉眼石波清.
迢迢绿树江天晓, 霭霭红霞晚日晴.
遥望四边云接水, 碧峰千点数鸥轻.
把它倒转来读也是一首完整的七言律诗:
轻鸥数点千峰碧, 水接云边四望遥.
晴日晚霞红霭霭, 晓天江树绿迢迢.
清波石眼泉当巷, 小径松门寺对桥.
明月钓舟渔浦远, 倾山雪浪暗随潮.

这是一首内容与形式俱佳的"通体回文"诗, 生动传神地写出了镇江金山寺月夜泛舟和江天破晓两种景致. 顺读、倒读意境不同, 可作为两首诗来赏析, 如果顺读是月夜景色到江天破晓的话, 那么倒读则是黎明晓日到渔舟唱晚. 由于构思奇特, 组织巧妙, 整首诗顺读、倒读都极为自然, 音顺意通, 境界优美, 值得回味, 被誉为回文诗的上乘佳作. 一首诗从末尾一字读至开头一字, 能够成为另一首新诗, 这样的文字功力十分了得, 这般"文才"不是什么人都敢"卖弄"的.

在回文诗中, 最为出名的要数清代女

诗人吴绛雪（1650—1674）的《咏四季诗》，
这是一首赞美春、夏、秋、冬四季景色的四
季诗（四季诗属于杂体诗的一种），每季都
是从十个字的诗文中回环出来，所描写的
四季特色分明，让人回味无穷，被世人誉
为回文诗之珍品。这首四季回文诗为：
《春》：莺啼岸柳弄春晴夜月明。《夏》：香莲
碧水动风凉夏日长。《秋》：秋江楚雁宿沙
洲浅水流。《冬》：红炉透炭炙寒风御隆冬。
它可以派生出四首七言诗：

春

莺啼岸柳弄春晴，柳弄春晴夜月明。
明月夜晴春弄柳，晴春弄柳岸啼莺。

夏

香莲碧水动风凉，水动风凉日月长。
长月日凉风动水，凉风动水碧莲香。

秋

秋江楚雁宿沙洲，雁宿沙洲浅水流。
流水浅洲沙宿雁，洲沙宿雁楚江秋。

冬

红炉透炭炙寒风，炭炙寒风御隆冬。
冬隆御风寒炙炭，风寒炙炭透炉红。
它还可以派生出四首五言诗：

春

莺啼岸柳弄，春晴夜月明。
明月夜晴春，弄柳岸啼莺。

夏

香莲碧水动,风凉夏日长.
长日夏凉风,动水碧莲香.

秋

秋江楚雁宿,沙洲浅水流.
流水浅洲沙,宿雁楚江秋.

冬

红炉透炭炙,寒风御隆冬.
冬隆御风寒,炙炭透炉红.

《春》《夏》《秋》《冬》回文诗的形式奇特,字句凝练,情趣横生,别具一格.要说它的魅力和影响,如今湖南柳花源向路桥有《咏荷花池》诗碑,浙江雁荡山维摩洞回文诗,广西阳朔莲花岩,乃至湖北荆州花鼓戏《站花墙》(王美容出题,杨玉春答对),都引用了吴绛雪的四季回文诗,可见此诗之妙之趣.

本书中有许多节与生物自然有关.如第 2 章图形篇中的§14 蜂房的几何学,第 3 章知识篇§8 植物叶序与黄金分割,§9 漫话螺线等.

许多人都对此感兴趣,最近看到一篇报道介绍大卫·洛克菲勒的独特爱好.

约翰·D.洛克菲勒曾是美国首富.大卫·洛克菲勒是约翰最小的孙子,他曾任大通银行董事长、首席执行官.他的哥哥纳尔逊·洛克菲勒是美国前副总统.

大卫身上的艺术基因首先来源于母亲艾比.艾比是一位热诚的艺术爱好者,也是 MoMA 的创始人之一,《时代》杂志曾将她作为封面人物,称其为"美国在世艺术家的杰出赞助人."然而,少年时的大卫更多受到严谨的父亲影响,爱好古典艺术,与母亲对待艺术的开放与热情有着很大差别.

但他也有独特的收藏爱好,那就是昆虫.作为一名银行家,大卫常常满世界游历,不管走到哪,他都会带着一个果酱瓶,用来放甲虫标本.2017 年 3 月去世时,他的昆虫藏品已经至少囊括了 2 000 个种类,15 万件标本.其中,还有一只墨西哥圣甲虫,因为由大卫首次发现,便由他命名为 Diplotaxis Rockefelleri.如今,这些大卫用一生时光精心保存的昆虫标本已经捐给了他的母校哈佛大学的比较动物学博物馆.

都说编辑是除作者之外的第一位读者,所以应该是最擅长对书稿质量做出客观评价的人.

那么,究竟该如何来评价一本书呢?笔者曾读到过一段对胡适先生的《白话文学史》的评价:

"此书之主要贡献,盖有三焉.

一方法上,于我国文学史之著作中,开一新蹊径.旧有文学通史,大抵纵的方面按朝代而平铺,横的方面为人名辞典及作品辞典之糅合.若夫趋势之变迁,贯络

之线索,时代之精神,作家之特性,所未遑多及,而胡君特于此诗方面加意.

　　二新方面之增拓.如《佛教的翻译文学》两章,其材料皆前此文学史上作家所未曾注意,而胡君始取之而加以整理组织,以便于一般读者之领会也.

　　三新考证,新见解.如《自序》十四及十五页所举王梵志与寒山之考证,白话文学之来源及天宝乱后文学之特别色彩等,有极坚确不易者.至其白话文之简洁流畅,犹余事也."

　　仿此,我们也尝试着对本书略做评价:一体裁有新意,短、小、精;二选材有品位,新、奇、特;三叙述有水平,浅、准、趣.

　　吴先生"成名"甚早.笔者在中学时代就读过他写的关于中学解题技巧方面的书.吴先生对数学很痴迷.除了中年有一时期对奇石收藏感过兴趣之外.唯一的业余爱好就是写书,写文章.其著作有二十余部,大多数都由我们数学工作室出版.文章逾百篇,多数是在天津师范大学的《中等数学》上连载.有人说我们应该追求的生活境界应是"*High thinking, plain life*"(高尚的思想,平淡的生活),吴先生正是这样做的.

　　写数学文化方面的小文章看似容易,实则不易.因为数学的许多结论是反直觉的.即我们觉得应该是这样,但数学却证明它偏偏是那样.它总是使我们感到惊讶.众所周知"惊讶"也是哲学的开端.反正从古希腊来看是这样.无论如何,中国古代哲学也有这类现象.

但是,不是大师惊叹某事,是他的学生.学生问他们的老师,哲学的对话就开始了.

吃惊的原因是他们发现真相与假象之间有矛盾或对立.当然儒家或道家都可以解决他们的怀疑.但是苏格拉底(Socrates)不会,他也不要回答这种质疑.这是中国哲学与欧洲哲学一个根本的区别.因此,中国哲学家是贤人,欧洲哲学家大都不是,他们好像什么都不"知道".连哲学是什么他们也不太清楚.因此,哈贝马斯(Habermas)有一次在波恩大学时说:"搞哲学让我们失望、绝望."

和哲学家的思维方式不同,数学家不仅思考事物的本质,还会给出清晰的结论.

当然本书中许多文章是若干年前写成的,后来这些问题又有了一些新的进展.

比如第1章数字篇§39大合数的因子分解.说到计算能力,有读者会问量子计算机问世了,是不是就会颠覆以前的结论.合肥本源量子计算科技有限责任公司量子软件、量子云事业部总监陈昭昀在接受记者采访时曾回答过这个问题:

> 许多人在介绍量子计算机的时候,都喜欢用到"秒杀"这个词.比如:量子计算机将"秒杀"现有密码体系、量子计算机将"秒杀"经典计算机,甚至将量子计算机比作无所不能的"千手观音",经典计算机在其面前不足为道,好像只有这样,才能显示出量子计算机的伟大之处.
>
> 如果仅是为凸显量子计算机的并行计算能力,这些说辞无可厚非;但若是认

540

为量子计算机将全面"碾压"经典计算机，则这类说法属于误读，应予勘正.

通用量子计算机一旦诞生，的确有望帮助人类化解许多现有计算能力下无法解决的大规模计算难题，但这并不意味着量子计算机将对经典计算机系统取而代之.相反，量子计算机和经典计算机的角色定位，实际上是一种互补关系.也就是说，量子计算机研发成功不代表经典计算机要退出历史舞台.

原因有三：

首先，量子计算机的运行需要经典计算机的控制.从理论上讲，量子计算机中除了计算的部分在量子芯片中进行，其他的条件判断、递归等高级逻辑是需要经典计算机辅助完成的.缺乏经典计算机控制的量子计算机，就像一把无人挥舞的利刃，无用武之地.

其次，经典信息与量子信息之间需要互相转换.我们人类看到、听到的信息都是经典世界中的信息，这些信息不能直接被量子计算机处理，而是需要转换成它所能理解的量子信息才能进行并行处理.这需要经典计算机来做量子计算机到用户的"翻译器"，使人们能更好地利用量子计算机的强大功能.

第三，量子计算机的加速特性只出现在某一类特定的问题上.比如用 Shor 算法分解一个质因数,经典计算机需要处理上百年,用量子计算机大约只需一天.但是,如果只是做普通的加、减、乘、除,量子计算机并不能把这些问题变得更快一些.正所谓"杀鸡焉用牛刀",量子计算机可被用于解决超大规模的并行计算问题,也就是那些经典计算机无法短时间内处理的问题,但是对于简单的问题,经典计算机的表现已经足够优秀.

总的说来,量子计算机的地位类似于如今的图形处理器(GPU).因为GPU擅长做并行运算,所以中央处理器(CPU)将特定的任务发送给GPU并控制它的计算流程,最终再将计算完的结果传送回来,以达到加速的效果.所以,量子计算机最终会找到它的运用场景,例如机器学习、大数据处理等方面,来补充经典计算机所不能解决的问题.

再比如,本书中出现的有关混沌、孤立子等动力系统的难题.据记者宗华报道:

日常天气模式、脑电图上的大脑活动以及心电图上的心跳都会产生一行行的复杂数据.为分析这些数据,抑或为预测风暴、癫痫或者心脏病,研究人员必须首先将这些连续的数据分割成离散的片段.想要简单、准确地开展这项任务并非易事.

来自乌拉圭共和国大学和英国阿伯

丁大学的研究人员设计了一种新的方法,以转换来自复杂系统的数据.和现有方法相比,它减少了丢失的重要信息量,并且利用了更少的计算能力.该方法让估测动力系统成为可能,并在日前出版的美国物理联合会(AIP)所属《混沌》杂志上得以描述.

历史上,研究人员通过马尔可夫分割将来自动力系统的数据进行切分.马尔可夫分割是一个函数,描述了空间中的某点和时间的关联性,比如描述钟摆摆动的模型.但它在实际情形中通常并不实用.在最新方法中,研究人员利用可移动的马尔可夫分割搜索观测变量的空间.这些变量构成了近似于马尔可夫分割的时间序列数据.

"马尔可夫分割将储存在高分辨率变量的动力系统中的连续轨迹,转变成一些可被储存在拥有有限分辨率的有限变量集合(比如字母表)中的离散数据."来自乌拉圭共和国大学的 Nicolás Rubido 介绍说.

一种常用的近似方法将来自时间序列的数据切分成柱状图中的"箱子",但它利用的是大小全都一样的"箱子".在最新研究中,科学家以一种减少每个"箱子"中不可预测性的方法设置了"箱子"边界.

新的流程将"箱子"转变成容易处理

且含有来自系统的大多数相关信息的符号序列. Rubido 把这一过程比作将数字相片压缩到更低的分辨率,但仍能确保人们辨认出图像中的所有物体.

新方法可被用于分析任何类型的时间序列,比如通过核算电厂发电量预测动力故障以及可再生能源起伏的输出量和不断变化的消费者需求. Rubido 表示,对于极其简单的情形来说,新方法与一些现有方法比并未提供什么优势,但它尤其适用于分析可迅速使现有计算能力崩溃的高维动力系统.

数学以抽象、枯燥为其特征,怎样把它写得有趣、生动、喜闻乐见是需要技巧的.最近在微信朋友圈中流传着一首改编自《最炫民族风》的歌词十分抢眼.

最炫分析风

有界的算子是我的爱,
绵绵的泰勒级数正展开.
什么样的分布是最呀最正态.
什么样的分解才是最精彩?
傅里叶变换从天上来,
流向那微分方程一片海.
数论组合概率是我们的期待,
一路分部积分才是最自在.
我们要算就要算的最痛快.
你是我空间最美的覆盖,
极大函数把你估出来.

悠悠地唱着最炫的分析风，
让我把你线性化出来.
你是我心中最美的迭代，
振荡积分让你小下来.
永远都唱着最炫的分析风，
是数学世界最美的姿态！

最炫几何风

紧致的流形是我的爱，
绵绵的度量张量延拓开.
什么样的曲率是最呀最稳态，
什么样的纤维才是最精彩？
Perelman 的泛函从天上来，
流向那 Ricci Flow 一片海.
庞加莱的猜想是我们的期待，
一路能量变分才是最自在，
爱因斯坦方程解得最痛快.
为证明心中亏格的存在，
高斯 – 博内把你算出来.
悠悠地唱着最炫的几何风，
让爱定义自然的同态.
你是我心中仿射的覆盖，
结构 sheaf 把你得出来.
永远都唱着最炫的几何风，
是数学世界最美的姿态！

　　本书中的内容有些属于经典范畴. 有些则与当下息息相关. 比如，第 3 章知识篇 §32 密码与因子分解就与当下热词区块链相关.

　　由于区块链的技术基础是一系列技术的组合,第一个技术就是非对称加密.非对称加密指的是密码分为公钥和私钥两个部分,加密和解密使用不同的非对称的密码,要解开这个密码需要很长的计算时间,因此人们认为非对称加密是安全的;也正因如此,非对称加密是现在信息安全的基石.随着量子计算的发展,量子计算机可能能够将原本需要非常长时间的计算量在几个小时就计算出来.所以,如果量子计算机真的得到使用,动摇的是整个现代信息安全的基石,而区块链安全只是这个信息安全当中的一部分.

　　幸运的是,现在研究者们已经可以设计出抗量子攻击的密码算法,即便是量子计算机也需要非常长的时间才能破解量子算法,使得攻击实际上变得不可能.因此,等到量子计算机真正商用时,也许所有信息系统都已经进行了密码算法的升级.

　　本书的第二作者是出版界的重量级人物,辽宁教育出版社前任社长.提起他,笔者常常想起二十世纪八九十年代的黄金岁月.

　　许多读书人都有这样的感觉:年齿日长,读书日久,且不说从未有过的颜如玉,黄金屋的幻想,所谓"开卷有益""学海无涯"的劝勉都会慢慢失效,于是读书就会变得挑剔起来,也开始经常想,读一本书真正的意义和价值所在.

　　窃以为数学造福人类,读数学文化书滋养人生.

刘培杰

2018.10.20

于哈工大

刘培杰数学工作室
已出版（即将出版）图书目录——初等数学

书　名	出版时间	定　价	编号
新编中学数学解题方法全书(高中版)上卷(第2版)	2018—08	58.00	951
新编中学数学解题方法全书(高中版)中卷(第2版)	2018—08	68.00	952
新编中学数学解题方法全书(高中版)下卷(一)(第2版)	2018—08	58.00	953
新编中学数学解题方法全书(高中版)下卷(二)(第2版)	2018—08	58.00	954
新编中学数学解题方法全书(高中版)下卷(三)(第2版)	2018—08	68.00	955
新编中学数学解题方法全书(初中版)上卷	2008—01	28.00	29
新编中学数学解题方法全书(初中版)中卷	2010—07	38.00	75
新编中学数学解题方法全书(高考复习卷)	2010—01	48.00	67
新编中学数学解题方法全书(高考真题卷)	2010—01	38.00	62
新编中学数学解题方法全书(高考精华卷)	2011—03	68.00	118
新编平面解析几何解题方法全书(专题讲座卷)	2010—01	18.00	61
新编中学数学解题方法全书(自主招生卷)	2013—08	88.00	261
数学奥林匹克与数学文化(第一辑)	2006—05	48.00	4
数学奥林匹克与数学文化(第二辑)(竞赛卷)	2008—01	48.00	19
数学奥林匹克与数学文化(第二辑)(文化卷)	2008—07	58.00	36'
数学奥林匹克与数学文化(第三辑)(竞赛卷)	2010—01	48.00	59
数学奥林匹克与数学文化(第四辑)(竞赛卷)	2011—08	58.00	87
数学奥林匹克与数学文化(第五辑)	2015—06	98.00	370
世界著名平面几何经典著作钩沉——几何作图专题卷(上)	2009—06	48.00	49
世界著名平面几何经典著作钩沉——几何作图专题卷(下)	2011—01	88.00	80
世界著名平面几何经典著作钩沉(民国平面几何老课本)	2011—03	38.00	113
世界著名平面几何经典著作钩沉(建国初期平面三角老课本)	2015—08	38.00	507
世界著名解析几何经典著作钩沉——平面解析几何卷	2014—01	38.00	264
世界著名数论经典著作钩沉(算术卷)	2012—01	28.00	125
世界著名数学经典著作钩沉——立体几何卷	2011—02	28.00	88
世界著名三角学经典著作钩沉(平面三角卷Ⅰ)	2010—06	28.00	69
世界著名三角学经典著作钩沉(平面三角卷Ⅱ)	2011—03	38.00	78
世界著名初等数论经典著作钩沉(理论和实用算术卷)	2011—07	38.00	126
发展你的空间想象力	2017—06	38.00	785
走向国际数学奥林匹克的平面几何试题诠释(上、下)(第1版)	2007—01	68.00	11,12
走向国际数学奥林匹克的平面几何试题诠释(上、下)(第2版)	2010—02	98.00	63,64
平面几何证明方法全书	2007—08	35.00	1
平面几何证明方法全书习题解答(第1版)	2005—10	18.00	2
平面几何证明方法全书习题解答(第2版)	2006—12	18.00	10
平面几何天天练上卷·基础篇(直线型)	2013—01	58.00	208
平面几何天天练中卷·基础篇(涉及圆)	2013—01	28.00	234
平面几何天天练下卷·提高篇	2013—01	58.00	237
平面几何专题研究	2013—07	98.00	258

书　名	出版时间	定　价	编号
最新世界各国数学奥林匹克中的平面几何试题	2007—09	38.00	14
数学竞赛平面几何典型题及新颖解	2010—07	48.00	74
初等数学复习及研究(平面几何)	2008—09	58.00	38
初等数学复习及研究(立体几何)	2010—06	38.00	71
初等数学复习及研究(平面几何)习题解答	2009—01	48.00	42
几何学教程(平面几何卷)	2011—03	68.00	90
几何学教程(立体几何卷)	2011—07	68.00	130
几何变换与几何证题	2010—06	88.00	70
计算方法与几何证题	2011—06	28.00	129
立体几何技巧与方法	2014—04	88.00	293
几何瑰宝——平面几何500名题暨1000条定理(上、下)	2010—07	138.00	76,77
三角形的解法与应用	2012—07	18.00	183
近代的三角形几何学	2012—07	48.00	184
一般折线几何学	2015—08	48.00	503
三角形的五心	2009—06	28.00	51
三角形的六心及其应用	2015—10	68.00	542
三角形趣谈	2012—08	28.00	212
解三角形	2014—01	28.00	265
三角学专门教程	2014—09	28.00	387
图天下几何新题试卷.初中(第2版)	2017—11	58.00	855
圆锥曲线习题集(上册)	2013—06	68.00	255
圆锥曲线习题集(中册)	2015—01	78.00	434
圆锥曲线习题集(下册·第1卷)	2016—10	78.00	683
圆锥曲线习题集(下册·第2卷)	2018—01	98.00	853
论九点圆	2015—05	88.00	645
近代欧氏几何学	2012—03	48.00	162
罗巴切夫斯基几何学及几何基础概要	2012—07	28.00	188
罗巴切夫斯基几何学初步	2015—06	28.00	474
用三角、解析几何、复数、向量计算解数学竞赛几何题	2015—03	48.00	455
美国中学几何教程	2015—04	88.00	458
三线坐标与三角形特征点	2015—04	98.00	460
平面解析几何方法与研究(第1卷)	2015—05	18.00	471
平面解析几何方法与研究(第2卷)	2015—06	18.00	472
平面解析几何方法与研究(第3卷)	2015—07	18.00	473
解析几何研究	2015—01	38.00	425
解析几何学教程.上	2016—01	38.00	574
解析几何学教程.下	2016—01	38.00	575
几何学基础	2016—01	58.00	581
初等几何研究	2015—02	58.00	444
十九和二十世纪欧氏几何学中的片段	2017—01	58.00	696
平面几何中考.高考.奥数一本通	2017—07	28.00	820
几何学简史	2017—08	28.00	833
四面体	2018—01	48.00	880
平面几何图形特性新析.上篇	即将出版		911
平面几何图形特性新析.下篇	2018—06	88.00	912
平面几何范例多解探究.上篇	2018—04	48.00	913
平面几何范例多解探究.下篇	即将出版		914
从分析解题过程学解题:竞赛中的几何问题研究	2018—07	68.00	946

刘培杰数学工作室
已出版(即将出版)图书目录——初等数学

书 名	出版时间	定 价	编号
俄罗斯平面几何问题集	2009—08	88.00	55
俄罗斯立体几何问题集	2014—03	58.00	283
俄罗斯几何大师——沙雷金论数学及其他	2014—01	48.00	271
来自俄罗斯的5000道几何习题及解答	2011—03	58.00	89
俄罗斯初等数学问题集	2012—05	38.00	177
俄罗斯函数问题集	2011—03	38.00	103
俄罗斯组合分析问题集	2011—01	48.00	79
俄罗斯初等数学万题选——三角卷	2012—11	38.00	222
俄罗斯初等数学万题选——代数卷	2013—08	68.00	225
俄罗斯初等数学万题选——几何卷	2014—01	68.00	226
俄罗斯《量子》杂志数学征解问题100题选	2018—08	48.00	969
俄罗斯《量子》杂志数学征解问题又100题选	2018—08	48.00	970
463个俄罗斯几何老问题	2012—01	28.00	152
谈谈素数	2011—03	18.00	91
平方和	2011—03	18.00	92
整数论	2011—05	38.00	120
从整数谈起	2015—10	28.00	538
数与多项式	2016—01	38.00	558
谈谈不定方程	2011—05	28.00	119
解析不等式新论	2009—06	68.00	48
建立不等式的方法	2011—03	98.00	104
数学奥林匹克不等式研究	2009—08	68.00	56
不等式研究(第二辑)	2012—02	68.00	153
不等式的秘密(第一卷)	2012—02	28.00	154
不等式的秘密(第一卷)(第2版)	2014—02	38.00	286
不等式的秘密(第二卷)	2014—01	38.00	268
初等不等式的证明方法	2010—06	38.00	123
初等不等式的证明方法(第二版)	2014—11	38.00	407
不等式·理论·方法(基础卷)	2015—07	38.00	496
不等式·理论·方法(经典不等式卷)	2015—07	38.00	497
不等式·理论·方法(特殊类型不等式卷)	2015—07	48.00	498
不等式探究	2016—03	38.00	582
不等式探秘	2017—01	88.00	689
四面体不等式	2017—01	68.00	715
数学奥林匹克中常见重要不等式	2017—09	38.00	845
同余理论	2012—05	38.00	163
[x]与{x}	2015—04	48.00	476
极值与最值.上卷	2015—06	28.00	486
极值与最值.中卷	2015—06	38.00	487
极值与最值.下卷	2015—06	28.00	488
整数的性质	2012—11	38.00	192
完全平方数及其应用	2015—08	78.00	506
多项式理论	2015—10	88.00	541
奇数、偶数、奇偶分析法	2018—01	98.00	876

书　名	出版时间	定　价	编号
历届美国中学生数学竞赛试题及解答(第一卷)1950—1954	2014—07	18.00	277
历届美国中学生数学竞赛试题及解答(第二卷)1955—1959	2014—04	18.00	278
历届美国中学生数学竞赛试题及解答(第三卷)1960—1964	2014—06	18.00	279
历届美国中学生数学竞赛试题及解答(第四卷)1965—1969	2014—04	28.00	280
历届美国中学生数学竞赛试题及解答(第五卷)1970—1972	2014—06	18.00	281
历届美国中学生数学竞赛试题及解答(第六卷)1973—1980	2017—07	18.00	768
历届美国中学生数学竞赛试题及解答(第七卷)1981—1986	2015—01	18.00	424
历届美国中学生数学竞赛试题及解答(第八卷)1987—1990	2017—05	18.00	769
历届IMO试题集(1959—2005)	2006—05	58.00	5
历届CMO试题集	2008—09	28.00	40
历届中国数学奥林匹克试题集(第2版)	2017—03	38.00	757
历届加拿大数学奥林匹克试题集	2012—08	38.00	215
历届美国数学奥林匹克试题集:多解推广加强	2012—08	38.00	209
历届美国数学奥林匹克试题集:多解推广加强(第2版)	2016—03	48.00	592
历届波兰数学竞赛试题集.第1卷,1949~1963	2015—03	18.00	453
历届波兰数学竞赛试题集.第2卷,1964~1976	2015—03	18.00	454
历届巴尔干数学奥林匹克试题集	2015—05	38.00	466
保加利亚数学奥林匹克	2014—10	38.00	393
圣彼得堡数学奥林匹克试题集	2015—01	38.00	429
匈牙利奥林匹克数学竞赛题解.第1卷	2016—05	28.00	593
匈牙利奥林匹克数学竞赛题解.第2卷	2016—05	28.00	594
历届美国数学邀请赛试题集(第2版)	2017—10	78.00	851
全国高中数学竞赛试题及解答.第1卷	2014—07	38.00	331
普林斯顿大学数学竞赛	2016—06	38.00	669
亚太地区数学奥林匹克竞赛题	2015—07	18.00	492
日本历届(初级)广中杯数学竞赛试题及解答.第1卷(2000~2007)	2016—05	28.00	641
日本历届(初级)广中杯数学竞赛试题及解答.第2卷(2008~2015)	2016—05	38.00	642
360个数学竞赛问题	2016—08	58.00	677
奥数最佳实战题.上卷	2017—06	38.00	760
奥数最佳实战题.下卷	2017—05	58.00	761
哈尔滨市早期中学数学竞赛试题汇编	2016—07	28.00	672
全国高中数学联赛试题及解答:1981—2017(第2版)	2018—05	98.00	920
20世纪50年代全国部分城市数学竞赛试题汇编	2017—07	28.00	797
高中数学竞赛培训教程:平面几何问题的求解方法与策略.上	2018—05	68.00	906
高中数学竞赛培训教程:平面几何问题的求解方法与策略.下	2018—06	78.00	907
高中数学竞赛培训教程:整除与同余以及不定方程	2018—01	88.00	908
高中数学竞赛培训教程:组合计数与组合极值	2018—04	48.00	909
国内外数学竞赛题及精解:2016~2017	2018—07	45.00	922
许康华竞赛优学精选集.第一辑	2018—08	68.00	949
高考数学临门一脚(含密押三套卷)(理科版)	2017—01	45.00	743
高考数学临门一脚(含密押三套卷)(文科版)	2017—01	45.00	744
新课标高考数学题型全归纳(文科版)	2015—05	72.00	467
新课标高考数学题型全归纳(理科版)	2015—05	82.00	468
洞穿高考数学解答题核心考点(理科版)	2015—11	49.80	550
洞穿高考数学解答题核心考点(文科版)	2015—11	46.80	551

刘培杰数学工作室

已出版（即将出版）图书目录——初等数学

书　　名	出版时间	定　价	编号
高考数学题型全归纳:文科版.上	2016—05	53.00	663
高考数学题型全归纳:文科版.下	2016—05	53.00	664
高考数学题型全归纳:理科版.上	2016—05	58.00	665
高考数学题型全归纳:理科版.下	2016—05	58.00	666
王连笑教你怎样学数学:高考选择题解题策略与客观题实用训练	2014—01	48.00	262
王连笑教你怎样学数学:高考数学高层次讲座	2015—02	48.00	432
高考数学的理论与实践	2009—08	38.00	53
高考数学核心题型解题方法与技巧	2010—01	28.00	86
高考思维新平台	2014—03	38.00	259
30分钟拿下高考数学选择题、填空题(理科版)	2016—10	39.80	720
30分钟拿下高考数学选择题、填空题(文科版)	2016—10	39.80	721
高考数学压轴题解题诀窍(上)(第2版)	2018—01	58.00	874
高考数学压轴题解题诀窍(下)(第2版)	2018—01	48.00	875
北京市五区文科数学三年高考模拟题详解:2013～2015	2015—08	48.00	500
北京市五区理科数学三年高考模拟题详解:2013～2015	2015—09	68.00	505
向量法巧解数学高考题	2009—08	28.00	54
高考数学万能解题法(第2版)	即将出版	38.00	691
高考物理万能解题法(第2版)	即将出版	38.00	692
高考化学万能解题法(第2版)	即将出版	28.00	693
高考生物万能解题法(第2版)	即将出版	28.00	694
高考数学解题金典(第2版)	2017—01	78.00	716
高考物理解题金典(第2版)	即将出版	68.00	717
高考化学解题金典(第2版)	即将出版	58.00	718
我一定要赚分:高中物理	2016—01	38.00	580
数学高考参考	2016—01	78.00	589
2011～2015年全国及各省市高考数学文科精品试题审题要津与解法研究	2015—10	68.00	539
2011～2015年全国及各省市高考数学理科精品试题审题要津与解法研究	2015—10	88.00	540
最新全国及各省市高考数学试卷解法研究及点拨评析	2009—02	38.00	41
2011年全国及各省市高考数学试题审题要津与解法研究	2011—10	48.00	139
2013年全国及各省市高考数学试题解析与点评	2014—01	48.00	282
全国及各省市高考数学试题审题要津与解法研究	2015—02	48.00	450
新课标高考数学——五年试题分章详解(2007～2011)(上、下)	2011—10	78.00	140,141
全国中考数学压轴题审题要津与解法研究	2013—04	78.00	248
新编全国及各省市中考数学压轴题审题要津与解法研究	2014—05	58.00	342
全国及各省市5年中考数学压轴题审题要津与解法研究(2015版)	2015—04	58.00	462
中考数学专题总复习	2007—04	28.00	6
中考数学较难题、难题常考题型解题方法与技巧.上	2016—01	48.00	584
中考数学较难题、难题常考题型解题方法与技巧.下	2016—01	58.00	585
中考数学较难题常考题型解题方法与技巧	2016—09	48.00	681
中考数学难题常考题型解题方法与技巧	2016—09	48.00	682
中考数学选择填空压轴好题妙解365	2017—05	38.00	759

刘培杰数学工作室
已出版(即将出版)图书目录——初等数学

书　名	出版时间	定　价	编号
中考数学小压轴汇编初讲	2017－07	48.00	788
中考数学大压轴专题微言	2017－09	48.00	846
北京中考数学压轴题解题方法突破(第3版)	2017－11	48.00	854
助你高考成功的数学解题智慧:知识是智慧的基础	2016－01	58.00	596
助你高考成功的数学解题智慧:错误是智慧的试金石	2016－04	58.00	643
助你高考成功的数学解题智慧:方法是智慧的推手	2016－04	68.00	657
高考数学奇思妙解	2016－04	38.00	610
高考数学解题策略	2016－05	48.00	670
数学解题泄天机(第2版)	2017－10	48.00	850
高考物理压轴题全解	2017－04	48.00	746
高中物理经典问题25讲	2017－05	28.00	764
高中物理教学讲义	2018－01	48.00	871
2016年高考文科数学真题研究	2017－04	58.00	754
2016年高考理科数学真题研究	2017－04	78.00	755
初中数学、高中数学脱节知识补缺教材	2017－06	48.00	766
高考数学小题抢分必练	2017－10	48.00	834
高考数学核心素养解读	2017－09	38.00	839
高考数学客观题解题方法和技巧	2017－10	38.00	847
十年高考数学精品试题审题要津与解法研究.上卷	2018－01	68.00	872
十年高考数学精品试题审题要津与解法研究.下卷	2018－01	58.00	873
中国历届高考数学试题及解答.1949－1979	2018－01	38.00	877
数学文化与高考研究	2018－03	48.00	882
跟我学解高中数学题	2018－07	58.00	926
中学数学研究的方法及案例	2018－05	58.00	869
高考数学抢分技能	2018－07	68.00	934
新编640个世界著名数学智力趣题	2014－01	88.00	242
500个最新世界著名数学智力趣题	2008－06	48.00	3
400个最新世界著名数学最值问题	2008－09	48.00	36
500个世界著名数学征解问题	2009－06	48.00	52
400个中国最佳初等数学征解老问题	2010－01	48.00	60
500个俄罗斯数学经典老题	2011－01	28.00	81
1000个国外中学物理好题	2012－04	48.00	174
300个日本高考数学题	2012－05	38.00	142
700个早期日本高考数学试题	2017－02	88.00	752
500个前苏联早期高考数学试题及解答	2012－05	28.00	185
546个早期俄罗斯大学生数学竞赛题	2014－03	38.00	285
548个来自美苏的数学好问题	2014－11	28.00	396
20所苏联著名大学早期入学试题	2015－02	18.00	452
161道德国工科大学生必做的微分方程习题	2015－05	28.00	469
500个德国工科大学生必做的高数习题	2015－06	28.00	478
360个数学竞赛问题	2016－08	58.00	677
200个趣味数学故事	2018－02	48.00	857
德国讲义日本考题.微积分卷	2015－04	48.00	456
德国讲义日本考题.微分方程卷	2015－04	38.00	457
二十世纪中叶中、英、美、日、法、俄高考数学试题精选	2017－06	38.00	783

书　　名	出版时间	定　价	编号
中国初等数学研究　2009卷（第1辑）	2009—05	20.00	45
中国初等数学研究　2010卷（第2辑）	2010—05	30.00	68
中国初等数学研究　2011卷（第3辑）	2011—07	60.00	127
中国初等数学研究　2012卷（第4辑）	2012—07	48.00	190
中国初等数学研究　2014卷（第5辑）	2014—02	48.00	288
中国初等数学研究　2015卷（第6辑）	2015—06	68.00	493
中国初等数学研究　2016卷（第7辑）	2016—04	68.00	609
中国初等数学研究　2017卷（第8辑）	2017—01	98.00	712
几何变换（Ⅰ）	2014—07	28.00	353
几何变换（Ⅱ）	2015—06	28.00	354
几何变换（Ⅲ）	2015—01	38.00	355
几何变换（Ⅳ）	2015—12	38.00	356
初等数论难题集（第一卷）	2009—05	68.00	44
初等数论难题集（第二卷）（上、下）	2011—02	128.00	82,83
数论概貌	2011—03	18.00	93
代数数论（第二版）	2013—08	58.00	94
代数多项式	2014—06	38.00	289
初等数论的知识与问题	2011—02	28.00	95
超越数论基础	2011—03	28.00	96
数论初等教程	2011—03	28.00	97
数论基础	2011—03	18.00	98
数论基础与维诺格拉多夫	2014—03	18.00	292
解析数论基础	2012—08	28.00	216
解析数论基础（第二版）	2014—01	48.00	287
解析数论问题集（第二版）（原版引进）	2014—05	88.00	343
解析数论问题集（第二版）（中译本）	2016—04	88.00	607
解析数论基础（潘承洞，潘承彪著）	2016—07	98.00	673
解析数论导引	2016—07	58.00	674
数论入门	2011—03	38.00	99
代数数论入门	2015—03	38.00	448
数论开篇	2012—07	28.00	194
解析数论引论	2011—03	48.00	100
Barban Davenport Halberstam 均值和	2009—01	40.00	33
基础数论	2011—03	28.00	101
初等数论100例	2011—05	18.00	122
初等数论经典例题	2012—07	18.00	204
最新世界各国数学奥林匹克中的初等数论试题（上、下）	2012—01	138.00	144,145
初等数论（Ⅰ）	2012—01	18.00	156
初等数论（Ⅱ）	2012—01	18.00	157
初等数论（Ⅲ）	2012—01	28.00	158

刘培杰数学工作室
已出版(即将出版)图书目录——初等数学

书　　名	出版时间	定　价	编号
平面几何与数论中未解决的新老问题	2013—01	68.00	229
代数数论简史	2014—11	28.00	408
代数数论	2015—09	88.00	532
代数、数论及分析习题集	2016—11	98.00	695
数论导引提要及习题解答	2016—01	48.00	559
素数定理的初等证明.第2版	2016—09	48.00	686
数论中的模函数与狄利克雷级数(第二版)	2017—11	78.00	837
数论:数学导引	2018—01	68.00	849
数学眼光透视(第2版)	2017—06	78.00	732
数学思想领悟(第2版)	2018—01	68.00	733
数学方法溯源(第2版)	2018—08	68.00	734
数学解题引论	2017—05	48.00	735
数学史话览胜(第2版)	2017—01	48.00	736
数学应用展观(第2版)	2017—08	68.00	737
数学建模尝试	2018—04	48.00	738
数学竞赛采风	2018—01	68.00	739
数学技能操握	2018—03	48.00	741
数学欣赏拾趣	2018—02	48.00	742
从毕达哥拉斯到怀尔斯	2007—10	48.00	9
从迪利克雷到维斯卡尔迪	2008—01	48.00	21
从哥德巴赫到陈景润	2008—05	98.00	35
从庞加莱到佩雷尔曼	2011—08	138.00	136
博弈论精粹	2008—03	58.00	30
博弈论精粹.第二版(精装)	2015—01	88.00	461
数学 我爱你	2008—01	28.00	20
精神的圣徒　别样的人生——60位中国数学家成长的历程	2008—09	48.00	39
数学史概论	2009—06	78.00	50
数学史概论(精装)	2013—03	158.00	272
数学史选讲	2016—01	48.00	544
斐波那契数列	2010—02	28.00	65
数学拼盘和斐波那契魔方	2010—07	38.00	72
斐波那契数列欣赏(第2版)	2018—08	58.00	948
Fibonacci 数列中的明珠	2018—06	58.00	928
数学的创造	2011—02	48.00	85
数学美与创造力	2016—01	48.00	595
数海拾贝	2016—01	48.00	590
数学中的美	2011—02	38.00	84
数论中的美学	2014—12	38.00	351

刘培杰数学工作室
已出版(即将出版)图书目录——初等数学

书　名	出版时间	定　价	编号
数学王者　科学巨人——高斯	2015—01	28.00	428
振兴祖国数学的圆梦之旅:中国初等数学研究史话	2015—06	98.00	490
二十世纪中国数学史料研究	2015—10	48.00	536
数字谜、数阵图与棋盘覆盖	2016—01	58.00	298
时间的形状	2016—01	38.00	556
数学发现的艺术:数学探索中的合情推理	2016—07	58.00	671
活跃在数学中的参数	2016—07	48.00	675
数学解题——靠数学思想给力(上)	2011—07	38.00	131
数学解题——靠数学思想给力(中)	2011—07	48.00	132
数学解题——靠数学思想给力(下)	2011—07	38.00	133
我怎样解题	2013—01	48.00	227
数学解题中的物理方法	2011—06	28.00	114
数学解题的特殊方法	2011—06	48.00	115
中学数学计算技巧	2012—01	48.00	116
中学数学证明方法	2012—01	58.00	117
数学趣题巧解	2012—03	28.00	128
高中数学教学通鉴	2015—05	58.00	479
和高中生漫谈:数学与哲学的故事	2014—08	28.00	369
算术问题集	2017—03	38.00	789
张教授讲数学	2018—07	38.00	933
自主招生考试中的参数方程问题	2015—01	28.00	435
自主招生考试中的极坐标问题	2015—04	28.00	463
近年全国重点大学自主招生数学试题全解及研究.华约卷	2015—02	38.00	441
近年全国重点大学自主招生数学试题全解及研究.北约卷	2016—05	38.00	619
自主招生数学解证宝典	2015—09	48.00	535
格点和面积	2012—07	18.00	191
射影几何趣谈	2012—04	28.00	175
斯潘纳尔引理——从一道加拿大数学奥林匹克试题谈起	2014—01	28.00	228
李普希兹条件——从几道近年高考数学试题谈起	2012—10	18.00	221
拉格朗日中值定理——从一道北京高考试题的解法谈起	2015—10	18.00	197
闵科夫斯基定理——从一道清华大学自主招生试题谈起	2014—01	28.00	198
哈尔测度——从一道冬令营试题的背景谈起	2012—08	28.00	202
切比雪夫逼近问题——从一道中国台北数学奥林匹克试题谈起	2013—04	38.00	238
伯恩斯坦多项式与贝齐尔曲面——从一道全国高中数学联赛试题谈起	2013—03	38.00	236
卡塔兰猜想——从一道普特南竞赛试题谈起	2013—06	18.00	256
麦卡锡函数和阿克曼函数——从一道前南斯拉夫数学奥林匹克试题谈起	2012—08	18.00	201
贝蒂定理与拉姆贝克莫斯尔定理——从一个拣石子游戏谈起	2012—08	18.00	217
皮亚诺曲线和豪斯道夫分球定理——从无限集谈起	2012—08	18.00	211
平面凸图形与凸多面体	2012—10	28.00	218
斯坦因豪斯问题——从一道二十五省市自治区中学数学竞赛试题谈起	2012—07	18.00	196

书　名	出版时间	定　价	编号
纽结理论中的亚历山大多项式与琼斯多项式——从一道北京市高一数学竞赛试题谈起	2012—07	28.00	195
原则与策略——从波利亚"解题表"谈起	2013—04	38.00	244
转化与化归——从三大尺规作图不能问题谈起	2012—08	28.00	214
代数几何中的贝祖定理（第一版）——从一道 IMO 试题的解法谈起	2013—08	18.00	193
成功连贯理论与约当块理论——从一道比利时数学竞赛试题谈起	2012—04	18.00	180
素数判定与大数分解	2014—08	18.00	199
置换多项式及其应用	2012—10	18.00	220
椭圆函数与模函数——从一道美国加州大学洛杉矶分校（UCLA）博士资格考题谈起	2012—10	28.00	219
差分方程的拉格朗日方法——从一道 2011 年全国高考理科试题的解法谈起	2012—08	28.00	200
力学在几何中的一些应用	2013—01	38.00	240
高斯散度定理、斯托克斯定理和平面格林定理——从一道国际大学生数学竞赛试题谈起	即将出版		
康托洛维奇不等式——从一道全国高中联赛试题谈起	2013—03	28.00	337
西格尔引理——从一道第 18 届 IMO 试题的解法谈起	即将出版		
罗斯定理——从一道前苏联数学竞赛试题谈起	即将出版		
拉克斯定理和阿廷定理——从一道 IMO 试题的解法谈起	2014—01	58.00	246
毕卡大定理——从一道美国大学数学竞赛试题谈起	2014—07	18.00	350
贝齐尔曲线——从一道全国高中联赛试题谈起	即将出版		
拉格朗日乘子定理——从一道 2005 年全国高中联赛试题的高等数学解法谈起	2015—05	28.00	480
雅可比定理——从一道日本数学奥林匹克试题谈起	2013—04	48.00	249
李天岩－约克定理——从一道波兰数学竞赛试题谈起	2014—06	28.00	349
整系数多项式因式分解的一般方法——从克朗耐克算法谈起	即将出版		
布劳维不动点定理——从一道前苏联数学奥林匹克试题谈起	2014—01	38.00	273
伯恩赛德定理——从一道英国数学奥林匹克试题谈起	即将出版		
布查特－莫斯特定理——从一道上海市初中竞赛试题谈起	即将出版		
数论中的同余数问题——从一道普特南竞赛试题谈起	即将出版		
范·德蒙行列式——从一道美国数学奥林匹克试题谈起	即将出版		
中国剩余定理：总数法构建中国历史年表	2015—01	28.00	430
牛顿程序与方程求根	即将出版		
库默尔定理——从一道 IMO 预选试题谈起	即将出版		
卢丁定理——从一道冬令营试题的解法谈起	即将出版		
沃斯滕霍姆定理——从一道 IMO 预选试题谈起	即将出版		
卡尔松不等式——从一道莫斯科数学奥林匹克试题谈起	即将出版		
信息论中的香农熵——从一道近年高考压轴题谈起	即将出版		
约当不等式——从一道希望杯竞赛试题谈起	即将出版		
拉比诺维奇定理	即将出版		
刘维尔定理——从一道《美国数学月刊》征解问题的解法谈起	即将出版		
卡塔兰恒等式与级数求和——从一道 IMO 试题的解法谈起	即将出版		
勒让德猜想与素数分布——从一道爱尔兰竞赛试题谈起	即将出版		
天平称重与信息论——从一道基辅市数学奥林匹克试题谈起	即将出版		
哈密尔顿－凯莱定理：从一道高中数学联赛试题的解法谈起	2014—09	18.00	376
艾思特曼定理——从一道 CMO 试题的解法谈起	即将出版		

刘培杰数学工作室

已出版(即将出版)图书目录——初等数学

书　名	出版时间	定　价	编号
阿贝尔恒等式与经典不等式及应用	2018—06	98.00	923
迪利克雷除数问题	2018—07	48.00	930
贝克码与编码理论——从一道全国高中联赛试题谈起	即将出版		
帕斯卡三角形	2014—03	18.00	294
蒲丰投针问题——从2009年清华大学的一道自主招生试题谈起	2014—01	38.00	295
斯图姆定理——从一道"华约"自主招生试题的解法谈起	2014—01	18.00	296
许瓦兹引理——从一道加利福尼亚大学伯克利分校数学系博士生试题谈起	2014—08	18.00	297
拉姆塞定理——从王诗宬院士的一个问题谈起	2016—04	48.00	299
坐标法	2013—12	28.00	332
数论三角形	2014—04	38.00	341
毕克定理	2014—07	18.00	352
数林掠影	2014—09	48.00	389
我们周围的概率	2014—10	38.00	390
凸函数最值定理:从一道华约自主招生题的解法谈起	2014—10	28.00	391
易学与数学奥林匹克	2014—10	38.00	392
生物数学趣谈	2015—01	18.00	409
反演	2015—01	28.00	420
因式分解与圆锥曲线	2015—01	18.00	426
轨迹	2015—01	28.00	427
面积原理:从常庚哲命的一道CMO试题的积分解法谈起	2015—01	48.00	431
形形色色的不动点定理:从一道28届IMO试题谈起	2015—01	38.00	439
柯西函数方程:从一道上海交大自主招生的试题谈起	2015—02	28.00	440
三角恒等式	2015—02	28.00	442
无理性判定:从一道2014年"北约"自主招生试题谈起	2015—01	38.00	443
数学归纳法	2015—03	18.00	451
极端原理与解题	2015—04	28.00	464
法雷级数	2014—08	18.00	367
摆线族	2015—01	38.00	438
函数方程及其解法	2015—05	38.00	470
含参数的方程和不等式	2012—09	28.00	213
希尔伯特第十问题	2016—01	38.00	543
无穷小量的求和	2016—01	28.00	545
切比雪夫多项式:从一道清华大学金秋营试题谈起	2016—01	38.00	583
泽肯多夫定理	2016—03	38.00	599
代数等式证题法	2016—01	28.00	600
三角等式证题法	2016—01	28.00	601
吴大任教授藏书中的一个因式分解公式:从一道美国数学邀请赛试题的解法谈起	2016—06	28.00	656
易卦——类万物的数学模型	2017—08	68.00	838
"不可思议"的数与数系可持续发展	2018—01	38.00	878
最短线	2018—01	38.00	879
幻方和魔方(第一卷)	2012—05	68.00	173
尘封的经典——初等数学经典文献选读(第一卷)	2012—07	48.00	205
尘封的经典——初等数学经典文献选读(第二卷)	2012—07	38.00	206
初级方程式论	2011—03	28.00	106
初等数学研究(Ⅰ)	2008—09	68.00	37
初等数学研究(Ⅱ)(上、下)	2009—05	118.00	46,47

刘培杰数学工作室
已出版（即将出版）图书目录——初等数学

书　名	出版时间	定　价	编号
趣味初等方程妙题集锦	2014—09	48.00	388
趣味初等数论选美与欣赏	2015—02	48.00	445
耕读笔记（上卷）：一位农民数学爱好者的初数探索	2015—04	28.00	459
耕读笔记（中卷）：一位农民数学爱好者的初数探索	2015—05	28.00	483
耕读笔记（下卷）：一位农民数学爱好者的初数探索	2015—05	28.00	484
几何不等式研究与欣赏.上卷	2016—01	88.00	547
几何不等式研究与欣赏.下卷	2016—01	48.00	552
初等数列研究与欣赏·上	2016—01	48.00	570
初等数列研究与欣赏·下	2016—01	48.00	571
趣味初等函数研究与欣赏.上	2016—09	48.00	684
趣味初等函数研究与欣赏.下	即将出版		685
火柴游戏	2016—05	38.00	612
智力解谜.第1卷	2017—07	38.00	613
智力解谜.第2卷	2017—07	38.00	614
故事智力	2016—07	48.00	615
名人们喜欢的智力问题	即将出版		616
数学大师的发现、创造与失误	2018—01	48.00	617
异曲同工	即将出版		618
数学的味道	2018—01	58.00	798
数贝偶拾——高考数学题研究	2014—04	28.00	274
数贝偶拾——初等数学研究	2014—04	38.00	275
数贝偶拾——奥数题研究	2014—04	48.00	276
钱昌本教你快乐学数学（上）	2011—12	48.00	155
钱昌本教你快乐学数学（下）	2012—03	58.00	171
集合、函数与方程	2014—01	28.00	300
数列与不等式	2014—01	38.00	301
三角与平面向量	2014—01	28.00	302
平面解析几何	2014—01	38.00	303
立体几何与组合	2014—01	28.00	304
极限与导数、数学归纳法	2014—01	38.00	305
趣味数学	2014—03	28.00	306
教材教法	2014—04	68.00	307
自主招生	2014—05	58.00	308
高考压轴题（上）	2015—01	48.00	309
高考压轴题（下）	2014—10	68.00	310
从费马到怀尔斯——费马大定理的历史	2013—10	198.00	I
从庞加莱到佩雷尔曼——庞加莱猜想的历史	2013—10	298.00	II
从切比雪夫到爱尔特希（上）——素数定理的初等证明	2013—07	48.00	III
从切比雪夫到爱尔特希（下）——素数定理100年	2012—12	98.00	III
从高斯到盖尔方特——二次域的高斯猜想	2013—10	198.00	IV
从库默尔到朗兰兹——朗兰兹猜想的历史	2014—01	98.00	V
从比勃巴赫到德布朗斯——比勃巴赫猜想的历史	2014—02	298.00	VI
从麦比乌斯到陈省身——麦比乌斯变换与麦比乌斯带	2014—02	298.00	VII
从布尔到豪斯道夫——布尔方程与格论漫谈	2013—10	198.00	VIII
从开普勒到阿诺德——三体问题的历史	2014—05	298.00	IX
从华林到华罗庚——华林问题的历史	2013—10	298.00	X

书　　名	出版时间	定　价	编号
美国高中数学竞赛五十讲. 第 1 卷（英文）	2014—08	28.00	357
美国高中数学竞赛五十讲. 第 2 卷（英文）	2014—08	28.00	358
美国高中数学竞赛五十讲. 第 3 卷（英文）	2014—09	28.00	359
美国高中数学竞赛五十讲. 第 4 卷（英文）	2014—09	28.00	360
美国高中数学竞赛五十讲. 第 5 卷（英文）	2014—10	28.00	361
美国高中数学竞赛五十讲. 第 6 卷（英文）	2014—11	28.00	362
美国高中数学竞赛五十讲. 第 7 卷（英文）	2014—12	28.00	363
美国高中数学竞赛五十讲. 第 8 卷（英文）	2015—01	28.00	364
美国高中数学竞赛五十讲. 第 9 卷（英文）	2015—01	28.00	365
美国高中数学竞赛五十讲. 第 10 卷（英文）	2015—02	38.00	366
三角函数（第 2 版）	2017—04	38.00	626
不等式	2014—01	38.00	312
数列	2014—01	38.00	313
方程（第 2 版）	2017—04	38.00	624
排列和组合	2014—01	28.00	315
极限与导数（第 2 版）	2016—04	38.00	635
向量（第 2 版）	2018—08	58.00	627
复数及其应用	2014—08	28.00	318
函数	2014—01	38.00	319
集合	即将出版		320
直线与平面	2014—01	28.00	321
立体几何（第 2 版）	2016—04	38.00	629
解三角形	即将出版		323
直线与圆（第 2 版）	2016—11	38.00	631
圆锥曲线（第 2 版）	2016—09	48.00	632
解题通法（一）	2014—07	38.00	326
解题通法（二）	2014—07	38.00	327
解题通法（三）	2014—05	38.00	328
概率与统计	2014—01	28.00	329
信息迁移与算法	即将出版		330
IMO 50 年. 第 1 卷（1959—1963）	2014—11	28.00	377
IMO 50 年. 第 2 卷（1964—1968）	2014—11	28.00	378
IMO 50 年. 第 3 卷（1969—1973）	2014—09	28.00	379
IMO 50 年. 第 4 卷（1974—1978）	2016—04	38.00	380
IMO 50 年. 第 5 卷（1979—1984）	2015—04	38.00	381
IMO 50 年. 第 6 卷（1985—1989）	2015—04	58.00	382
IMO 50 年. 第 7 卷（1990—1994）	2016—01	48.00	383
IMO 50 年. 第 8 卷（1995—1999）	2016—06	38.00	384
IMO 50 年. 第 9 卷（2000—2004）	2015—04	58.00	385
IMO 50 年. 第 10 卷（2005—2009）	2016—01	48.00	386
IMO 50 年. 第 11 卷（2010—2015）	2017—03	48.00	646

刘培杰数学工作室
已出版（即将出版）图书目录——初等数学

书 名	出版时间	定 价	编号
数学反思(2007—2008)	即将出版		915
数学反思(2008—2009)	即将出版		916
数学反思(2010—2011)	2018—05	58.00	917
数学反思(2012—2013)	即将出版		918
数学反思(2014—2015)	即将出版		919
历届美国大学生数学竞赛试题集.第一卷(1938—1949)	2015—01	28.00	397
历届美国大学生数学竞赛试题集.第二卷(1950—1959)	2015—01	28.00	398
历届美国大学生数学竞赛试题集.第三卷(1960—1969)	2015—01	28.00	399
历届美国大学生数学竞赛试题集.第四卷(1970—1979)	2015—01	18.00	400
历届美国大学生数学竞赛试题集.第五卷(1980—1989)	2015—01	28.00	401
历届美国大学生数学竞赛试题集.第六卷(1990—1999)	2015—01	28.00	402
历届美国大学生数学竞赛试题集.第七卷(2000—2009)	2015—08	18.00	403
历届美国大学生数学竞赛试题集.第八卷(2010—2012)	2015—01	18.00	404
新课标高考数学创新题解题诀窍:总论	2014—09	28.00	372
新课标高考数学创新题解题诀窍:必修1~5分册	2014—08	38.00	373
新课标高考数学创新题解题诀窍:选修2—1,2—2,1—1,1—2分册	2014—09	38.00	374
新课标高考数学创新题解题诀窍:选修2—3,4—4,4—5分册	2014—09	18.00	375
全国重点大学自主招生英文数学试题全攻略:词汇卷	2015—07	48.00	410
全国重点大学自主招生英文数学试题全攻略:概念卷	2015—01	28.00	411
全国重点大学自主招生英文数学试题全攻略:文章选读卷(上)	2016—09	38.00	412
全国重点大学自主招生英文数学试题全攻略:文章选读卷(下)	2017—01	58.00	413
全国重点大学自主招生英文数学试题全攻略:试题卷	2015—07	38.00	414
全国重点大学自主招生英文数学试题全攻略:名著欣赏卷	2017—03	48.00	415
劳埃德数学趣题大全.题目卷.1:英文	2016—01	18.00	516
劳埃德数学趣题大全.题目卷.2:英文	2016—01	18.00	517
劳埃德数学趣题大全.题目卷.3:英文	2016—01	18.00	518
劳埃德数学趣题大全.题目卷.4:英文	2016—01	18.00	519
劳埃德数学趣题大全.题目卷.5:英文	2016—01	18.00	520
劳埃德数学趣题大全.答案卷:英文	2016—01	18.00	521
李成章教练奥数笔记.第1卷	2016—01	48.00	522
李成章教练奥数笔记.第2卷	2016—01	48.00	523
李成章教练奥数笔记.第3卷	2016—01	38.00	524
李成章教练奥数笔记.第4卷	2016—01	38.00	525
李成章教练奥数笔记.第5卷	2016—01	38.00	526
李成章教练奥数笔记.第6卷	2016—01	38.00	527
李成章教练奥数笔记.第7卷	2016—01	38.00	528
李成章教练奥数笔记.第8卷	2016—01	48.00	529
李成章教练奥数笔记.第9卷	2016—01	28.00	530

刘培杰数学工作室
已出版(即将出版)图书目录——初等数学

书　名	出版时间	定　价	编号
第19～23届"希望杯"全国数学邀请赛试题审题要津详细评注(初一版)	2014—03	28.00	333
第19～23届"希望杯"全国数学邀请赛试题审题要津详细评注(初二、初三版)	2014—03	38.00	334
第19～23届"希望杯"全国数学邀请赛试题审题要津详细评注(高一版)	2014—03	28.00	335
第19～23届"希望杯"全国数学邀请赛试题审题要津详细评注(高二版)	2014—03	38.00	336
第19～25届"希望杯"全国数学邀请赛试题审题要津详细评注(初一版)	2015—01	38.00	416
第19～25届"希望杯"全国数学邀请赛试题审题要津详细评注(初二、初三版)	2015—01	58.00	417
第19～25届"希望杯"全国数学邀请赛试题审题要津详细评注(高一版)	2015—01	48.00	418
第19～25届"希望杯"全国数学邀请赛试题审题要津详细评注(高二版)	2015—01	48.00	419
物理奥林匹克竞赛大题典——力学卷	2014—11	48.00	405
物理奥林匹克竞赛大题典——热学卷	2014—04	28.00	339
物理奥林匹克竞赛大题典——电磁学卷	2015—07	48.00	406
物理奥林匹克竞赛大题典——光学与近代物理卷	2014—06	28.00	345
历届中国东南地区数学奥林匹克试题集(2004～2012)	2014—06	18.00	346
历届中国西部地区数学奥林匹克试题集(2001～2012)	2014—07	18.00	347
历届中国女子数学奥林匹克试题集(2002～2012)	2014—08	18.00	348
数学奥林匹克在中国	2014—06	98.00	344
数学奥林匹克问题集	2014—01	38.00	267
数学奥林匹克不等式散论	2010—06	38.00	124
数学奥林匹克不等式欣赏	2011—09	38.00	138
数学奥林匹克超级题库(初中卷上)	2010—01	58.00	66
数学奥林匹克不等式证明方法和技巧(上、下)	2011—08	158.00	134,135
他们学什么:原民主德国中学数学课本	2016—09	38.00	658
他们学什么:英国中学数学课本	2016—09	38.00	659
他们学什么:法国中学数学课本.1	2016—09	38.00	660
他们学什么:法国中学数学课本.2	2016—09	28.00	661
他们学什么:法国中学数学课本.3	2016—09	38.00	662
他们学什么:苏联中学数学课本	2016—09	28.00	679
高中数学题典——集合与简易逻辑·函数	2016—07	48.00	647
高中数学题典——导数	2016—07	48.00	648
高中数学题典——三角函数·平面向量	2016—07	48.00	649
高中数学题典——数列	2016—07	58.00	650
高中数学题典——不等式·推理与证明	2016—07	38.00	651
高中数学题典——立体几何	2016—07	48.00	652
高中数学题典——平面解析几何	2016—07	78.00	653
高中数学题典——计数原理·统计·概率·复数	2016—07	48.00	654
高中数学题典——算法·平面几何·初等数论·组合数学·其他	2016—07	68.00	655

刘培杰数学工作室
已出版（即将出版）图书目录——初等数学

书　名	出版时间	定　价	编号
台湾地区奥林匹克数学竞赛试题.小学一年级	2017—03	38.00	722
台湾地区奥林匹克数学竞赛试题.小学二年级	2017—03	38.00	723
台湾地区奥林匹克数学竞赛试题.小学三年级	2017—03	38.00	724
台湾地区奥林匹克数学竞赛试题.小学四年级	2017—03	38.00	725
台湾地区奥林匹克数学竞赛试题.小学五年级	2017—03	38.00	726
台湾地区奥林匹克数学竞赛试题.小学六年级	2017—03	38.00	727
台湾地区奥林匹克数学竞赛试题.初中一年级	2017—03	38.00	728
台湾地区奥林匹克数学竞赛试题.初中二年级	2017—03	38.00	729
台湾地区奥林匹克数学竞赛试题.初中三年级	2017—03	28.00	730
不等式证题法	2017—04	28.00	747
平面几何培优教程	即将出版		748
奥数鼎级培优教程.高一分册	2018—09	88.00	749
奥数鼎级培优教程.高二分册.上	2018—04	68.00	750
奥数鼎级培优教程.高二分册.下	2018—04	68.00	751
高中数学竞赛冲刺宝典	即将出版		883
初中尖子生数学超级题典.实数	2017—07	58.00	792
初中尖子生数学超级题典.式、方程与不等式	2017—08	58.00	793
初中尖子生数学超级题典.圆、面积	2017—08	38.00	794
初中尖子生数学超级题典.函数、逻辑推理	2017—08	48.00	795
初中尖子生数学超级题典.角、线段、三角形与多边形	2017—07	58.00	796
数学王子——高斯	2018—01	48.00	858
坎坷奇星——阿贝尔	2018—01	48.00	859
闪烁奇星——伽罗瓦	2018—01	58.00	860
无穷统帅——康托尔	2018—01	48.00	861
科学公主——柯瓦列夫斯卡娅	2018—01	48.00	862
抽象代数之母——埃米·诺特	2018—01	48.00	863
电脑先驱——图灵	2018—01	58.00	864
昔日神童——维纳	2018—01	48.00	865
数坛怪侠——爱尔特希	2018—01	68.00	866
当代世界中的数学.数学思想与数学基础	2018—04	38.00	892
当代世界中的数学.数学问题	即将出版		893
当代世界中的数学.应用数学与数学应用	即将出版		894
当代世界中的数学.数学王国的新疆域（一）	2018—04	38.00	895
当代世界中的数学.数学王国的新疆域（二）	即将出版		896
当代世界中的数学.数林撷英（一）	即将出版		897
当代世界中的数学.数林撷英（二）	即将出版		898
当代世界中的数学.数学之路	即将出版		899

刘培杰数学工作室
已出版(即将出版)图书目录——初等数学

书　　名	出版时间	定　价	编号
105 个代数问题:来自 AsesomeMath 夏季课程	即将出版		956
106 个几何问题:来自 AsesomeMath 夏季课程	即将出版		957
107 个几何问题:来自 AsesomeMath 全年课程	即将出版		958
108 个代数问题:来自 AsesomeMath 全年课程	2018—09	68.00	959
109 个不等式:来自 AsesomeMath 夏季课程	即将出版		960
数学奥林匹克中的 110 个几何问题	即将出版		961
111 个代数和数论问题	即将出版		962
112 个组合问题:来自 AsesomeMath 夏季课程	即将出版		963
113 个几何不等式:来自 AsesomeMath 夏季课程	即将出版		964
114 个指数和对数问题:来自 AsesomeMath 夏季课程	即将出版		965
115 个三角问题:来自 AsesomeMath 夏季课程	即将出版		966
116 个代数不等式:来自 AsesomeMath 全年课程	即将出版		967

联系地址:哈尔滨市南岗区复华四道街 10 号　哈尔滨工业大学出版社刘培杰数学工作室
网　　　址:http://lpj.hit.edu.cn/
邮　　　编:150006
联系电话:0451—86281378　　13904613167
E-mail:lpj1378@163.com